OPERATORENRECHNUNG

MIT ANWENDUNGEN

AUF TECHNISCHE PROBLEME

VON

DR. IR. J. P. SCHOUTEN

ORD. PROFESSOR DER THEORETISCHEN ELEKTROTECHNIK AN DER
TECHNISCHEN HOCHSCHULE IN DELFT, NIEDERLANDE

MIT 128 ABBILDUNGEN

SPRINGER-VERLAG

BERLIN · GÖTTINGEN · HEIDELBERG

1961

ISBN-13:978-3-642-87711-7   e-ISBN-13:978-3-642-87710-0
DOI:10.1007/978-3-642-87710-0

Vorwort

Dieses Buch ist aus dem Bedürfnis entstanden, die während einer mehrjährigen Lehrtätigkeit des Verfassers auf dem Gebiet der Operatorenrechnung gesammelten Ergebnisse didaktischer und wissenschaftlicher Art zusammenzufassen.

Die Operatorenrechnung findet in der Elektrotechnik bei der Behandlung von Ausgleichsvorgängen Verwendung. Sie gibt dem Ingenieur ein wichtiges Werkzeug in die Hand, um komplizierte Vorgänge in elektrischen Netzwerken leicht zu übersehen und den Verlauf dieser Vorgänge beim Entwurf seiner Schaltungen vorauszuberechnen.

Wir haben versucht, mit einfachen Beispielen anfangend, die Operatorenrechnung im Geiste von OLIVER HEAVISIDE aufzubauen. Dabei haben wir uns bemüht, dem Ingenieur zu zeigen, wie die Regeln und Rechenvorschriften, die HEAVISIDE gegeben und angewendet hat, ohne Furcht vor Fehlern benutzt werden können, wenn man sie nur passend ergänzt. Selbstverständlich haben wir bei der Darstellung ausgiebigen Gebrauch gemacht von den Untersuchungen vieler Mathematiker, Ingenieure und Physiker, die in der Literatur zu finden sind. Dabei denken wir an die grundlegenden Arbeiten von WAGNER, BROMWICH, CARSON, LEVY, VAN DER POL und vielen anderen. Es zeigt sich, daß alle Regeln und Theoreme, die HEAVISIDE angegeben hat, soweit sie bei den Anwendungen zur Geltung kommen, mittels der funktionentheoretischen Methode bewiesen werden können. Auch der Umkehrsatz ist auf diese Weise begründet worden.

Wir hoffen sehr, daß Ingenieure anderer Fachrichtungen ebenfalls unser Buch zur Hand nehmen werden, weil das gebotene Verfahren mit Vorteil auf allen Gebieten angewandt werden kann, bei denen sich die Vorgänge mittels linearer Differentialgleichungen oder mit Integralgleichungen einfacher Art beschreiben lassen. Wir haben es soweit dies

irgend möglich war, vermieden, auf rein mathematische Fragen ein-
zugehen, sofern diese für die Anwendungen nicht wichtig sind.

Ohne die tatkräftige Hilfe meiner Freunde und Mitarbeiter Professor dr. ir. A. T. DE HOOP und ir. H. J. FRANKENA wäre diese Arbeit
niemals vollendet worden; auch haben beide Herren viele Vorschläge zur
Verbesserung der Darstellung gemacht. Der Verfasser ist ihnen zu großem
Dank verpflichtet.

Delft, im September 1960   J. P. Schouten

Inhaltsverzeichnis

Einleitung

In diesem Buche haben wir versucht, die Operatorenrechnung derart zu behandeln, daß darin die Grundgedanken von OLIVER HEAVISIDE und die von ihm gegebenen Regeln und Rechenmethoden zum Ausdruck kommen. Dabei haben wir uns bemüht, seine Methoden so zu begründen, daß alle seine Rechenmethoden und ihre Reichweite leicht zu übersehen und zu handhaben sind. Es zeigt sich, daß einige seiner Rechenregeln ergänzt werden müssen, insbesondere die, welche sich auf die Herleitung der asymptotischen Entwicklungen beziehen. Wir werden hierauf im folgenden noch zurückkommen.

Vielleicht gelingt es am besten, die von uns befolgten Methoden im Prinzip zu erklären, wenn wir einen Blick auf die geschichtliche Entwicklung unseres Gebietes werfen. Wir fangen an mit den grundlegenden Arbeiten von HEAVISIDE. In den Jahren 1892 bis 1894 veröffentlichte er seine Schriften über Operatoren in der mathematischen Physik, welche man in dem ersten Teil seines Buches „Electromagnetic Theory" und in seinen „Electrical Papers" (HEAVISIDE [1, 2, 3, 4]) finden kann. Später kamen noch der zweite und dritte Teil seines „Electromagnetic Theory" (1899 bzw. 1912) hinzu (HEAVISIDE [5, 6]). Wenn es einem gelingt, diese Schriften zu lesen und zu verstehen, so hat man darin eine Fundgrube vieler schöner Gedanken und man wird darin viele Anregungen zum näheren Studium finden. Aber nicht nur Anregung zum Studium, sondern auch Mittel, um Probleme zu lösen, welche bis zum heutigen Tage aktuell sind. Obwohl HEAVISIDE viele wichtige theoretische Beiträge auf dem Gebiete der elektrischen Übertragung und der Theorie der Elektrizität lieferte, so ist doch sein Name dem heutigen (Elektro-)Ingenieur am meisten bekannt durch seine Operatorenrechnung.

Die grundlegenden Gedanken und Methoden HEAVISIDES kann man vielleicht am besten wie folgt zusammenfassen. HEAVISIDE bemüht sich Lösungen zu finden von Systemen von Differentialgleichungen auf solche Weise, daß dabei die Befriedigung der Anfangs- oder Randbedingungen von Anfang an gewährleistet wird. Dabei arbeitete er mit einer symbolischen Größe p, welche einmaliges Differenzieren einer Funktion darstellt. Er schrieb $d^k/dt^k = p^k$, arbeitete mit p wie mit einer algebraischen Größe, entwickelte die „Funktionen" von p, wozu seine Probleme Anlaß gaben, nach negativen Potenzen von p und benutzte die „Algebraisierungsformel"

$$p^{-n-1} \leftrightarrow \frac{t^n}{\Gamma(n+1)}. \tag{E.1}$$

Auch seinen berühmten Entwicklungssatz hat er wohl auf diese Weise gefunden.

Dazu kam, daß er der Algebraisierungsformel (E.1) auch eine Bedeutung geben konnte für den Fall, daß n gebrochene, positive oder negative Werte hat. Die Formel bleibt dabei dieselbe. So hat man zum Beispiel

$$p^{-1/2} \leftrightarrow (\pi t)^{-1/2}, \tag{E.2}$$

weil $\Gamma(\frac{1}{2}) = \pi^{1/2}$. Durch Entwicklung der „Funktionen" von p, welchen er bei der Behandlung von Diffusionsproblemen und bei Ausgleichsvorgängen auf Kabeln und Leitungen begegnete, nach aufsteigenden gebrochenen Potenzen von p (meistens von der Form $p^{n-1/2}$) erhielt er Lösungen in der Form asymptotischer oder halbkonvergenter Reihen, welche bei mehreren Anwendungen großen Nutzen bieten.

Sehr wichtig ist weiterhin der Begriff der Impulsfunktion, womit er freimütig arbeitete. Viele wichtigen Relationen leitete er damit ab (HEAVISIDE [7]). Zur Zeit des Lebens HEAVISIDES fanden seine Arbeiten über Operatorenrechnung keine Anerkennung oder wurden mißverstanden. Man vermißte in seinen Arbeiten eine strenge mathematische Begründung, und so konnte das Ganze vor den Augen der damaligen Mathematiker keine Gnade finden.

Erst durch die Arbeiten von K. W. WAGNER [1] und von T. J. I'A BROMWICH [1] ergab sich darin eine Änderung. Beide Autoren benutzten Kurvenintegrale in der komplexen p-Ebene. Die Arbeit WAGNERS gibt eine strenge Begründung des Entwicklungssatzes von HEAVISIDE. BROMWICH behandelt das Problem der Lösung von Systemen simultaner Differentialgleichungen bei gegebenen Anfangsbedingungen mittels Integralen entlang geschlossener Kurven in der p-Ebene.

Die in den Jahren 1919 bis 1926 erschienenen Arbeiten CARSONS laufen darauf hinaus, daß eine Operatorenrechnung formuliert wird, welche sich auf eine Integralgleichung stützt. Dabei geht man so vor, daß zu einer „Operatorfunktion" $F(p)$ die zugehörige Funktion $f(t)$ gefunden wird durch Lösung der Integralgleichung

$$F(p) = \int_0^\infty e^{-pt} f(t)\, dt. \tag{E.3}$$

An Hand dieser Gleichung wurden viele Regeln HEAVISIDES bewiesen (CARSON [1, 2, 3, 4]).

Später erkannte man, durch Arbeiten von LEVY [1] und von MARCH [1], daß die Lösung der CARSONschen Integralgleichung in der

Form eines Integrals in der komplexen Ebene erhalten werden kann, und daß diese Lösung identisch ist mit der Lösung von BROMWICH.

Im Jahre 1929 formulierte VAN DER POL [1] eine einfache Vorschrift zur Lösung eines Systems simultaner gewöhnlicher Differentialgleichungen unter Einbeziehung der Anfangswerte. Die Vorschrift besteht darin, daß man die Gleichungen mit e^{-pt} multipliziert und integriert zwischen null und unendlich. Durch partielle Integration erhält man algebraische Gleichungen zur Bestimmung des Ausdrucks

$$\int_0^\infty e^{-pt} f(t)\, dt = F(p) \qquad \qquad \text{(E.4)}$$

in Abhängigkeit von Anfangswerten und äußeren Kräften. Die Funktion $f(t)$ findet man entweder durch Lösung der Integralgleichung nach CARSON oder mittels des Umkehrintegrals in der komplexen p-Ebene.

1932 veröffentlichten BALTH. VAN DER POL und NIESSEN [1] eine interessante Arbeit, worin viele Regeln und neue Anwendungen (meistens mathematischer Art) gegeben wurden; s. a. VAN DER POL [2].

Eine knapp gehaltene historische Übersicht der Operatorenrechnung, wie sie in der Theorie elektrischer Netzwerke benutzt wird, hat T. J. HIGGINS [1] gegeben. Leider sind in dieser Übersicht einige wichtigen Arbeiten außer acht gelassen, wie z. B. die Arbeiten von BLONDEL [1, 2], POMEY [1], VOGT [1, 2] und insbesondere die Arbeiten von GIORGI. In den Schriften von GIORGI [1, 2, 3], welche 1903 und 1905 erschienen und 1924 noch einmal zusammengefaßt worden sind, findet man schon viele Elemente einer Theorie, welche später von anderen Autoren unabhängig hiervon herausgearbeitet wurden.

In den bisher genannten Arbeiten hat man sich in der Hauptsache damit beschäftigt, die Methoden von HEAVISIDE mittels der Laplace-Transformation und Kurvenintegralen in der komplexen Ebene zu begründen. Die Ergebnisse HEAVISIDES sind aber reichhaltiger als das Gebiet, das durch diese Arbeiten bestrichen wird.

Wie wir schon bemerkt haben, bezieht sich das auf die Entwicklungen von Lösungen in halbkonvergenten Reihen und auf die Benutzung der Impulsfunktionen.

Wenden wir uns den halbkonvergenten Reihen zu, so bemerkten wir schon, daß HEAVISIDE diese erhielt durch Entwicklung von dazu geeigneten „Funktionen" von p nach aufsteigenden gebrochenen Potenzen von p und Anwendung der Transformation (E.1) für negative, gebrochene Werte von n. Für $n = -m$ (m ganz und positiv) ergibt diese Transformation den Wert null, weil $1/\Gamma(-m+1) = 0$. In Übereinstimmung damit strich HEAVISIDE alle Glieder im „p-Gebiete", welche positive, ganzzahlige Potenzen von p darstellten.

Schon CARSON [5] hat versucht, die halbkonvergenten oder asymptotischen Entwicklungen zu begründen. Seine Methode ist jedoch leider dazu nicht geeignet, weil das Integral

$$\int\limits_0^\infty e^{-pt} f(t)\,dt$$

divergiert, wenn für $f(t)$ zum Beispiel $t^{-m-1/2} (m \geqq \tfrac{1}{2})$ genommen wird. Eine weitere Schwierigkeit liegt darin, daß die Methode HEAVISIDES einer Ergänzung bedarf. Dies ist einzusehen, wenn wir bemerken, daß Entwicklungen nach gebrochenen Potenzen in der p-Ebene nur auftreten, wenn die p-Funktion Verzweigungspunkte hat. Nun hat man aber fast immer Probleme betrachtet, wo diese Funktion nur einen einzigen Verzweigungspunkt hat. Betrachtet man aber Funktionen mit mehreren Verzweigungspunkten, wie z. B. die p-Funktionen, welche zu den BESSELschen Funktionen erster Art gehören, so findet man immer die Verzweigungspunkte $p = j$ und $p = -j$, also zweier dieser Punkte.

Nähere Analyse zeigt, daß man die bekannten Entwicklungen in halbkonvergenten Reihen nach den Methoden HEAVISIDES bekommt, wenn nur die Funktionselemente um beide Verzweigungspunkte in Betracht gezogen werden.

Der Verfasser hat vor vielen Jahren in seiner Doktorarbeit (SCHOUTEN [1]) versucht, einen Grundriß einer Theorie zu geben, welche die Vorschriften HEAVISIDES ergänzt und. begründet. Diese Theorie gibt die Möglichkeit, den Fehler beim Abbrechen der Reihe nach dem n-ten Gliede abzuschätzen. Es zeigt sich, daß bei den meisten Anwendungen der Fehler beim Abbrechen nach dem n-ten Gliede, absolut genommen, kleiner ist als der Absolutwert des $(n+1)$-ten Gliedes.

Im vorliegenden Buche haben wir eine verbesserte Fassung dieser Theorie gegeben. Spätere Arbeiten, welche sich mit demselben Gegenstand befassen, sind die von W. G. L. SUTTON [1] und BOURGIN und DUFFIN [1] (siehe auch CARSLAW und JAEGER [1]). Die Beweismethoden dieser Autoren sind nahe verwandt mit dem längst bekannten WATSONschen Lemma (WATSON [1, 2]). Allgemeinere Betrachtungen über diesen Gegenstand findet man bei ERDÉLYI [1] und WIDDER [1].

Was weiterhin die Impulsfunktionen anbetrifft, so haben wir im ersten Kapitel dieses Buches versucht, an einfachen Beispielen zu zeigen, daß es möglich ist eine Operatorenrechnung aufzubauen, welche sich auf den Begriff dieser Funktionen stützt. Die dabei benutzten Beweismethoden sind analog den von JEFFREYS [1] angewandten.

Wir haben darauf verzichtet, die Sache vollständig auszuarbeiten, weil wir der Meinung sind, daß für die Anwendungen auf dem Gebiet der Elektrotechnik, der Mechanik, der Wärmeleitung usw., welche für den Ingenieur wichtig sind, die Methoden von CARSON, WAGNER, BROMWICH und VAN DER POL völlig ausreichen. Auch sind wir der Meinung, daß eine solche Theorie bei den Anwendungen auf partielle Differentialgleichungen ziemlich schwerfällig wird.

In diesem Zusammenhang möchten wir noch die schönen Arbeiten MIKUSIŃSKIS [1] erwähnen, in denen ein geschlossener Aufbau der Operatorenrechnung gegeben wird ohne Benutzung der Laplace-Transformation oder der „funktionentheoretischen" Methode. Unseres Erachtens sind Anleitungen zu dieser Theorie schon in den erwähnten Arbeiten von LEVY zu finden.

Kapitel I

Begründung der Operatorenrechnung mittels Impulsfunktionen

§ 1. Einschaltvorgang in einem Stromkreise mit Induktivität und Widerstand; Einfluß des Anfangsstromes

Unsere einleitenden Betrachtungen beziehen sich auf das folgende Beispiel. Ein Stromkreis bestehe aus der Reihenschaltung einer Induktivität L und eines Widerstandes R. Der Stromkreis wird gespeist von einem Generator mit EMK $e(t)$ (Abb. 1). Der Strom $i(t)$ genügt der folgenden Differentialgleichung

$$L \frac{di}{dt} + R\,i = e(t). \tag{1.1}$$

Wir nehmen an, daß $i(t) = 0$ für $t < 0$ und stellen die Frage, wie $e(t)$ in einem Intervall $0 < t < \Delta$ beschaffen sein soll, damit der Strom $i(t)$ für $t = \Delta$ einen vorausgegebenen Wert I_0 bekomme. Dabei haben wir die Absicht, Δ sich unbestimmt null nähern zu lassen.

Es ist leicht einzusehen, daß eine große Spannung benötigt wird um innerhalb dieses kleinen Zeitintervalls den Strom von dem Werte null auf den Wert I_0 zu bringen. Der magnetische Induktionsfluß der Spule

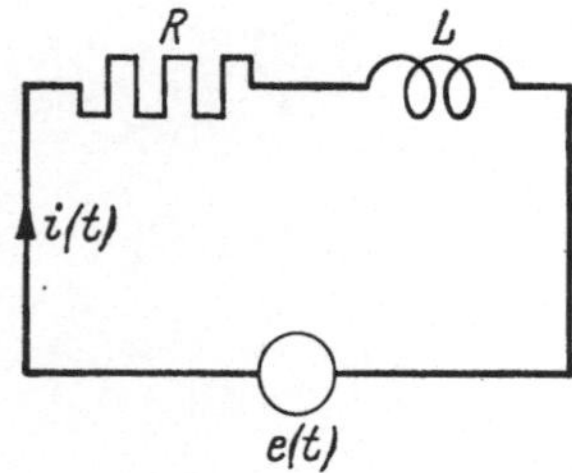

Abb. 1. Stromkreis mit Induktivität und Widerstand

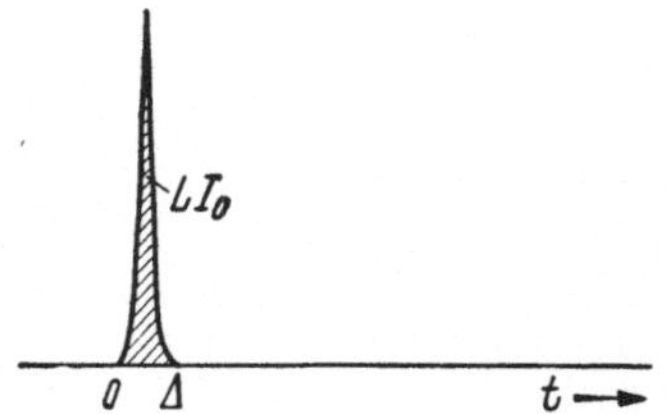

Abb. 2. Impulsartige Funktion des Inhalts LI_0

soll ja von null auf den Wert LI_0 gebracht werden. Damit dies erreicht werde, soll die Spannung im Mittel den Wert LI_0/Δ haben. Deshalb ist sie eine impulsartige Funktion.

Eine solche Funktion, die im Intervall $0 < t < \Delta$ den mittleren Wert $1/\Delta$ hat, dort differenzierbar und integrierbar ist und für Zeitwerte außerhalb dieses Intervalls den Wert null hat, wird mit $\delta(t)$ bezeichnet.

Für die in unserem Falle benötigte Spannung kann dann geschrieben werden

$$e(t) = L\, I_0\, \delta(t) \tag{1.2}$$

(Abb. 2). Damit wird Gl. (1.1)

$$L\frac{di}{dt} + R\,i = L\, I_0\, \delta(t). \tag{1.3}$$

Wir behaupten nun, daß der von $e(t)$ erzeugte Strom unsere Voraussetzungen erfüllt. Um diese Behauptung zu beweisen, versuchen wir Gl. (1.3) in direkter Weise zu integrieren. Dazu schreiben wir

$$L\frac{di}{dt} = L\, I_0\, \delta(t) - R\,i. \tag{1.4}$$

Durch einmal Integrieren finden wir für $t > \Delta$

$$i(t) = I_0 \int\limits_{-\infty}^{t} \delta(\tau)\, d\tau - \frac{R}{L} \int\limits_{-\infty}^{t} i(\tau)\, d\tau. \tag{1.5}$$

Da

$$\int\limits_{-\infty}^{t} \delta(\tau)\, d\tau = \begin{matrix} 0 \ (t < 0) \\ 1 \ (t > \Delta), \end{matrix} \tag{1.6}$$

stellt die linke Seite der Gl. (1.6) eine Sprungfunktion vor, die im Intervall $0 < t < \Delta$ vom Werte null für $t < 0$ auf den Wert eins geht für $t > \Delta$. Für $\Delta \to 0$ nähert sich diese Funktion der HEAVISIDEschen Sprungfunktion, die wir mit $H(t)$ bezeichnen.

Schreiben wir für die Operation

$$\int\limits_{-\infty}^{t} d\tau$$

symbolisch p^{-1}, so kann Gl. (1.5) geschrieben werden

$$i(t) = I_0\, p^{-1} \delta(t) - \left(\frac{R}{L}\right) p^{-1} i(t). \tag{1.7}$$

Diese Gleichung kann durch einen Iterationsprozeß gelöst werden. Dabei wird auf der rechten Seite der vollständige Ausdruck (1.7) für $i(t)$ substituiert. Dies ergibt

$$i(t) = I_0 \left[p^{-1} \delta(t) - \left(\frac{R}{L}\right) p^{-2} \delta(t) \right] + \left(\frac{R}{L}\right)^2 p^{-2} i(t).$$

Hierbei ist für den wiederholten Operator $p^{-1} p^{-1}$ symbolisch p^{-2} geschrieben; eine ähnliche Schreibweise werden wir allgemein benutzen, wenn es sich um eine n-malige Wiederholung der Operation p^{-1} handelt, diese bezeichnen wir mit p^{-n}. Wiederholung der Iteration gibt

$$i(t) = I_0\left[p^{-1} - \left(\frac{R}{L}\right)p^{-2} + \cdots + (-1)^n \left(\frac{R}{L}\right)^n p^{-n-1}\right]\delta(t) +$$
$$+ (-1)^{n+1}\left(\frac{R}{L}\right)^n p^{-n-1} i(t). \tag{1.8}$$

Zunächst beweisen wir, daß für $n \to \infty$ das letzte Glied auf der rechten Seite von (1.8) gegen null strebt, falls $i(t)$ im Intervall $0 < \tau < t$ beschränkt bleibt.

Definitionsgemäß ist für Funktionen $i(t)$, die den Wert null haben für $-\infty < t < 0$:

$$p^{-n-1} i(t) = \int\limits_0^t d\tau_1 \int\limits_0^{\tau_1} d\tau_2 \ldots \int\limits_0^{\tau_{n-1}} i(\tau_n)\, d\tau_n.$$

Durch Änderung der Integrationsfolge ist zu zeigen, daß

$$p^{-n-1} i(t) = \int\limits_0^t \frac{(t-\tau)^n}{n!} i(\tau)\, d\tau.$$

Dies ergibt

$$\left|p^{-n-1} i(t)\right| \leq \frac{t^{n+1}}{(n+1)!} M, \tag{1.9}$$

wo M den Maximalwert von $\left|i(t)\right|$ im Intervall $0 < \tau < t$ bedeutet. Es ist leicht ersichtlich, daß die rechte Seite von Gl. (1.9) nach null geht für $n \to \infty$, womit das Behauptete bewiesen ist.

Beachten wir, daß

$$p^{-1}\delta(t) = \int\limits_{-\infty}^t \delta(\tau)\, d\tau = H(t), \tag{1.10}$$

$$p^{-2}\delta(t) = \int\limits_{-\infty}^t H(\tau)\, d\tau = t, \tag{1.11}$$

so finden wir allgemein

$$p^{-n-1}\delta(t) = \frac{t^n}{n!}, \tag{1.12}$$

wo wir den Grenzübergang $\Delta \to 0$ vollzogen haben. Damit ist für Gl. (1.8) zu schreiben

$$i(t) = I_0\left[1 - \alpha t + \frac{(\alpha t)^2}{2!} - \cdots + (-1)^n \frac{(\alpha t)^n}{n!} + \cdots\right] = I_0 e^{-\alpha t}, \tag{1.13}$$

mit

$$\alpha = \frac{R}{L}.$$

Dieses ganz elementare Resultat gibt uns die Möglichkeit, eine wichtige Regel der Operatorenrechnung anzugeben. Dazu schreiben wir Gl. (1.8) in der Form

$$i(t) = I_0[p^{-1} - \alpha p^{-2} + \alpha^2 p^{-3} - \cdots]\delta(t). \tag{1.14}$$

Den Ausdruck in eckigen Klammern in Gl. (1.14) können wir formell auffassen als die Reihenentwicklung von $(p + \alpha)^{-1}$. Also

$$i(t) = I_0(p + \alpha)^{-1}\,\delta(t) = I_0\,\mathrm{e}^{-\alpha t}. \qquad (1.15)$$

Aus Gl. (1.15) ergibt sich

$$(p + \alpha)^{-1}\,\delta(t) = \mathrm{e}^{-\alpha t}. \qquad (1.16)$$

Wir sehen, daß der Operator $(p + \alpha)^{-1}$ die folgende Bedeutung hat: für den Operator wird die formelle Reihenentwicklung nach inversen Potenzen von p geschrieben und p^{-n} wird interpretiert als die n-fache Anwendung des Integrationsoperators

$$p^{-1} = \int\limits_{-\infty}^{t} d\tau.$$

Andererseits können wir aber Gl. (1.15), wiederum formell, auffassen als die „Teilung" durch $(p + \alpha)$ der beiden Seiten der Gleichung

$$(p + \alpha)\,i(t) = I_0\,\delta(t). \qquad (1.17)$$

Vergleichen wir die formelle Gl. (1.17) mit unserer Differentialgleichung (1.3), die zu schreiben ist als

$$\left(\frac{d}{dt} + \alpha\right) i(t) = I_0\,\delta(t), \qquad (1.18)$$

so sehen wir, daß wir die Gleichung (1.17) mit Gl. (1.18) identifizieren können, falls $p = d/dt$ gesetzt wird.

Aus unseren Betrachtungen ergibt sich also, daß wir richtige Ergebnisse bekommen, wenn wir d/dt durch p ersetzen und p^{-1} interpretieren als $\int\limits_{-\infty}^{t} d\tau$. Weiter haben wir gesehen

$$(p + \alpha)^{-1}\,\delta(t) = \mathrm{e}^{-\alpha t}. \qquad (1.19)$$

Ein einfaches Beispiel hat uns daher zur Einführung eines Operators p geführt, der die Eigenschaft hat, daß damit gewöhnliche Differentialgleichungen mit konstanten Koeffizienten unter Berücksichtigung der Anfangsbedingungen gelöst werden können.

§ 2. Einschaltvorgang in einem Stromkreise mit Induktivität und Widerstand; vollständige Lösung

Jetzt betrachten wir den Fall, daß die EMK des Generators im Problem des § 1 nicht eine Impulsfunktion, sondern nach Einschalten im Zeitpunkt $t = 0$ eine willkürliche Funktion $e(t)$ der Zeit ist. Wiederum sei $i(t) = 0$ für $t < 0$. Wenn $e(t)$ keine Impulsfunktionen enthält, wird $i(t)$ eine stetige Funktion der Zeit sein; also $i(0) = 0$. Es wird sich zeigen, daß die Lösung dieses Problems zu erhalten ist durch Superposition geeigneter Lösungen des Problems mit impulsartiger EMK.

Es sei $f(t)$ der Strom im Kreise infolge einer impulsartigen EMK $e(t) = \delta(t)$. Daher ist $f(t - \tau)$ (mit $f(t - \tau) = 0$ für $t < \tau$) der auftretende Strom, wenn die EMK eine Impulsfunktion im Zeitpunkt $t = \tau$ ist. Eine willkürliche EMK $e(t)$ wird nun aufgefaßt als eine Folge von Impulsen mit dem Inhalt $e(\tau)\,d\tau$. Ein solcher Impuls gibt einen Strom $f(t - \tau)\,e(\tau)\,d\tau$. Der Strom zur Zeit t wird dann gefunden durch Addition der Wirkungen aller Impulse $e(\tau)\,d\tau$ im Intervall $0 < \tau < t$. Im Limes $d\tau \to 0$ wird so erhalten

$$i(t) = \int\limits_0^t e(\tau)\,f(t - \tau)\,d\tau, \tag{2.1}$$

oder

$$i(t) = \int\limits_0^t e(t - \tau)\,f(\tau)\,d\tau. \tag{2.2}$$

Die in diesen Gleichungen auftretende Funktion $f(t)$ wird bestimmt durch die Differentialgleichung

$$L\frac{df}{dt} + Rf = \delta(t). \tag{2.3}$$

Aus (1.15) sehen wir, daß

$$f(t) = \frac{1}{L}(p + \alpha)^{-1}\delta(t) = (pL + R)^{-1}\delta(t) = \frac{1}{L}e^{-\alpha t}, \tag{2.4}$$

mit $\alpha = R/L$.

Wir nennen $(pL + R)$ die Impulsimpedanz und $(pL + R)^{-1}$ die Impulsadmittanz des Kreises. Setzen wir Gl. (2.4) in Gl. (2.1) und Gl. (2.2) ein, so finden wir

$$i(t) = \frac{1}{L}\int\limits_0^t e(\tau)\,e^{-\alpha(t - \tau)}\,d\tau, \tag{2.5}$$

oder

$$i(t) = \frac{1}{L}\int\limits_0^t e(t - \tau)\,e^{-\alpha\tau}\,d\tau. \tag{2.6}$$

Diese Gleichungen geben die Lösung unseres Problems. Jetzt betrachten wir noch einige Spezialfälle für den Verlauf der EMK. Für $e(t) = H(t)$ ergibt sich aus Gl. (2.5)

$$i(t) = \frac{1}{R}(1 - e^{-\alpha t}). \tag{2.7}$$

Wenn $e(t) = e^{\beta t}$, wird gefunden

$$i(t) = \frac{1}{R + \beta L}e^{\beta t} - \frac{1}{R + \beta L}e^{-\alpha t}. \tag{2.8}$$

Es ist bekannt, daß im allgemeinen die Exponentialfunktionen eine wichtige Rolle spielen zur Lösung gewöhnlicher Differentialgleichungen mit konstanten Koeffizienten (vgl. die komplexe Rechnungsweise in der Theorie der Wechselströme). Deshalb untersuchen wir auch das Ergebnis, das für $e(t) = \exp(\beta t)$ aus Gl. (2.2) folgt, nämlich

$$i(t) = e^{\beta t} \int_0^t e^{-\beta \tau} f(\tau)\, d\tau. \tag{2.9}$$

Hierfür kann auch geschrieben werden

$$i(t) = e^{\beta t} \int_0^\infty e^{-\beta \tau} f(\tau)\, d\tau - e^{\beta t} \int_t^\infty e^{-\beta \tau} f(\tau)\, d\tau. \tag{2.10}$$

Wir nehmen an, daß das erste Integral auf der rechten Seite der Gl. (2.10) konvergiert, d. h., daß das zweite Integral nach null geht für $t \to \infty$. Es ist leicht zu zeigen, daß dann auch das ganze zweite Glied der rechten Seite von Gl. (2.10) verschwindet für $t \to \infty$, wenn nur $f(t) \to 0$ für $t \to \infty$. Das erste Glied der rechten Seite dagegen wird exponentiell unendlich für $t \to \infty$. Vergleichen wir Gl. (2.10) mit Gl. (2.8), so sehen wir, daß deshalb

$$\frac{1}{R + \beta L} = \int_0^\infty e^{-\beta \tau} f(\tau)\, d\tau. \tag{2.11}$$

Dies ist aufzufassen als eine Integralgleichung zur Bestimmung von $f(t)$. Integralgleichungen dieser Art sind zuerst von CARSON benutzt worden zur Begründung der Operatorenrechnung (CARSON [3]); wir nennen sie daher CARSONsche Integralgleichungen. Im folgenden werden diese Gleichungen unter viel allgemeineren Umständen auftreten.

§ 3. Einschaltvorgang in einem Stromkreise mit Kapazität und Widerstand

Ein folgendes Beispiel, das wir betrachten, ist der Einschaltvorgang in einem Stromkreise mit Widerstand R und Kapazität C (Abb. 3). Der Kreis wird gespeist von einem Generator mit EMK $e(t)$. Wenn $i = i(t)$ der Strom durch den Kreis ist und $q = q(t)$ die Ladung des Kondensators, hat man

$$R i + \frac{1}{C} q = e(t). \tag{3.1}$$

Aus Gl. (3.1) folgt mit $i = dq/dt$ die Differentialgleichung zur Bestimmung von q

$$R \frac{dq}{dt} + \frac{1}{C} q = e(t). \tag{3.2}$$

Abb. 3. Stromkreis mit Kapazität und Widerstand

Wir nehmen an, daß der Anfangswert der Ladung gegeben ist durch $q(0) = Q_0$. Mit dem Verfahren, das wir im § 1 entwickelt haben, ist dieser Anfangswert zu realisieren durch eine Impulsfunktion $R\,Q_0\,\delta(t)$ auf der rechten Seite der Gl. (3.2). Beschränken wir uns auf diesen Teil der Lösung, so haben wir

$$R\frac{dq}{dt} + \frac{1}{C}\,q = R\,Q_0\,\delta(t).\tag{3.3}$$

Hieraus ergibt sich, wenn wir d/dt durch p ersetzen

$$q = (p + \alpha)^{-1}\,Q_0\,\delta(t) = Q_0\,\mathrm{e}^{-\alpha t},\tag{3.4}$$

mit $\alpha = 1/RC$.

Betrachten wir den Fall $e(t) = E\,H(t) = E\,p^{-1}\delta(t)$ (vgl. Gl. (1.10)) und $Q_0 = 0$, so haben wir aus Gl. (3.2)

$$R\frac{dq}{dt} + \frac{1}{C}\,q = E\,p^{-1}\,\delta(t),$$

woraus

$$q = \frac{E}{R}\,(p + \alpha)^{-1}\,p^{-1}\,\delta(t).\tag{3.5}$$

Dies kann umgerechnet werden zu

$$q = E\,C\,[p^{-1} - (p + \alpha)^{-1}]\,\delta(t) = E\,C\,(1 - \mathrm{e}^{-\alpha t})\quad (t > 0).\tag{3.6}$$

Den Strom für eine willkürliche $e(t)$ erhalten wir wieder durch Superposition der Ströme zufolge einer impulsartigen EMK. Analog zu § 2 finden wir, wenn $Q_0 = 0$,

$$q(t) = \frac{1}{R}\int_0^t e(t - \tau)\,\mathrm{e}^{-\alpha\tau}\,d\tau,\tag{3.7}$$

oder

$$q(t) = \frac{1}{R}\int_0^t e(\tau)\,\mathrm{e}^{-\alpha(t-\tau)}\,d\tau.\tag{3.8}$$

Aus Gl. (3.2) erhalten wir eine Differentialgleichung für $i(t)$ wenn wir setzen

$$q(t) = \int_0^t i(\tau)\,d\tau + Q_0.$$

Mit $\int_0^t d\tau = p^{-1}$ und $Q_0 = p^{-1}\,Q_0\,\delta(t)$ ergibt sich dann

$$q(t) = p^{-1}\,i(t) + p^{-1}\,Q_0\,\delta(t).\tag{3.9}$$

Substitution von Gl. (3.9) in Gl. (3.2) gibt

$$(p^{-1} + R\,C)\,i(t) = C\,e(t) - p^{-1}\,Q_0\,\delta(t).\tag{3.10}$$

Der Strom setzt sich aus zwei Teilen zusammen. Der erste Teil $i_1(t)$ stammt vom ersten Gliede der rechten Seite von Gl. (3.10); der zweite Teil $i_2(t)$ vom zweiten Gliede. Der Strom $i_2(t)$ wird mit Gl. (3.4) errechnet zu:

$$i_2(t) = -\alpha\, Q_0\, \mathrm{e}^{-\alpha t}.$$

Um $i_1(t)$ zu bestimmen lösen wir zuerst

$$\left(\frac{1}{C}\, p^{-1} + R\right) f_1(t) = \delta(t).$$

Hieraus ergibt sich

$$f_1(t) = \left(\frac{1}{C}\, p^{-1} + R\right)^{-1} \delta(t) = \frac{1}{R}\left\{1 - \alpha(p+\alpha)^{-1}\right\}\delta(t) =$$
$$= \frac{1}{R}\,\delta(t) - \frac{\alpha}{R}\,\mathrm{e}^{-\alpha t}. \tag{3.11}$$

Mit Hilfe der Gl. (2.1) erhalten wir

$$i_1(t) = \int_0^t e(\tau)\,\frac{1}{R}\left[\delta(t-\tau) - \alpha \exp\{-\alpha(t-\tau)\}\right]d\tau =$$
$$= \frac{1}{R}\,e(t) - \frac{\alpha}{R}\int_0^t e(\tau)\exp\{-\alpha(t-\tau)\}\,d\tau. \tag{3.12}$$

Der Totalstrom setzt sich aus $i_1(t)$ und $i_2(t)$ zusammen.

§ 4. Schlußbemerkung

Die bisherigen Erläuterungen können verallgemeinert werden zu einer systematischen Operatorenrechnung. Jedoch ergeben sich dabei Schwierigkeiten, denen man, unseres Erachtens, besser aus dem Wege gehen kann. Am besten können wir anknüpfen an die CARSONsche Integralgleichung; diese haben wir schon in einem Spezialfall erhalten (vgl. Gl. (2.11)). Im allgemeinen geht man dabei so vor, daß für eine gesuchte Funktion $f(t)$ (z. B. die Lösung einer Differentialgleichung unter Berücksichtigung bestimmter Anfangsbedingungen) eine Integralgleichung erhalten wird der Form

$$F(p) = \int_0^\infty \mathrm{e}^{-pt} f(t)\,dt, \tag{4.1}$$

wo $F(p)$ eine bekannte Funktion der reellen oder komplexen Veränderlichen p ist.

Die Gleichung (4.1) hat die Form einer sogenannten Laplace-Transformation. Man sagt auch, daß die Funktion $f(t)$ der Variablen t transformiert wird in die Funktion $F(p)$ der Variablen p. Abgekürzt werden wir die Beziehung (4.1) schreiben als die „Korrespondenz"

$$f(t) \leftrightarrow F(p). \tag{4.2}$$

Die ganze Operatorenrechnung kann dann mit dieser Integralgleichung begründet werden. Eine Liste einfacher Transformationen und einige einfachen Regeln genügen dann, um bei Systemen mit endlicher Anzahl von Freiheitsgraden die Lösungen zu finden.

Kapitel II

Begründung der Operatorenrechnung mittels der Laplace-Transformation

§ 1. Einführung

In Kap. I, § 4 führten wir die Transformierte $F(p)$ einer Funktion $f(t)$ ein:

$$F(p) = \int_0^\infty e^{-pt} f(t)\, dt. \tag{1.1}$$

Wenn $F(p)$ eine bekannte Funktion ist, so hat man in Gl. (1.1) eine Integralgleichung (die sogenannte CARSONsche Integralgleichung) zur Bestimmung von $f(t)$. Andererseits kann man zu verschiedenen Funktionen $f(t)$ die Transformierte $F(p)$ bestimmen durch Auswertung des Integrals auf der rechten Seite der Gl. (1.1). Dabei werden wir uns beschränken auf eine Klasse von Funktionen $f(t)$, die stückweise stetig sind und in jedem endlichen Zeitintervall nur eine endliche Anzahl Sprünge beschränkter Größe haben. Weiterhin betrachten wir nur Funktionen, die identisch verschwinden für $t < 0$, was wir zum Ausdruck bringen durch

$$f(t) = f(t)\, H(t), \tag{1.2}$$

wo $H(t)$ die HEAVISIDEsche Sprungfunktion ist, während im Unendlichen $|f(t)| < A \exp(\alpha t)$, $t \to \infty$, mit $A > 0$ und α reell. Das Integral in Gl. (1.1) definiert dann eine Funktion $F(p)$ der komplexen Variablen p in der rechten Halbebene $\mathrm{Re}(p) > \alpha$.

Später werden wir zeigen, daß, wenn wir uns beschränken auf Funktionen $f(t)$ der obengenannten Klasse, $f(t)$ eindeutig bestimmt ist durch $F(p)$ (Kap. V).

Wir stellen uns nun die Aufgabe, einige Transformationsregeln herzuleiten und für einige elementare Funktionen $f(t)$ die korrespondierenden Funktionen $F(p)$ zu bestimmen.

§ 2. Transformationsregeln

Den Beweisen der hiernach folgenden Transformationsregeln liegt Gl. (1.1) zugrunde.

a) *Linearitätssatz.* Wenn $f(t) \leftrightarrow F(p)$ und $g(t) \leftrightarrow G(p)$, so gilt

$$[af(t) + bg(t)] \leftrightarrow [aF(p) + bG(p)], \tag{2.1}$$

mit willkürlichen komplexen Zahlen a und b. Der Beweis folgt unmittelbar aus Gl. (1.1).

b) *Ähnlichkeitssatz.* Wenn $f(t) \leftrightarrow F(p)$, so gilt

$$f(at) \leftrightarrow \frac{1}{a} F\left(\frac{p}{a}\right) \qquad (a \text{ reell und positiv}). \tag{2.2}$$

Zum Beweise beachten wir, daß

$$\int\limits_0^\infty e^{-pt} f(at)\, dt = \frac{1}{a} \int\limits_0^\infty e^{-(p/a)\tau} f(\tau)\, d\tau = \frac{1}{a} F\left(\frac{p}{a}\right).$$

c) *Dämpfungssatz.* Wenn $f(t) \leftrightarrow F(p)$, so gilt

$$e^{-\alpha t} f(t) \leftrightarrow F(p + \alpha). \tag{2.3}$$

Zum Beweise beachten wir, daß

$$\int\limits_0^\infty e^{-pt} e^{-\alpha t} f(t)\, dt = \int\limits_0^\infty e^{-(p+\alpha)t} f(t)\, dt = F(p + \alpha).$$

d) *Verschiebungssatz.* Wenn $f(t) H(t) \leftrightarrow F(p)$, so gilt

$$f(t - T) H(t - T) \leftrightarrow e^{-pT} F(p). \tag{2.4}$$

Zum Beweise schreiben wir

$$\int\limits_0^\infty e^{-pt} f(t - T) H(t - T)\, dt = \int\limits_T^\infty e^{-pt} f(t - T)\, dt =$$

$$= \int\limits_0^\infty e^{-p(\tau + T)} f(\tau)\, d\tau = e^{-pT} F(p).$$

e) *Faltungssatz.* Wenn $f(t) \leftrightarrow F(p)$ und $g(t) \leftrightarrow G(p)$, so gilt

$$\int\limits_0^t f(t - \tau) g(\tau)\, d\tau \leftrightarrow F(p) G(p). \tag{2.5}$$

Aus Gl. (1.1) folgt

$$F(p)\,G(p) = F(p) \int\limits_0^\infty e^{-p\tau} g(\tau)\,d\tau = \int\limits_0^\infty e^{-p\tau} F(p)\,g(\tau)\,d\tau. \qquad (2.6)$$

Mit Hilfe des Verschiebungssatzes (Gl. (2.4)) in der Form

$$e^{-p\tau} F(p) = \int\limits_0^\infty e^{-pt} f(t-\tau)\,H(t-\tau)\,dt,$$

kann für das letzte Integral in Gl. (2.6) geschrieben werden

$$\int\limits_0^\infty g(\tau)\,d\tau \int\limits_0^\infty e^{-pt} f(t-\tau)\,H(t-\tau)\,dt = \int\limits_0^\infty e^{-pt}\,dt \int\limits_0^t g(\tau)\,f(t-\tau)\,d\tau, \qquad (2.7)$$

wo wir die Integrationsfolge vertauscht haben. Hiermit ist der Satz (2.5) bewiesen.

In ähnlicher Weise haben wir

$$F(p)\,G(p) \leftrightarrow \int\limits_0^t f(\tau)\,g(t-\tau)\,d\tau. \qquad (2.8)$$

Ein anderer, direkter Beweis ist der folgende. Definitionsgemäß ist

$$F(p)\,G(p) = \int\limits_0^\infty e^{-pu} f(u)\,du \int\limits_0^\infty e^{-pv} g(v)\,dv =$$

$$= \int\limits_0^\infty f(u)\,du \int\limits_0^\infty e^{-p(u+v)} g(v)\,dv =$$

$$= \int\limits_0^\infty e^{-pt}\,dt \int\limits_0^t f(t-\tau)\,g(\tau)\,d\tau,$$

wo wir die Integrationsvariablen $t = u + v$ und $\tau = v$ eingeführt haben. Deshalb gilt

$$F(p)\,G(p) \leftrightarrow \int\limits_0^t f(t-\tau)\,g(\tau)\,d\tau.$$

f) *Differentiation im t-Bereich.* Wenn $f(t) \leftrightarrow F(p)$, so gilt

$$\frac{df}{dt} \leftrightarrow p\,F(p) - f(0). \qquad (2.9)$$

Zum Beweise beachten wir, daß

$$\int\limits_0^\infty e^{-pt} \frac{df}{dt}\,dt = \left[e^{-pt} f(t) \right]_0^\infty + p \int\limits_0^\infty e^{-pt} f(t)\,dt =$$

$$= -f(0) + p\,F(p).$$

Wiederholung dieses Prozesses gibt

$$\frac{d^n f}{d t^n} \leftrightarrow - \sum_{k=1}^{n} p^{n-k} \left(\frac{d^{k-1} f}{d t^{k-1}} \right)_{t=0} + p^n F(p). \tag{2.10}$$

Aus

$$\int_0^\infty e^{-pt} \frac{df}{dt}\, dt = -f(0) + p F(p) \tag{2.11}$$

ergibt sich

$$\lim_{p \to 0} \int_0^\infty e^{-pt} \frac{df}{dt}\, dt = \int_0^\infty \frac{df}{dt}\, dt = f(\infty) - f(0) =$$

$$= -f(0) + \lim_{p \to 0} p F(p).$$

Also

$$\lim_{p \to 0} p F(p) = f(\infty). \tag{2.12}$$

Die Relation (2.12) gilt nur unter der Voraussetzung, daß $f(\infty)$ und $\lim_{p \to 0} p F(p)$ besteht. Der Satz kann also falsch sein, wenn diese Voraussetzungen nicht erfüllt sind, was z. B. der Fall ist für $f(t) = \sin(\omega t)\, H(t)$, $F(p) = \omega/(p^2 + \omega^2)$, wo $\lim_{p \to 0} p F(p) = 0$ und $f(\infty)$ nicht besteht.

Weiterhin folgt aus Gl. (2.11)

$$\lim_{p \to \infty} p F(p) = f(0), \tag{2.13}$$

da das Integral auf der linken Seite von Gl. (2.11) nach null geht für $p \to \infty$.

Die Sätze (2.12) und (2.13) nennt man ABELsche Sätze.

g) *Integration im t-Bereich.* Wenn $f(t) \leftrightarrow F(p)$, so gilt

$$\int_0^t f(\tau)\, d\tau \leftrightarrow \frac{1}{p} F(p). \tag{2.14}$$

Definitionsgemäß gilt

$$\int_0^\infty e^{-pt} \left[\int_0^t f(\tau)\, d\tau \right] dt = \left[-\frac{1}{p} e^{-pt} \int_0^t f(\tau)\, d\tau \right]_0^\infty + \frac{1}{p} \int_0^\infty e^{-pt} f(t)\, dt =$$

$$= \frac{1}{p} F(p).$$

h) *Differentiation im p-Bereich.* Wenn $f(t) \leftrightarrow F(p)$, so gilt

$$\frac{dF}{dp} \leftrightarrow -t f(t). \tag{2.15}$$

Differentiation unter dem Integralzeichen in Gl. (1.1) ergibt

$$\frac{dF}{dp} = -\int_0^\infty e^{-pt}\, t f(t)\, dt.$$

Wiederholung dieses Prozesses gibt

$$\frac{d^n F}{dp^n} \leftrightarrow (-1)^n\, t^n f(t). \tag{2.16}$$

i) *Integration im p-Bereich.* Wenn $f(t) \leftrightarrow F(p)$, so gilt

$$\int_p^\infty F(s)\, ds \leftrightarrow \frac{1}{t}\, f(t). \tag{2.17}$$

Zum Beweise beachten wir, daß

$$\int_p^\infty \left[\int_0^\infty e^{-st} f(t)\, dt \right] ds = -\int_0^\infty [e^{-st}]_p^\infty \frac{f(t)}{t}\, dt = \int_0^\infty e^{-pt} \frac{f(t)}{t}\, dt.$$

Hierbei haben wir vorausgesetzt, daß Re p hinreichend groß ist und daß das letzte Integral an der unteren Grenze konvergiert.

§ 3. Die Transformierten einiger elementarer Funktionen

Durch Auswertung des Integrals in Gl. (1.1) können wir jetzt die Transformierten einiger elementarer Funktionen bestimmen. Dabei werden wir angeben, für welche komplexen Werte von p das Integral konvergiert.

a) *Die Heavisidesche Funktion $H(t)$.* Hierfür ergibt sich

$$H(t) \leftrightarrow \frac{1}{p} \qquad (\mathrm{Re}\ p > 0). \tag{3.1}$$

Der Beweis folgt unmittelbar aus Gl. (1.1)

$$\int_0^\infty e^{-pt} H(t)\, dt = -\left[\frac{e^{-pt}}{p} \right]_0^\infty = \frac{1}{p} \qquad (\mathrm{Re}\ p > 0).$$

b) *Die Diracsche Deltafunktion $\delta(t)$.* Hierfür ergibt sich

$$\delta(t) \leftrightarrow 1, \tag{3.2}$$

für jeden Wert der Variablen p. Da

$$\int_a^b f(\tau)\, \delta(t - \tau)\, d\tau = f(t) \qquad (a < t < b),$$

bekommen wir als Spezialfall das Resultat (3.2) aus Gl. (1.1).

c) *Potenzen von t*. Zuerst beschränken wir uns auf nicht-negative, ganzzahlige Potenzen. Es gilt

$$t^n H(t) \leftrightarrow \frac{n!}{p^{n+1}} \qquad (n = 0, 1, 2, \ldots; \operatorname{Re} p > 0). \tag{3.3}$$

Zum Beweise gehen wir aus von Gl. (1.1). Partielle Integration gibt für $n \geqq 1$

$$\int_0^\infty e^{-pt} t^n \, dt = \frac{n}{p} \int_0^\infty e^{-pt} t^{n-1} \, dt \qquad (\operatorname{Re} p > 0).$$

Wiederholen wir diesen Prozeß n mal, so erhalten wir

$$\int_0^\infty e^{-pt} t^n \, dt = \frac{n(n-1) \ldots 2.1}{p^n} \int_0^\infty e^{-pt} \, dt = \frac{n!}{p^{n+1}} \qquad (\operatorname{Re} p > 0).$$

Für willkürliche komplexen Werte von n mit $\operatorname{Re} n > -1$ erhalten wir, wenn $pt = u$,

$$\int_0^\infty e^{-pt} t^n \, dt = \frac{1}{p^{n+1}} \int_0^\infty e^{-u} u^n \, du = \frac{\Gamma(n+1)}{p^{n+1}}, \tag{3.4}$$

wo

$$\Gamma(n) = \int_0^\infty e^{-u} u^{n-1} \, du \qquad (\operatorname{Re} n > 0) \tag{3.5}$$

die sog. Gammafunktion ist. Im allgemeinen bekommen wir dann statt Gl. (3.3) die Korrespondenz

$$t^n H(t) \leftrightarrow \frac{\Gamma(n+1)}{p^{n+1}} \qquad (\operatorname{Re} n > -1; \operatorname{Re} p > 0). \tag{3.6}$$

d) *Die Exponentialfunktion*. Hierfür ergibt sich mit komplexem α

$$e^{\alpha t} H(t) \leftrightarrow \frac{1}{p - \alpha} \qquad (\operatorname{Re} p > \operatorname{Re} \alpha). \tag{3.7}$$

Der Beweis folgt unmittelbar aus Gl. (1.1) und kann auch erhalten werden durch Kombination der Gleichung (3.1) und des Dämpfungssatzes (2.3).

e) *Die Sinusfunktion*. Hierfür ergibt sich mit reeller Kreisfrequenz ω

$$\sin(\omega t) H(t) \leftrightarrow \frac{\omega}{p^2 + \omega^2} \qquad (\operatorname{Re} p > 0). \tag{3.8}$$

Der Beweis folgt aus Gl. (3.7) durch

$$\sin(\omega t) H(t) = \frac{1}{2j} (e^{j\omega t} - e^{-j\omega t}) H(t) \leftrightarrow \frac{\omega}{p^2 + \omega^2}.$$

f) *Die Kosinusfunktion.* Ähnlich der Gl. (3.8) erhalten wir

$$\cos(\omega t)\, H(t) \leftrightarrow \frac{p}{p^2 + \omega^2} \qquad (\operatorname{Re} p > 0). \tag{3.9}$$

g) *Die hyperbolische Sinusfunktion.* Hierfür ergibt sich mit Hilfe der Gleichung (3.7)

$$\sinh(\alpha t)\, H(t) \leftrightarrow \frac{\alpha}{p^2 - \alpha^2} \qquad (\operatorname{Re} p > |\operatorname{Re}\alpha|). \tag{3.10}$$

h) *Die hyperbolische Kosinusfunktion.* Ähnlich der Gl. (3.10) erhalten wir

$$\cosh(\alpha t)\, H(t) \leftrightarrow \frac{p}{p^2 - \alpha^2} \qquad (\operatorname{Re} p > |\operatorname{Re}\alpha|). \tag{3.11}$$

Bei den Anwendungen werden wir oft die hier angegebenen Korrespondenzen brauchen.

§ 4. Bemerkungen

Die in § 2 und § 3 gegebenen Regeln und Transformationen führen uns zu den folgenden Bemerkungen.

a) Die Regel (2.14) für Integration im t-Bereich kann aus dem Faltungssatz (2.8) erhalten werden, wenn wir in Gl. (2.8) einsetzen $g(t) = H(t)$, weshalb $G(p) = 1/p$.

b) Die Regel (2.9) für Differentiation im t-Bereich ist anders zu schreiben, wenn man beachtet, daß, da $f(t) = 0$ $(t < 0)$ und $f(t) \to f(0)$ $(t \to 0,\ t > 0)$, der Funktionswert einen Sprung hat für $t = 0$. Bringen wir dies zum Ausdruck mittels der HEAVISIDEschen Sprungfunktion $H(t)$ und differenzieren wir $f(t) H(t)$ formell nach t als Produkt der Funktionen $f(t)$ und $H(t)$, so ergibt sich

$$\frac{d}{dt}[f(t) H(t)] = \frac{df}{dt} H(t) + f(t)\,\delta(t) = \frac{df}{dt} H(t) + f(0)\,\delta(t).$$

Transformieren zum p-Bereich gibt also mit Gl. (2.9)

$$\frac{d}{dt}[f(t) H(t)] \leftrightarrow p F(p). \tag{4.1}$$

§ 5. Der Heavisidesche Entwicklungssatz

In vielen Anwendungen hat die Transformierte der gesuchten Funktion die Form $F(p) = G(p)/Z(p)$, wo $G(p)$ und $Z(p)$ ganze rationale Funktionen in p sind vom Grade M bzw. N, mit $M < N$. Weiter setzen wir voraus, daß $G(p)$ und $Z(p)$ keine gemeinsamen Nullstellen haben und daß $Z(p)$ nur einfache Nullstellen hat. Seien $p = p_k$ $(k = 1, 2, \ldots, N)$

die Nullstellen von $Z(p)$, so erhalten wir durch Partialbruchzerlegung

$$F(p) = \frac{G(p)}{Z(p)} = \sum_{k=1}^{N} \frac{A_k}{p - p_k}. \tag{5.1}$$

Den Wert des Koeffizienten A_k kann man bestimmen durch Multiplikation der linken und rechten Seite der Identität (5.1) mit $p - p_k$ und Bildung des Grenzwerts für $p = p_k$. Dies ergibt

$$A_k = \frac{G(p_k)}{Z'(p_k)}, \tag{5.2}$$

wo

$$Z'(p_k) = \left[\frac{dZ(p)}{dp} \right]_{p = p_k}.$$

Im t-Bereich erhalten wir also aus Gl. (5.1)

$$f(t) = \sum_{k=1}^{N} \frac{G(p_k)}{Z'(p_k)} e^{p_k t}. \tag{5.3}$$

Diese Formel nennt man den HEAVISIDEschen Entwicklungssatz ("expansion theorem").

Bei vielen einfachen Problemen kann man oft die Partialbruchzerlegung in direkter Weise erhalten, ohne Gl. (5.2) zu benutzen.

§ 6. Impedanz und Admittanz im p-Bereich

Es wird sich zeigen, daß man im p-Bereich, ähnlich der komplexen Rechnungsweise in der Theorie der harmonischen Wechselströme mit Kreisfrequenz ω, einen Impedanz- bzw. Admittanzbegriff einführen kann. Die Analogie tritt auf, wenn alle Anfangsbedingungen null sind. Der Ausdruck für die Impedanz (Admittanz) im p-Bereich wird dann erhalten, indem man in dem entsprechenden Ausdruck für die komplexe Impedanz (Admittanz) $j\omega$ durch p ersetzt, wo j die imaginäre Einheit ist. Dies werden wir jetzt zeigen für einen Widerstand R, eine Induktivität L und eine Kapazität C.

a) Im t-Bereich gilt zwischen dem Strome durch den Widerstand R und der Spannung an ihm die folgende Beziehung

$$v(t) = R i(t). \tag{6.1}$$

Transformieren zum p-Bereich gibt

$$V(p) = R I(p). \tag{6.2}$$

Die Impedanz im p-Bereich eines Widerstandes R ist deshalb gleich R.

b) Im t-Bereich gilt zwischen dem Strome durch die Induktivität L und der Spannung an ihr die folgende Beziehung

$$v(t) = L \frac{di}{dt}. \tag{6.3}$$

Transformieren zum p-Bereich gibt, wenn $i(0) = 0$,

$$V(p) = p\,L\,I(p)\,. \tag{6.4}$$

Die Impedanz im p-Bereich einer Induktivität L ist deshalb gleich pL.

c) Im t-Bereich gilt zwischen dem Strome durch die Kapazität C und der Spannung an ihr die folgende Beziehung

$$v(t) = \frac{1}{C} \int\limits_0^t i(\tau)\,d\tau\,, \tag{6.5}$$

wo vorausgesetzt ist $v(0) = 0$. Transformieren zum p-Bereich gibt

$$V(p) = \frac{1}{p\,C}\,I(p)\,. \tag{6.6}$$

Die Impedanz im p-Bereich einer Kapazität C ist deshalb gleich $1/pC$.

Die Admittanzen erhalten wir durch den reziproken Wert der entsprechenden Impedanzen.

Wenn man Einschaltvorgänge in Stromkreisen mit Widerstand, Induktivität und Kapazität betrachtet, kann die Impedanz im p-Bereich erhalten werden mittels der bekannten Regeln für Reihen- und Parallelschaltung der obengenannten Elemente.

§ 7. Schwingungskreis, bestehend aus einer Reihenschaltung von R, L und C

In diesem Paragraphen betrachten wir den Einschaltvorgang in einem Stromkreise nach Abb. 4 zufolge des Einschaltens eines Generators zur Zeit $t = 0$. Die EMK des Generators sei gegeben durch $e = e(t)\,H(t)$; es sei vorausgesetzt, daß für $t < 0$ keine Ströme und Ladungen vorliegen. Für den Strom $i = i(t)$ erhält man die folgende Differentialgleichung

$$L\,\frac{di}{dt} + R\,i + \frac{1}{C} \int\limits_0^t i(\tau)\,d\tau = e(t)\,H(t)\,. \tag{7.1}$$

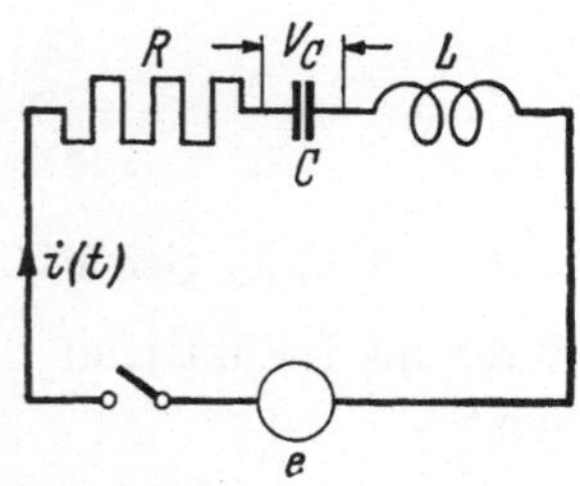

Abb. 4. Reihenschaltung von R, L und C

Transformieren zum p-Bereich gibt, unter Beachtung der vorher abgeleiteten Regeln,

$$\left(p\,L + R + \frac{1}{p\,C}\right) I(p) = E(p)\,. \tag{7.2}$$

Deshalb ist

$$I(p) = \frac{E(p)}{p\,L + R + \dfrac{1}{p\,C}}\,. \tag{7.3}$$

Der Faktor $pL + R + 1/pC$ ist die Impedanz der Reihenschaltung von R, L und C im p-Bereich; die Gl. (7.3) ist direkt zu erhalten durch Anwendung der in § 6 entwickelten Methode.

Wir untersuchen den Spezialfall, daß die EMK des Generators gegeben ist durch $e = E H(t)$. Dann ist $E(p) = E/p$. Gl. (7.3) wird dann

$$I(p) = \frac{E}{p}\ \frac{1}{pL + R + \dfrac{1}{pC}}.\tag{7.4}$$

Im folgenden wird es bequem sein, einen Unterschied zu machen zwischen den Fällen (a) $R^2 < 4\,L/C$; (b) $R^2 = 4\,L/C$; (c) $R^2 > 4\,L/C$. Diese drei Fälle werden wir gesondert untersuchen.

a) $R^2 < 4\,L/C$. Es sei

$$\alpha = \frac{R}{2L}\tag{7.5}$$

und

$$\omega_0 = \left(\frac{1}{LC} - \frac{R^2}{4L^2}\right)^{1/2}.\tag{7.6}$$

Gl. (7.4) gibt

$$I(p) = \frac{E}{L}\ \frac{1}{(p+\alpha)^2 + \omega_0^2} = \frac{E}{\omega_0 L}\ \frac{\omega_0}{(p+\alpha)^2 + \omega_0^2}.\tag{7.7}$$

Mit dem Dämpfungssatze (2.3) und der Transformierten der Sinusfunktion (3.8) erhält man

$$i(t) = \frac{E}{\omega_0 L}\, e^{-\alpha t} \sin(\omega_0 t),\tag{7.8}$$

also eine gedämpfte Schwingung.

b) $R^2 = 4\,L/C$. Mit $\omega_0 = 0$ gibt Gl. (7.7) jetzt

$$I(p) = \frac{E}{L}\ \frac{1}{(p+\alpha)^2}.\tag{7.9}$$

Mit dem Dämpfungssatze (2.3) und der Transformierten der ganzzahligen Potenzen von t, Gl. (3.3), erhält man

$$i(t) = \frac{E}{L}\, t\, e^{-\alpha t}.\tag{7.10}$$

c) $R^2 > 4\,L/C$. Es seien

$$\alpha_1 = \frac{R}{2L} + \left(\frac{R^2}{4L^2} - \frac{1}{LC}\right)^{1/2},\tag{7.11}$$

$$\alpha_2 = \frac{R}{2L} - \left(\frac{R^2}{4L^2} - \frac{1}{LC}\right)^{1/2}.\tag{7.12}$$

Gl. (7.4) gibt

$$I(p) = \frac{E}{L}\ \frac{1}{(p+\alpha_1)(p+\alpha_2)}.$$

Partialbruchzerlegung gibt

$$I(p) = \frac{E}{(\alpha_2 - \alpha_1)L}\left[\frac{1}{(p+\alpha_1)} - \frac{1}{(p+\alpha_2)}\right].$$

Mit dem Dämpfungssatze (2.3) und der Transformierten der HEAVISIDE-schen Sprungfunktion erhält man

$$i(t) = \frac{E}{(\alpha_1 - \alpha_2)\,L}\,(e^{-\alpha_2 t} - e^{-\alpha_1 t}) =$$

$$= \frac{E}{\left(\dfrac{R^2}{4} - \dfrac{L}{C}\right)^{1/2}}\,e^{-\frac{R}{2L}t}\,\sinh\left(\frac{R^2}{4L^2} - \frac{1}{LC}\right)^{1/2} t\,. \qquad (7.13)$$

Die Gleichungen (7.10) und (7.13) zeigen, daß in den Fällen (b) und (c) keine Schwingungen auftreten.

Ein etwas komplizierteres Problem ist die Berechnung der Spannung $v_C(t)$ an dem Kondensator. Im p-Bereich finden wir aus Gl. (7.4) und Gl. (6.6)

$$V_C(p) = \frac{E}{p}\,\frac{1}{pC}\,\frac{1}{pL + R + \dfrac{1}{pC}}\,. \qquad (7.14)$$

Wiederum unterscheiden wir die drei obengenannten Fälle.

a) $R^2 < 4\,L/C$. Aus Gl. (7.14) bekommt man

$$V_C(p) = E\left[\frac{1}{p} - \frac{p + \alpha}{(p + \alpha)^2 + \omega_0^2} - \frac{\alpha}{(p + \alpha)^2 + \omega_0^2}\right], \qquad (7.15)$$

wo α und ω_0 gegeben sind durch Gl. (7.5) bzw. (7.6) und wir die Beziehung

$$\alpha^2 + \omega_0^2 = \frac{1}{LC}$$

benutzt haben. Mit dem Dämpfungssatze (2.3) und der Transformierten der Sinus- und Kosinusfunktion [Gl. (3.8) und Gl. (3.9)] erhält man

$$v_C(t) = E\left[1 - e^{-\alpha t}\cos(\omega_0 t) - \frac{\alpha}{\omega_0}\,e^{-\alpha t}\sin(\omega_0 t)\right]. \qquad (7.16)$$

b) $R^2 = 4\,L/C$. Aus Gl. (7.15) ergibt sich, mit $\omega_0 = 0$,

$$V_C(p) = E\left[\frac{1}{p} - \frac{1}{p + \alpha} - \frac{\alpha}{(p + \alpha)^2}\right].$$

Nach transformieren bekommt man

$$v_C(t) = E\,(1 - e^{-\alpha t} - \alpha\,t\,e^{-\alpha t})\,. \qquad (7.17)$$

c) $R^2 > 4\,L/C$. Aus Gl. (7.14) bekommt man

$$V_C(p) = \frac{E}{LC}\,\frac{1}{p\,(p + \alpha_1)\,(p + \alpha_2)}\,. \qquad (7.18)$$

Partialbruchzerlegung gibt

$$V_C(p) = E\left[\frac{1}{p} + \frac{\alpha_2}{\alpha_1 - \alpha_2}\,\frac{1}{p + \alpha_1} - \frac{\alpha_1}{\alpha_1 - \alpha_2}\,\frac{1}{p + \alpha_2}\right], \qquad (7.19)$$

wo α_1 und α_2 gegeben sind durch Gl. (7.11) und Gl. (7.12). Transformieren gibt

$$v_C(t) = E\left[1 + \frac{\alpha_2}{\alpha_1 - \alpha_2}\,e^{-\alpha_1 t} - \frac{\alpha_1}{\alpha_1 - \alpha_2}\,e^{-\alpha_2 t}\right]. \tag{7.20}$$

Aus den Gleichungen (7.16), (7.17) und (7.20) ergibt sich $v_C(t) \to E$ für $t \to \infty$.

§ 8. Schwingungskreis, bestehend aus einer Parallelschaltung von R, L und C

Einer Parallelschaltung von R, L und C wird für $t > 0$ ein Strom $i = i(t)H(t)$ zugeführt (Abb. 5). Für $t < 0$ sind keine Ströme und Ladungen anwesend. Für die Ströme $i_1(t)$, $i_2(t)$ und $i_3(t)$ erhalten wir die folgenden Gleichungen

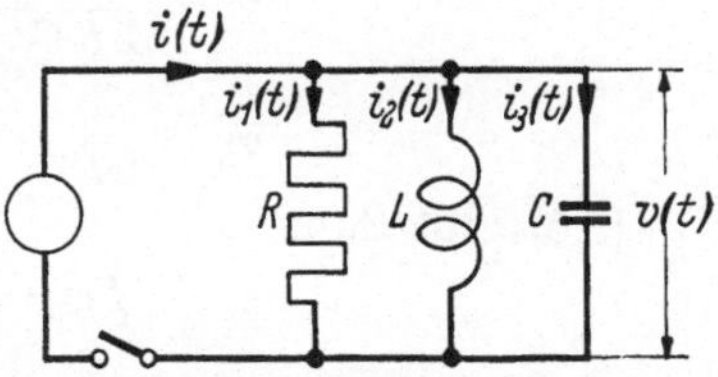

$$i(t) = i_1(t) + i_2(t) + i_3(t), \tag{8.1}$$

$$R\,i_1(t) = L\frac{di_2}{dt} = \frac{1}{C}\int_0^t i_3(\tau)\,d\tau = v(t). \tag{8.2}$$

Abb. 5. Parallelschaltung von R, L und C

Transformieren zum p-Bereich ergibt

$$I(p) = I_1(p) + I_2(p) + I_3(p), \tag{8.3}$$

$$R\,I_1(p) = p\,L\,I_2(p) = \frac{1}{pC}\,I_3(p) = V(p). \tag{8.4}$$

Deshalb ist

$$V(p) = \frac{I(p)}{\dfrac{1}{R} + \dfrac{1}{pL} + pC}. \tag{8.5}$$

Der Faktor $\dfrac{1}{R} + \dfrac{1}{pL} + pC$ ist die Admittanz im p-Bereich der Parallelschaltung von R, L und C. Wir untersuchen jetzt den Spezialfall $i = I H(t)$. Mit $I(p) = I/p$ gibt Gl. (8.5)

$$V(p) = \frac{I}{p}\,\frac{1}{\dfrac{1}{R} + \dfrac{1}{pL} + pC}. \tag{8.6}$$

Im folgenden wird es bequem sein, einen Unterschied zu machen zwischen den Fällen (a) $R^2 < L/4C$; (b) $R^2 = L/4C$; (c) $R^2 > L/4C$. Diese drei Fälle werden wir gesondert untersuchen.

a) $R^2 < L/4C$. Es sei

$$\alpha = \frac{1}{2RC} \tag{8.7}$$

und

$$\omega_0 = \left(\frac{1}{LC} - \frac{1}{4R^2C^2}\right)^{1/2}. \tag{8.8}$$

Gl. (8.6) gibt

$$V(p) = \frac{I}{C}\,\frac{1}{(p+\alpha)^2+\omega_0^2} = \frac{I}{\omega_0 C}\,\frac{\omega_0}{(p+\alpha)^2+\omega_0^2}. \tag{8.9}$$

Ähnlich Gl. (7.7) und Gl. (7.8) erhält man

$$v(t) = \frac{I}{\omega_0 C}\,e^{-\alpha t}\sin(\omega_0\,t). \tag{8.10}$$

b) $R^2 = L/4C$. Analog zu Gl. (7.9) und Gl. (7.10) erhält man

$$v(t) = \frac{I}{C}\,t\,e^{-\alpha t}. \tag{8.11}$$

c) $R^2 > L/4C$. Es seien

$$\alpha_1 = \frac{1}{2RC} + \left(\frac{1}{4R^2C^2} - \frac{1}{LC}\right)^{1/2}, \tag{8.12}$$

$$\alpha_2 = \frac{1}{2RC} - \left(\frac{1}{4R^2C^2} - \frac{1}{LC}\right)^{1/2}. \tag{8.13}$$

Gl. (8.6) gibt dann

$$V(p) = \frac{I}{C}\,\frac{1}{(p+\alpha_1)\,(p+\alpha_2)}.$$

Analog zu Gl. (7.13) erhält man hiermit

$$v(t) = \frac{I}{(\alpha_1-\alpha_2)\,C}\,(e^{-\alpha_2 t} - e^{-\alpha_1 t}) =$$

$$= \frac{I}{\left(\frac{1}{4R^2} - \frac{C}{L}\right)^{1/2}}\,e^{-\frac{1}{2RC}t}\sinh\left(\frac{1}{4R^2C^2} - \frac{1}{LC}\right)^{1/2}t. \tag{8.14}$$

Die Gleichungen (8.10), (8.11) und (8.14) zeigen, daß $v(t) \to 0$ für $t \to \infty$. Weiterhin sieht man, daß in den Fällen (b) und (c) keine Schwingungen auftreten.

§ 9. Die Entladung eines Kondensators über einen Stromkreis mit Widerstand und Induktivität

In der Schaltung nach Abb. 6 wird zur Zeit $t = 0$ der Schalter S geschlossen. Für $t < 0$ ist die Ladung q des Kondensators gegeben durch $q = Q_0$. Sei $i = i(t)$ der Strom im Kreise für $t > 0$. Die Spannung $v_C(t)$ am Kondensator ist dann für $t > 0$ gegeben durch

$$v_C(t) = \frac{1}{C}\,Q_0 + \frac{1}{C}\int_0^t i(\tau)\,d\tau. \tag{9.1}$$

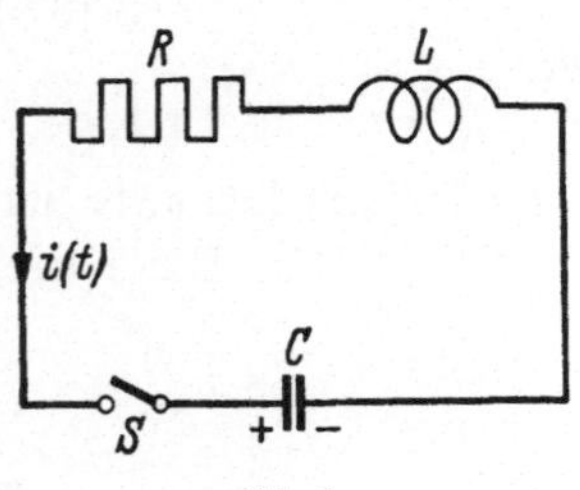

Abb. 6

Für den Strom $i(t)$ erhalten wir daher die folgende Differentialgleichung

$$L\,\frac{di}{dt} + Ri + \frac{1}{C}\int_0^t i(\tau)\,d\tau = -\frac{1}{C}\,Q_0. \tag{9.2}$$

Transformieren zum p-Bereich gibt

$$\left(pL + R + \frac{1}{pC}\right) I(p) = -\frac{Q_0}{pC}. \tag{9.3}$$

Deshalb ist

$$I(p) = -\frac{Q_0}{pC}\ \frac{1}{pL + R + \dfrac{1}{pC}}. \tag{9.4}$$

Analog zu dem Verfahren in § 7 erhalten wir $i(t)$ in den dortgenannten Fällen. Das Resultat ist

a) $R^2 < 4\,L/C$. Mit

$$\alpha = \frac{R}{2L} \tag{9.5}$$

und

$$\omega_0 = \left(\frac{1}{LC} - \frac{R^2}{4L^2}\right)^{1/2} \tag{9.6}$$

ist

$$i(t) = -\frac{Q_0}{\omega_0 LC}\,\mathrm{e}^{-\alpha t}\sin(\omega_0 t). \tag{9.7}$$

b) $R^2 = 4\,L/C$. In diesem Fall ist

$$i(t) = -\frac{Q_0}{LC}\,t\,\mathrm{e}^{-\alpha t}. \tag{9.8}$$

c) $R^2 > 4\,L/C$. Mit

$$\alpha_1 = \frac{R}{2L} + \left(\frac{R^2}{4L^2} - \frac{1}{LC}\right)^{1/2}, \tag{9.9}$$

$$\alpha_2 = \frac{R}{2L} - \left(\frac{R^2}{4L^2} - \frac{1}{LC}\right)^{1/2} \tag{9.10}$$

ist

$$i(t) = -\frac{Q_0}{(\alpha_1 - \alpha_2)\,LC}\,(\mathrm{e}^{-\alpha_2 t} - \mathrm{e}^{-\alpha_1 t}) =$$

$$= -\frac{Q_0}{\left(\dfrac{R^2 C^2}{4} - LC\right)^{1/2}}\,\mathrm{e}^{-\frac{R}{2L}t}\sinh\left(\frac{R^2}{4L^2} - \frac{1}{LC}\right)^{1/2} t. \tag{9.11}$$

§ 10. Unterbrechung eines induktiven Kreises unter Benutzung eines Löschkondensators

In der Schaltung nach Abb. 7 ist für $t < 0$ der Schalter S geschlossen. Die EMK des Generators hat den konstanten Wert E. Wir nehmen an, daß zur Zeit $t = 0$ der Strom den stationären Wert $I_0 = E/R$ hat. Alsdann wird der Schalter S geöffnet. Für $t > 0$ befriedigt der Strom $i = i(t)$ die folgende Gleichung

$$L\frac{di}{dt} + Ri + \frac{1}{C}\int_0^t i(\tau)\,d\tau = E. \tag{10.1}$$

Transformieren zum p-Bereich gibt, unter Beachtung des Anfangswertes I_0 des Stromes [vgl. Gl. (2.9)]

$$\left(p L + R + \frac{1}{p C}\right) I(p) = \frac{E}{p} + L I_0 = E\left(\frac{1}{p} + \frac{L}{R}\right). \qquad (10.2)$$

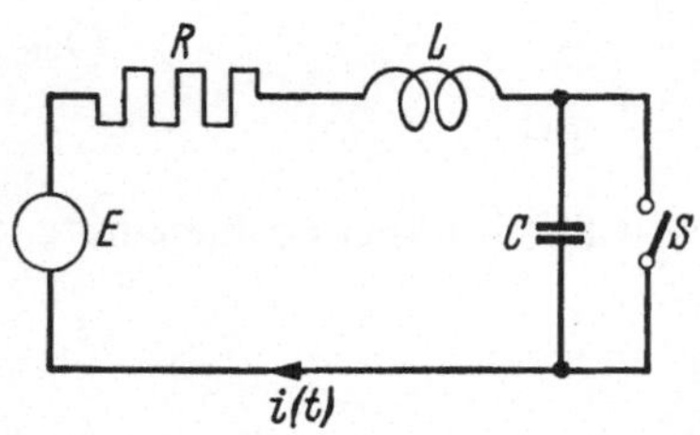

Abb. 7. Unterbrechung eines induktiven Kreises unter Benutzung eines Löschkondensators

Hieraus ergibt sich

$$I(p) = \frac{E}{R}\, \frac{p + \dfrac{R}{L}}{p^2 + \dfrac{R}{L} p + \dfrac{1}{LC}}. \qquad (10.3)$$

Wir werden nun die Spannung $v_C(t)$ an dem Kondensator bestimmen. Dazu bilden wir

$$V_C(p) = \frac{1}{p C}\, I(p). \qquad (10.4)$$

Aus Gl. (10.3) erhalten wir

$$V_C(p) = \frac{E}{RC}\, \frac{p + \dfrac{R}{L}}{p\left(p^2 + \dfrac{R}{L} p + \dfrac{1}{LC}\right)}$$

oder

$$V_C(p) = \frac{E}{RC}\, \frac{1}{p^2 + \dfrac{R}{L} p + \dfrac{1}{LC}} + \frac{E}{LC}\, \frac{1}{p\left(p^2 + \dfrac{R}{L} p + \dfrac{1}{LC}\right)}. \qquad (10.5)$$

Das erste Glied der rechten Seite von Gl. (10.5) hat dieselbe Form wie die rechte Seite von Gl. (7.4); das zweite Glied von Gl. (10.5) ist identisch mit der rechten Seite von Gl. (7.14). Mit den Symbolen, die wir in § 7 benutzt haben, ist deshalb $v_C(t)$ für die drei in § 7 unterschiedenen Fälle

a) $R^2 < 4 L/C$,

$$v_C(t) = E\left[1 - e^{-\alpha t}\cos(\omega_0 t) - \left(\frac{\alpha}{\omega_0} - \frac{1}{\omega_0 RC}\right) e^{-\alpha t}\sin(\omega_0 t)\right]; \qquad (10.6)$$

b) $R^2 = 4 L/C$,

$$v_C(t) = E\left[1 - e^{-\alpha t} - \frac{1}{RC} e^{-\alpha t} t\right]; \qquad (10.7)$$

c) $R^2 > 4 L/C$,

$$v_C(t) = E\left[1 - \frac{e^{-\alpha_1 t}}{\alpha_1 - \alpha_2}\left(\frac{1}{RC} - \alpha_2\right) + \frac{e^{-\alpha_2 t}}{\alpha_1 - \alpha_2}\left(\frac{1}{RC} - \alpha_1\right)\right]. \qquad (10.8)$$

Aus Gl. (10.6), (10.7) und (10.8) ist ersichtlich, daß $v_C(t) \to E$ für $t \to \infty$.

§ 11. Einschaltvorgang in zwei in Reihe geschalteten $R\,C$-Kreisen

Wir betrachten den Einschaltvorgang in dem Stromkreis nach Abb. 8 zufolge des Einschaltens eines Generators zur Zeit $t = 0$. Die EMK des Generators sei $e(t) = E H(t)$, wo E eine Konstante ist. Wir setzen voraus, daß für $t < 0$ keine Ströme und Ladungen vorhanden sind. Die Spannungen $v_1(t)$ und $v_2(t)$ können wir ausdrücken in den Strömen $i_1(t)$ und $i_2(t)$ durch R_1 bzw. R_2, und auch in den Strömen $i(t) - i_1(t)$ und $i(t) - i_2(t)$ durch C_1 bzw. C_2, wo $i(t)$ der Strom durch den Generator ist. Wir haben also

$$v_1(t) = R_1 i_1(t) = \frac{1}{C_1} \int_0^t [i(\tau) - i_1(\tau)]\, d\tau, \tag{11.1}$$

$$v_2(t) = R_2 i_2(t) = \frac{1}{C_2} \int_0^t [i(\tau) - i_2(\tau)]\, d\tau. \tag{11.2}$$

Weiterhin ist

$$v_1(t) + v_2(t) = E H(t). \tag{11.3}$$

Abb. 8. Stromkreis mit zwei in Reihe geschalteten RC-Kreisen

Transformation dieser Gleichungen in den p-Bereich gibt

$$V_1(p) = R_1 I_1(p) = \frac{1}{p C_1} [I(p) - I_1(p)], \tag{11.4}$$

$$V_2(p) = R_2 I_2(p) = \frac{1}{p C_2} [I(p) - I_2(p)] \tag{11.5}$$

und

$$V_1(p) + V_2(p) = \frac{E}{p}. \tag{11.6}$$

Aus diesen Gleichungen folgt

$$I_1(p) = \frac{Z_1(p)}{R_1} I(p), \tag{11.7}$$

$$I_2(p) = \frac{Z_2(p)}{R_2} I(p), \tag{11.8}$$

mit

$$I(p) = \frac{E}{p} \frac{1}{Z_1(p) + Z_2(p)}, \tag{11.9}$$

$$Z_1(p) = \frac{R_1}{p C_1} \frac{1}{R_1 + \dfrac{1}{p C_1}}, \tag{11.10}$$

$$Z_2(p) = \frac{R_2}{p C_2} \frac{1}{R_2 + \dfrac{1}{p C_2}}. \tag{11.11}$$

Es wird bequem sein, in die Berechnung die folgenden Symbole einzuführen:

$$\alpha_1 = \frac{1}{R_1 C_1}, \tag{11.12}$$

$$\alpha_2 = \frac{1}{R_2 C_2}, \tag{11.13}$$

$$\alpha = \frac{R_1 + R_2}{R_1 R_2 (C_1 + C_2)}. \tag{11.14}$$

Hiermit wird

$$I(p) = E \frac{C_1 C_2}{C_1 + C_2} \frac{(p + \alpha_1)(p + \alpha_2)}{p(p + \alpha)}, \tag{11.15}$$

woraus

$$I(p) = E \frac{C_1 C_2}{C_1 + C_2} \left[1 + \frac{\alpha_1 + \alpha_2 - \alpha}{p} + \frac{\alpha_1 \alpha_2 - \alpha(\alpha_1 + \alpha_2 - \alpha)}{p(p + \alpha)} \right]. \tag{11.16}$$

Es ist leicht nachzuprüfen, daß

$$\frac{1}{p(p + \alpha)} \leftrightarrow \frac{1}{\alpha} (1 - e^{-\alpha t}).$$

Daher wird, unter Beachtung der Gl. (3.1) und Gl. (3.2)

$$i(t) = E \frac{C_1 C_2}{C_1 + C_2} \left[\delta(t) + (\alpha_1 + \alpha_2 - \alpha) H(t) + \right.$$
$$\left. + \left\{ \frac{\alpha_1 \alpha_2}{\alpha} - (\alpha_1 + \alpha_2 - \alpha) \right\} (1 - e^{-\alpha t}) \right]. \tag{11.17}$$

Dies kann auch geschrieben werden als

$$i(t) = E \frac{C_1 C_2}{C_1 + C_2} \delta(t) + E \frac{R_1 C_1^2 + R_2 C_2^2}{R_1 R_2 (C_1 + C_2)^2} H(t) -$$
$$- E \frac{(R_1 C_1 - R_2 C_2)^2}{R_1 R_2 (R_1 + R_2)(C_1 + C_2)^2} (1 - e^{-\alpha t}) H(t), \tag{11.18}$$

oder

$$i(t) = E \frac{C_1 C_2}{C_1 + C_2} \delta(t) + \frac{E}{R_1 + R_2} H(t) +$$
$$+ \frac{E(R_1 C_1 - R_2 C_2)^2}{R_1 R_2 (R_1 + R_2)(C_1 + C_2)^2} e^{-\alpha t}. \tag{11.19}$$

Das erste Glied auf der rechten Seite von Gl. (11.18) zeigt, daß direkt nach dem Schließen des Schalters ein Stromstoß mit Ladungsinhalt $E C_1 C_2/(C_1 + C_2)$ vom Generator geliefert wird. Dies war zu erwarten, da die beiden in Reihe geschalteten Kondensatoren mit Kapazitäten C_1 und C_2 im ersten Augenblick den Generator kurzschließen. Als Kapazität des Kurzschlusses tritt daher der Wert $C_1 C_2/(C_1 + C_2)$ auf.

Das zweite Glied von Gl. (11.18) gibt den Wert des Stromes unmittelbar nachdem der Stromstoß vergangen ist. Der Wert dieses Stromes kann auch direkt aus der Schaltung berechnet werden. Dazu bemerken wir, daß der Stromstoß die Spannungen an den Kondensatoren auf die Werte (vgl. Abb. 8)

$$v_1(0) = E \frac{C_2}{C_1 + C_2} \tag{11.20}$$

und

$$v_2(0) = E \frac{C_1}{C_1 + C_2} \tag{11.21}$$

bringt. Diese Spannungen geben Anlaß zu den folgenden Strömen durch die Widerstände

$$i_1(0) = E \frac{C_2}{R_1 (C_1 + C_2)} \tag{11.22}$$

bzw.

$$i_2(0) = E \frac{C_1}{R_2(C_1 + C_2)} . \tag{11.23}$$

Weiterhin findet man durch Substitution der rechten Seiten der Gleichungen (11.1) und (11.2) in Gl. (11.3) und differenzieren nach t für $t \to 0$ $(t > 0)$,

$$\frac{1}{C_1}[i(0) - i_1(0)] + \frac{1}{C_2}[i(0) - i_2(0)] = 0 . \tag{11.24}$$

Aus Gl. (11.22), (11.23) und (11.24) erhält man

$$i(0) = E \frac{R_1 C_1^2 + R_2 C_2^2}{R_1 R_2 (C_1 + C_2)^2} , \tag{11.25}$$

was völlig übereinstimmt mit dem zweiten Gliede der rechten Seite von Gl. (11.18).

Aus Gl. (11.19) ergibt sich, daß

$$i(t) \to \frac{E}{R_1 + R_2} \qquad (t \to \infty) . \tag{11.26}$$

Unsere Ergebnisse zeigen also, daß im Anfang das Verhältnis der Spannungen bestimmt wird durch die Kapazitäten und für $t \to \infty$ der Strom bestimmt wird durch die Widerstände. Weiterhin gibt es noch einen Ausgleichsvorgang; bemerkenswert ist, daß kein Ausgleichsvorgang auftritt, wenn $R_1 C_1 = R_2 C_2$.

Die hier gefundenen Resultate werden wir im nächsten Paragraphen benutzen in einer etwas komplizierteren Schaltung.

§ 12. Linearisierung der Anfangsspannung an einem RC-Kreise

In der Schaltung nach Abb. 9 wird zur Zeit $t = 0$ der Generator mit EMK $e(t) = EH(t)$ eingeschaltet. Wir nehmen an, daß die Schaltung so bemessen ist, daß im Anfang der Strom $i(t)$ zu vernachlässigen ist gegen den Strom $i_0(t)$. Unter dieser Annahme finden wir für die Spannung $V_0(p)$ im p-Bereich

$$V_0(p) = \frac{E}{p} \frac{\alpha_0}{p + \alpha_0} , \tag{12.1}$$

mit

$$\alpha_0 = \frac{1}{R_0 C_0} . \tag{12.2}$$

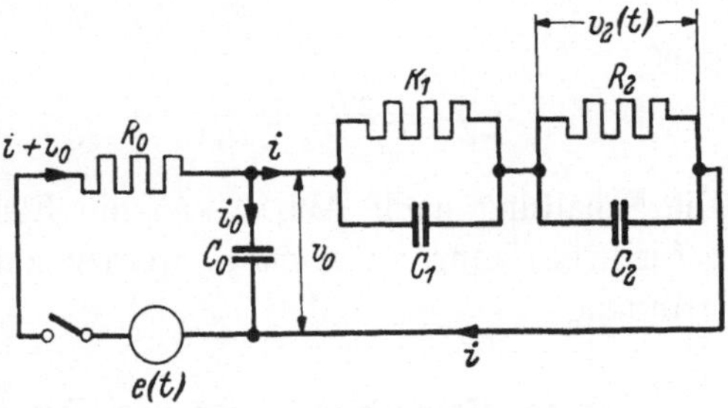

Abb. 9. Schaltung zur Erregung einer Sägezahnspannung

Weiterhin ist auf Grund unserer Voraussetzung

$$V_2(p) = V_0(p) \frac{Z_2(p)}{Z_1(p) + Z_2(p)} , \tag{12.3}$$

wo $Z_1(p)$ und $Z_2(p)$ gegeben sind durch Gl. (11.10) bzw. Gl. (11.11). Ähnlich Gl. (11.15) erhalten wir

$$V_2(p) = E \frac{C_1}{C_1 + C_2} \frac{\alpha_0(p + \alpha_1)}{p(p + \alpha_0)(p + \alpha)}, \qquad (12.4)$$

wo [vgl. Gl. (11.12) und (11.14)]

$$\alpha_1 = \frac{1}{R_1 C_1}, \qquad (12.5)$$

$$\alpha = \frac{R_1 + R_2}{R_1 R_2 (C_1 + C_2)}. \qquad (12.6)$$

Jetzt bemerken wir, daß für $t > 0$ die Spannung $v_2(t)$ in eine Potenzreihe entwickelt werden kann, welche die Form hat

$$v_2(t) = a_0 + a_1 t + \frac{1}{2} a_2 t^2 + \cdots. \qquad (12.7)$$

Im p-Bereich korrespondiert diese Entwicklung nach Gl. (3.3) mit einer Reihe von negativen ganzzahligen Potenzen von p:

$$V_2(p) = \frac{a_0}{p} + \frac{a_1}{p^2} + \frac{a_2}{p^3} + \cdots. \qquad (12.8)$$

Wir suchen nun nach der Bedingung, unter welcher der Koeffizient $\frac{1}{2} a_2$ von t^2 verschwindet; alsdann hat $v_2(t)$ für kleine positive Werte der Variablen t bis auf Glieder vom dritten Grade in t einen geradlinigen Verlauf (die Spannung wird sozusagen linearisiert). Aus Gl. (12.4) erhalten wir den folgenden Wert für a_2

$$a_2 = E \frac{C_1}{C_1 + C_2} \alpha_0(\alpha_1 - \alpha_0 - \alpha). \qquad (12.9)$$

Der Koeffizient a_2 verschwindet also, wenn

$$\alpha_1 - \alpha_0 - \alpha = 0,$$

oder

$$\frac{C_2}{C_1 + C_2} \left(\frac{1}{R_1 C_1} - \frac{1}{R_2 C_2} \right) = \frac{1}{R_0 C_0}. \qquad (12.10)$$

Die Schaltung nach Abb. 9, wo die Elemente die Gleichung (12.10) befriedigen, kann angewendet werden zum Erhalten einer Sägezahnspannung.

§ 13. Bemerkung über den Zusammenhang zwischen der komplexen Rechnungsweise und der Operatorenrechnung

Der Zusammenhang zwischen den Größen (Ströme, Spannungen) im p-Bereich und den korrespondierenden Größen, die man mittels der komplexen Rechnungsweise für harmonische Zeitabhängigkeit mit Kreisfrequenz ω erhält, werden wir jetzt erläutern an dem Beispiel eines

LCR-Schwingungskreises. In § 7 haben wir gesehen, daß [Gl. (7.3)]

$$I(p) = \frac{E(p)}{Z(p)} \tag{13.1}$$

mit

$$Z(p) = pL + R + \frac{1}{pC} \cdot \tag{13.2}$$

Wir betrachten nun den Fall, daß $e(t) = E \cos(\omega t) H(t)$. Dann ist, mit Gl. (3.9),

$$I(p) = E \frac{p}{p^2 + \omega^2} \frac{1}{Z(p)} \cdot \tag{13.3}$$

Wenn es sich um passive Schaltungen handelt, gilt für die Nullstellen $p = p_k$ von $Z(p)$, daß $\operatorname{Re} p_k < 0$. Durch Partialbruchzerlegung erhält man aus Gl. (13.3)

$$i(t) = \frac{E}{2} \left[\frac{1}{Z(j\omega)} e^{j\omega t} + \frac{1}{Z(-j\omega)} e^{-j\omega t} \right] + \varphi(t), \tag{13.4}$$

wo $\varphi(t) \to 0$ für $t \to \infty$, da

$$\frac{a_k}{(p - p_k)^{n_k}} \leftrightarrow a_k\, e^{p_k t} \frac{t^{n_k - 1}}{(n_k - 1)!} \qquad (\operatorname{Re} p_k < 0). \tag{13.5}$$

Daher ist

$$i(t) = \operatorname{Re} \left\{ \frac{E\, e^{j\omega t}}{Z(j\omega)} \right\} + \varphi(t). \tag{13.6}$$

Das erste Glied der rechten Seite von Gl. (13.6) ist genau das Resultat, das man mit der komplexen Rechnungsweise bekommt.

Das Verfahren, das zu Gl. (13.6) geführt hat, ist selbstverständlich unabhängig von der speziellen Wahl der Funktion $Z(p)$, solange die Nullstellen von $Z(p)$ [oder Pole von $1/Z(p)$] einen negativen Realteil haben.

§ 14. Einschaltvorgang in einer Schaltung mit gegenseitiger Induktion

Wir betrachten die Schaltung von Abb. 10, wo vorausgesetzt ist, daß für $t < 0$ der Schalter S geöffnet ist und außerdem kein Strom anwesend ist im Sekundärkreis. Für $t = 0$ wird der Schalter S geschlossen; es wird gefragt nach dem Verlauf des Stromes im Sekundärkreis. Alsdann gelten für die Ströme $i_1(t)$ und $i_2(t)$ die Differentialgleichungen

$$L_1 \frac{di_1}{dt} + R_1 i_1 - M \frac{di_2}{dt} = e(t), \tag{14.1}$$

$$L_2 \frac{di_2}{dt} + R_2 i_2 - M \frac{di_1}{dt} = 0. \tag{14.2}$$

Abb. 10. Zwei induktiv gekoppelte Stromkreise

Transformieren zum p-Bereich gibt

$$(p L_1 + R_1) I_1(p) - p M I_2(p) = E(p),$$

$$(p L_2 + R_2) I_2(p) - p M I_1(p) = 0,$$

oder

$$I_1(p) = \frac{p L_2 + R_2}{p M} I_2(p), \tag{14.3}$$

$$I_2(p) = E(p) \frac{p M}{(p L_1 + R_1)(p L_2 + R_2) - p^2 M^2}. \tag{14.4}$$

In dem Fall, daß die EMK des Generators $e(t) = E H(t)$ ist, erhalten wir aus Gl. (14.4) mit $E(p) = E/p$

$$I_2(p) = E \frac{M}{p^2(L_1 L_2 - M^2) + p(L_1 R_2 + L_2 R_1) + R_1 R_2}, \tag{14.5}$$

oder

$$I_2(p) = E \frac{M}{L_1 L_2 - M^2} \frac{1}{p^2 + A p + B}, \tag{14.6}$$

wo

$$A = \frac{L_1 R_2 + L_2 R_1}{L_1 L_2 - M^2}, \tag{14.7}$$

$$B = \frac{R_1 R_2}{L_1 L_2 - M^2}. \tag{14.8}$$

Da, wie leicht ersichtlich,

$$\frac{A^2}{4} > B \tag{14.9}$$

gibt Gl. (14.6), mit

$$\alpha_1 = \frac{A}{2} + \left(\frac{A^2}{4} - B\right)^{1/2} \tag{14.10}$$

und

$$\alpha_2 = \frac{A}{2} - \left(\frac{A^2}{4} - B\right)^{1/2}: \tag{14.11}$$

$$I_2(p) = E \frac{M}{L_1 L_2 - M^2} \frac{1}{(p + \alpha_1)(p + \alpha_2)}$$

oder

$$I_2(p) = E \frac{M}{(L_1 L_2 - M^2)(\alpha_1 - \alpha_2)} \left(\frac{1}{p + \alpha_2} - \frac{1}{p + \alpha_1}\right). \tag{14.12}$$

Mit dem Dämpfungssatz (2.3) und der Transformierten der HEAVISIDE-schen Sprungfunktion erhält man

$$i_2(t) = E \frac{M}{(L_1 L_2 - M^2)(\alpha_1 - \alpha_2)} (e^{-\alpha_2 t} - e^{-\alpha_1 t}). \tag{14.13}$$

Aus Gl. (14.3) und Gl. (14.4) ergibt sich noch, mit $E(p) = E/p$,

$$I_1(p) = \frac{E}{p} \left[\frac{p L_2}{(p L_1 + R_1)(p L_2 + R_2) - p^2 M^2} + \frac{R_2}{(p L_1 + R_1)(p L_2 + R_2) - p^2 M^2} \right]. \tag{14.14}$$

Die Berechnung der Transformierten des ersten Gliedes auf der rechten Seite von Gl. (14.14) geschieht ähnlich der Berechnung von $i_2(t)$. Zum

Erhalten der Transformierten des zweiten Gliedes hat man einem Verfahren zu folgen, das übereinstimmt mit der Methode, die wir in § 7 angewendet haben zur Berechnung von $v_C(t)$. Auf dessen Einzelheiten werden wir hier nicht eingehen.

§ 15. Berechnung von Schaltvorgängen mit Hilfe von Ersatzspannungsquellen oder Ersatzstromquellen

Wir betrachten ein elektrisches Netzwerk, in welchem Ströme fließen zufolge der Wirkung beliebiger elektromotorischer Kräfte. Irgendwo in diesem Netze wird nun ein Schalter geschlossen oder geöffnet. Das Schließen (Öffnen) dieses Schalters ruft einen Schaltvorgang hervor, den wir nach einem von NEETESON [1, 2] gegebenen Verfahren berechnen werden. Dabei wird die Behandlung für das Schließen eines Schalters verschieden sein von der für das Öffnen. Wir setzen voraus, daß die Schalter in idealer Weise wirken, d. h. beim Schließen entsteht momentan eine Verbindung ohne Widerstand und beim Öffnen findet momentan eine völlige Stromunterbrechung statt.

Zuerst betrachten wir den Schaltvorgang zufolge des Schließens eines Schalters (Abb. 11). An den geöffneten Kontakten des Schalters herrsche eine Spannung $v(t)$. Die Vorgänge im Netze bleiben ungeändert, wenn der Schalter ersetzt wird durch eine ideale Spannungsquelle (d. h. eine Spannungsquelle ohne inneren Widerstand) G_I mit EMK $e_I(t) = v(t)$ derselben Polarität wie die Spannung an den Kontakten (Abb. 12). Durch

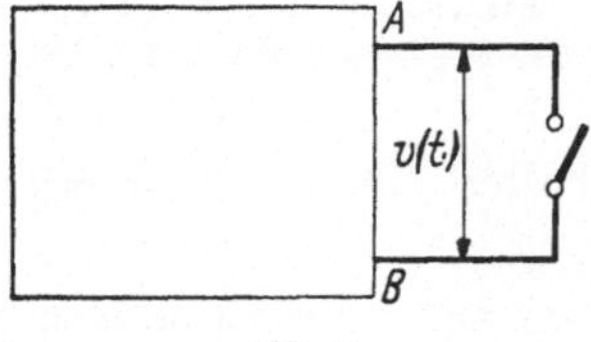

Abb. 11

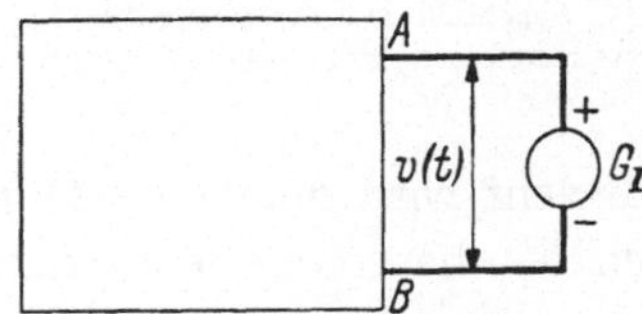

Abb. 12. Schaltbild mit Spannungsgenerator zur Ersetzung eines geöffneten Schalters

die Spannungsquelle fließt also kein Strom. Das Schließen des Schalters zur Zeit $t = t_0$ bringt die Spannung an den Kontakten momentan auf den Wert null. Dies kann man auch in der Ersatzschaltung erreichen mit Hilfe einer idealen Spannungsquelle G_{II} mit EMK $e_{II}(t) = v(t) H(t - t_0)$, deren Polarität entgegengesetzt ist der von G_I (Abb. 13). Das Einsetzen von G_{II} bringt die Spannung zwischen A und B dauernd auf den Wert null. Hieraus ist ersichtlich, daß die Änderung im Verlaufe der Ströme im Netze, welche verursacht wird durch das Schließen des Schalters, identisch ist mit den durch G_{II} hervorgerufenen Strömen.

Zum zweiten betrachten wir den Schaltvorgang zufolge des Öffnens des Schalters (Abb. 14). Durch den geschlossenen Schalter fließe ein Strom $i(t)$. Die Vorgänge im Netze bleiben ungeändert, wenn der Schalter ersetzt wird durch eine ideale Stromquelle G_I, die den Strom $i(t)$ führt (Abb. 15). Zwischen den Punkten A und B besteht also keine Spannung. Das Öffnen des Schalters zur Zeit $t = t_0$ bringt den Strom durch den Schalter momentan auf den Wert null. Dies kann man auch in der Ersatzschaltung erreichen mit Hilfe einer idealen Stromquelle G_{II}, die

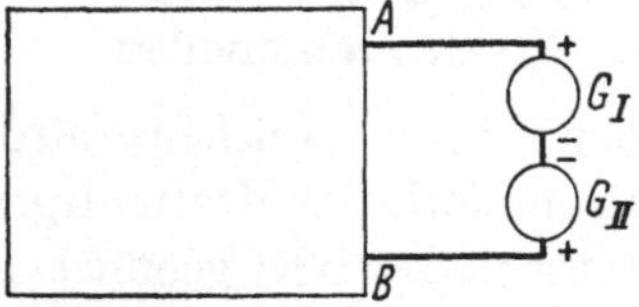

Abb. 13. Schaltbild mit Spannungsgeneratoren zur Ersetzung eines geschlossenen Schalters nach dem Schließen

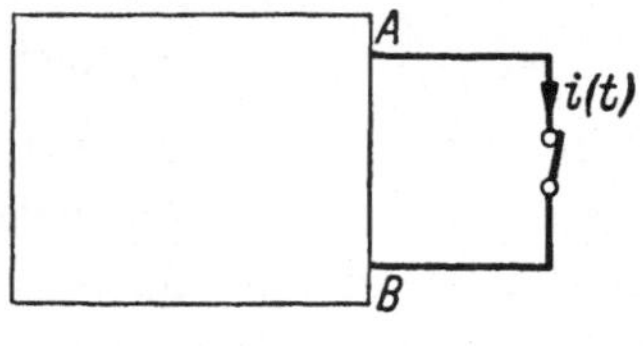

Abb. 14

den Strom $i(t)\,H(t - t_0)$ führt, deren Richtung der Richtung des Stromes in G_I (Abb. 16) entgegengesetzt ist. Das Einsetzen von G_{II} bringt den Strom durch den Zweig bei A dauernd auf den Wert null. Hieraus ist deutlich, daß die Änderung im Verlauf der Ströme im Netze, welche

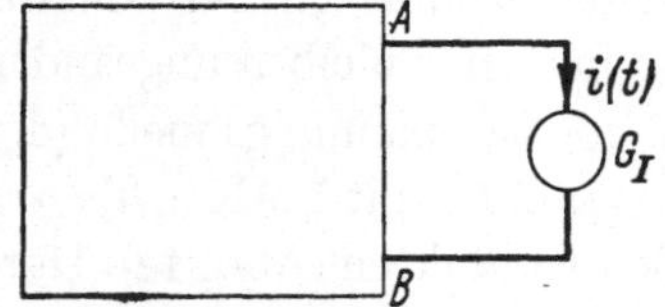

Abb. 15. Schaltbild mit Stromgenerator zur Ersetzung eines geschlossenen Schalters

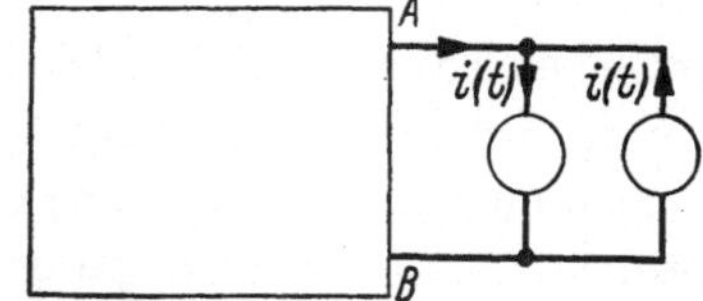

Abb. 16. Schaltbild mit Stromgeneratoren zur Ersetzung eines geöffneten Schalters nach dem Öffnen

verursacht wird durch das Öffnen des Schalters, identisch ist mit den durch G_{II} hervorgerufenen Strömen.

Das oben skizzierte Verfahren werden wir erläutern an einigen Beispielen.

a) In der Schaltung nach Abb. 17 ist für $t < 0$ der Schalter S geöffnet. Die EMK des Generators hat den konstanten Wert E. Wir setzen voraus, daß zur Zeit $t = 0$ der Strom $i_1(t)$ den stationären Wert $I_0 = E/(R_1 + R_2)$

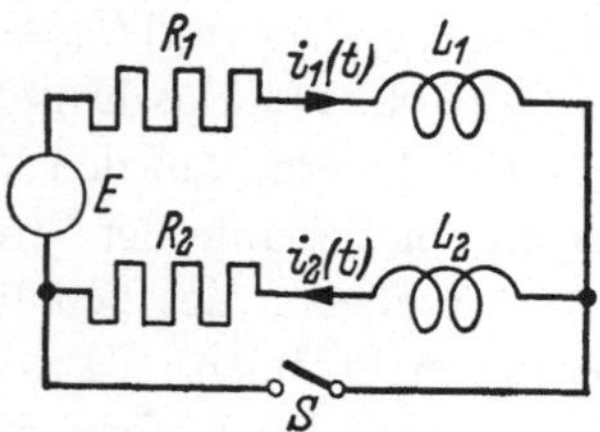

Abb. 17. Kurzschließen einer Spule

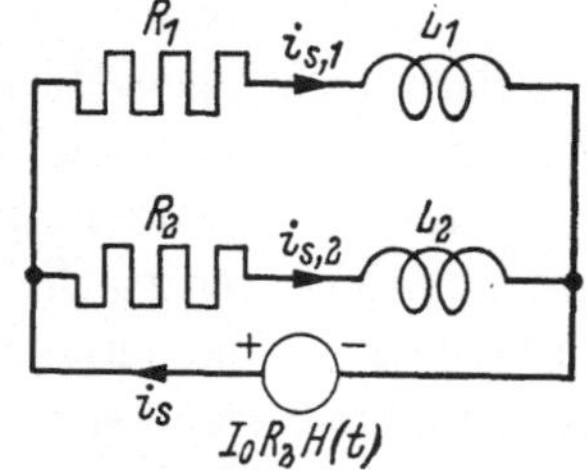

Abb. 18. Ersatzschaltbild für den Kreis nach Abb. 17 nach dem Schließen des Schalters

erreicht hat; die Spannung über S hat dann den Wert $v(t) = I_0 R_2$. Zur Zeit $t = 0$ wird der Schalter S geschlossen. Der durch das Schließen des Schalters hervorgerufene Vorgang wird berechnet mit Hilfe der Ersatzschaltung nach Abb. 18. Für die Ströme $i_s(t)$, $i_{s,1}(t)$ und $i_{s,2}(t)$ in dieser Schaltung gelten die folgenden Gleichungen

$$i_s(t) = i_{s,1}(t) + i_{s,2}(t), \tag{15.1}$$

$$L_1 \frac{di_{s,1}}{dt} + R_1 i_{s,1} = I_0 R_2 H(t), \tag{15.2}$$

$$L_2 \frac{di_{s,2}}{dt} + R_2 i_{s,2} = I_0 R_2 H(t). \tag{15.3}$$

Im p-Bereich haben wir also

$$I_s(p) = I_{s,1}(p) + I_{s,2}(p), \tag{15.4}$$

$$(p L_1 + R_1) I_{s,1}(p) = \frac{1}{p} I_0 R_2, \tag{15.5}$$

$$(p L_2 + R_2) I_{s,2}(p) = \frac{1}{p} I_0 R_2. \tag{15.6}$$

Hieraus ergibt sich

$$I_{s,1}(p) = I_0 \frac{R_2}{R_1} \frac{1}{p(p+\alpha_1)}, \tag{15.7}$$

$$I_{s,2}(p) = I_0 \frac{1}{p(p+\alpha_2)}, \tag{15.8}$$

wo

$$\alpha_1 = \frac{R_1}{L_1} \tag{15.9}$$

und

$$\alpha_2 = \frac{R_2}{L_2}. \tag{15.10}$$

Deshalb ist

$$i_{s,1}(t) = I_0 \frac{R_2}{R_1} (1 - e^{-\alpha_1 t}) H(t) \tag{15.11}$$

und

$$i_{s,2}(t) = I_0 (1 - e^{-\alpha_2 t}) H(t). \tag{15.12}$$

Für $t > 0$ sind dann die Gesamtströme in der Originalschaltung gegeben durch

$$i_1(t) = I_0 + i_{s,1}(t) = \frac{E}{R_1 + R_2} + \frac{E}{R_1 + R_2} \frac{R_2}{R_1} (1 - e^{-\alpha_1 t})$$

oder

$$i_1(t) = \frac{E}{R_1} - \frac{E}{R_1 + R_2} \frac{R_2}{R_1} e^{-\alpha_1 t} \tag{15.13}$$

und

$$i_2(t) = I_0 - i_{s,2}(t) = \frac{E}{R_1 + R_2} e^{-\alpha_2 t}. \tag{15.14}$$

Zum Schluß finden wir für den Strom durch den Schalter

$$i(t) = i_{s,1}(t) + i_{s,2}(t) = \frac{E}{R_1} - \frac{E}{R_1 + R_2} \frac{R_2}{R_1} e^{-\alpha_1 t} - \frac{E}{R_1 + R_2} e^{-\alpha_2 t}. \tag{15.15}$$

b) Jetzt werden wir den Vorgang berechnen, der durch das Öffnen eines Schalters hervorgerufen wird. Dazu wählen wir das in § 10 behandelte Problem, nämlich das Einschalten eines Kondensators in einen Stromkreis mit Widerstand und Induktivität (vgl. Abb. 19). Zur Zeit $t = 0$ habe der Strom den stationären Wert $I_0 = E/R$. Zu diesem Zeitpunkt öffnen wir den Schalter S. Der durch das Öffnen des Schalters hervorgerufene Vorgang wird berechnet mit Hilfe der Ersatzschaltung nach Abb. 20. Zur Bestimmung des Schaltvorganges genügt es, die Anfangsspannungen und -ströme in dieser Schaltung gleich null zu setzen. In Abb. 20 ist der Schalter ersetzt durch eine

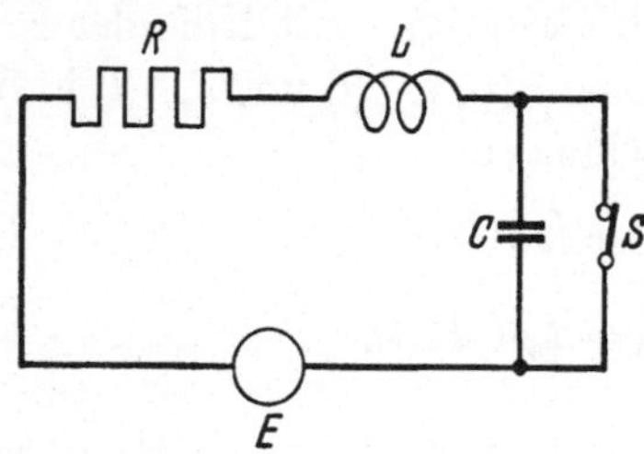

Abb. 19. Unterbrechung eines induktiven Kreises unter Benutzung eines Löschkondensators

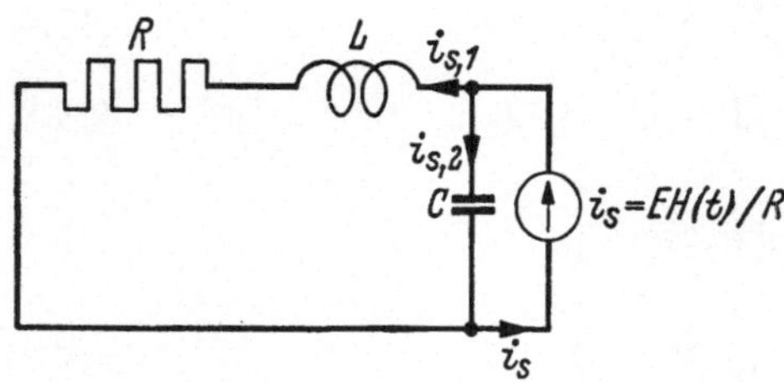

Abb. 20. Ersatzschaltbild zur Berechnung des Schaltvorganges nach Abb. 19

Stromquelle, welche den Strom $i_s(t) = I_0 H(t)$ liefert. Für die Ströme $i_s(t)$, $i_{s,1}(t)$ und $i_{s,2}(t)$ in dieser Schaltung gelten die folgenden Gleichungen

$$i_{s,1}(t) + i_{s,2}(t) = i_s(t) = I_0 H(t) , \tag{15.16}$$

$$L \frac{d i_{s,1}}{dt} + R i_{s,1} = \frac{1}{C} \int_0^t i_{s,2}(\tau)\, d\tau . \tag{15.17}$$

Im p-Bereich haben wir also

$$I_{s,1}(p) + I_{s,2}(p) = \frac{1}{p} I_0 , \tag{15.18}$$

$$(p L + R) I_{s,1}(p) = \frac{1}{p C} I_{s,2}(p) . \tag{15.19}$$

Hieraus ergibt sich

$$I_{s,2}(p) = I_0 \frac{p + \dfrac{R}{L}}{p^2 + \dfrac{R}{L} p + \dfrac{1}{L C}} . \tag{15.20}$$

Aus Gl. (15.20) kann man die von $I_{s,2}(p)$ hervorgerufene Spannung an dem Kondensator bestimmen mittels der Beziehung

$$V_{C,s}(p) = \frac{1}{p C} I_{s,2}(p) . \tag{15.21}$$

Die Spannung an dem Kondensator ist zu berechnen aus Gl. (15.20) und Gl. (15.21). Diese Gleichungen liefern das in § 10 [Gl. 10.3) und Gl. (10.4)] erhaltene Resultat. Das Transformieren zum t-Bereich geschieht in der in § 10 auseinandergesetzten Weise; diese Rechnung werden wir an dieser Stelle nicht wiederholen.

c) Zum Schluß betrachten wir die Schaltung nach Abb. 21, wo für $t < 0$ der Schalter S geschlossen ist. Wir nehmen an, daß zur Zeit $t = 0$ der Strom $i_1(t)$ den stationären Wert $I_0 = E/R_1$ hat. Zur Zeit $t = 0$ wird

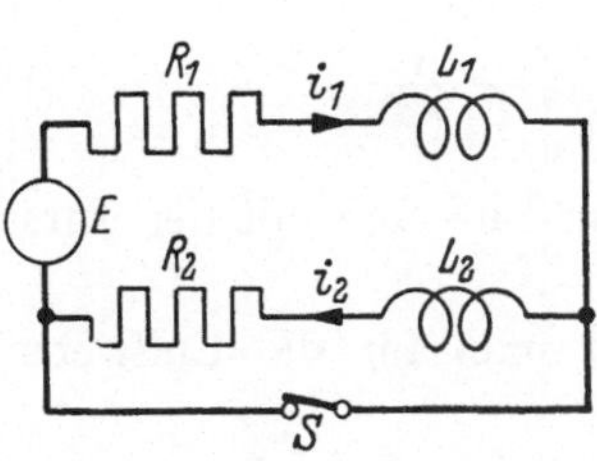

Abb. 21. Einschalten einer Spule

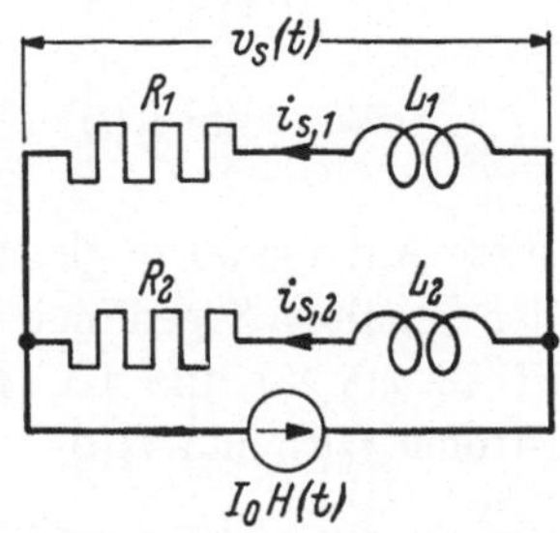

Abb. 22. Ersatzschaltbild für den Kreis nach Abb. 21 nach dem Öffnen des Schalters

der Schalter S geöffnet. Der hierdurch hervorgerufene Vorgang wird berechnet mit Hilfe der Ersatzschaltung nach Abb. 22. Im p-Bereich erhalten wir die folgenden Gleichungen für die Ströme $I_{s,1}(p)$ und $I_{s,2}(p)$

$$I_{s,1}(p) + I_{s,2}(p) = \frac{1}{p} I_0, \tag{15.22}$$

$$(p L_1 + R_1) I_{s,1}(p) = (p L_2 + R_2) I_{s,2}(p) = V(p). \tag{15.23}$$

Hieraus ergibt sich

$$I_{s,1}(p) = \frac{I_0}{p} \frac{p L_2 + R_2}{p(L_1 + L_2) + R_1 + R_2}, \tag{15.24}$$

$$I_{s,2}(p) = \frac{I_0}{p} \frac{p L_1 + R_1}{p(L_1 + L_2) + R_1 + R_2}. \tag{15.25}$$

Bevor wir diese Ausdrücke transformieren zum t-Bereich, werden wir direkt aus Gl. (15.24) und Gl. (15.25) den Wert der Ströme für $t \to 0$ ($t > 0$) und $t \to \infty$ bestimmen mit Hilfe der Gleichungen (2.13) und (2.12). Anwendung der genannten Regeln gibt

$$\lim_{t \to +0} i_{s,1}(t) = I_0 \frac{L_2}{L_1 + L_2}, \tag{15.26}$$

$$\lim_{t \to +0} i_{s,2}(t) = I_0 \frac{L_1}{L_1 + L_2} \tag{15.27}$$

und

$$\lim_{t\to\infty} i_{s,1}(t) = I_0\frac{R_2}{R_1+R_2}\,,\tag{15.28}$$

$$\lim_{t\to\infty} i_{s,2}(t) = I_0\frac{R_1}{R_1+R_2}\,.\tag{15.29}$$

Mit Gl. (15.26) und Gl. (15.27) findet man für die Anfangswerte der Totalströme $i_1(t)$ und $i_2(t)$ (Abb. 21)

$$\lim_{t\to+0} i_1(t) = I_0 - \lim_{t\to+0} i_{s,1}(t) = I_0\frac{L_1}{L_1+L_2}\tag{15.30}$$

und

$$\lim_{t\to+0} i_2(t) = \lim_{t\to+0} i_{s,2}(t) = I_0\frac{L_1}{L_1+L_2}\,.\tag{15.31}$$

Daß diese Anfangswerte gleich sind, ist im Einklang mit der Tatsache, daß der Schalter S geöffnet ist.

Mit Gl. (15.28) und Gl. (15.29) findet man für die Endwerte der Totalströme $i_1(t)$ und $i_2(t)$

$$\lim_{t\to\infty} i_1(t) = I_0 - \lim_{t\to\infty} i_{s,1}(t) = I_0\frac{R_1}{R_1+R_2} = \frac{E}{R_1+R_2}\tag{15.32}$$

und

$$\lim_{t\to\infty} i_2(t) = \lim_{t\to\infty} i_{s,2}(t) = I_0\frac{R_1}{R_1+R_2} = \frac{E}{R_1+R_2}\,.\tag{15.33}$$

Die Anfangswerte der Totalströme $i_1(t)$ und $i_2(t)$, gegeben durch Gl. (15.30) und Gl. (15.31), sind auch zu bestimmen aus dem Gesetze, daß der gesamte Induktionsfluß im Kreise sich nicht ändert beim momentanen Öffnen des Schalters. Im Zeitpunkt $t=-0$ war der Induktionsfluß im Kreise $L_1 I_0$. Zum Zeitpunkt $t=+0$ ist der Induktionsfluß im Kreise gegeben durch $L_1 i_1(+0) + L_2 i_2(+0) = (L_1+L_2)i_1(+0)$, da $i_1(t) = i_2(t)$ für $t > 0$. Da die beiden Induktionsflüsse einander gleich sind, gilt daher

$$(L_1+L_2)\,i_1(+0) = L_1 I_0\,.\tag{15.34}$$

Also ist

$$i_1(+0) = I_0\frac{L_1}{L_1+L_2}\,,\tag{15.35}$$

was übereinstimmt mit Gl. (15.30).

Die Sprünge der Stromwerte durch die Induktivitäten für $t=0$ geben Anlaß zu Deltafunktionen in den Spannungen an diesen Induktivitäten. Der Strom durch L_1 springt um den Betrag $I_0 L_2/(L_1+L_2)$; die Deltafunktion in der Spannung an L_1 hat also den Inhalt $I_0 L_1 L_2/(L_1+L_2)$. Der Strom durch L_2 springt um den Betrag $I_0 L_1/(L_1+L_2)$; die Deltafunktion in der Spannung an L_2 hat also den Inhalt $I_0 L_1 L_2/(L_1+L_2)$. Aus den in Abb. 22 angegebenen Stromrichtungen ist klar, daß im Kreise nach Abb. 21 die Deltafunktionen in den Spannungen über L_1 und L_2 einander entgegengesetzt sind; sie haben außerdem gleichen Inhalt.

Jetzt werden wir $i_1(t)$ bestimmen. Aus Gl. (15.24) und mit

$$i_1(t) = I_0 - i_{s,1}(t)$$

erhalten wir

$$I_1(p) = \frac{I_0}{p} \frac{L_1}{L_1+L_2} \frac{p+\alpha_1}{p+\alpha}, \qquad (15.36)$$

wo

$$\alpha_1 = \frac{R_1}{L_1} \qquad (15.37)$$

und

$$\alpha = \frac{R_1+R_2}{L_1+L_2}. \qquad (15.38)$$

Wir zerlegen $I_1(p)$ wie folgt

$$I_1(p) = I_0 \frac{L_1}{L_1+L_2} \left(\frac{\alpha_1}{\alpha} \frac{1}{p} + \frac{\alpha-\alpha_1}{\alpha} \frac{1}{p+\alpha} \right). \qquad (15.39)$$

Transformieren zum t-Bereich liefert

$$i_1(t) = \left[\frac{E}{R_1+R_2} + \frac{E}{R_1} \frac{R_2 L_1 - R_1 L_2}{(R_1+R_2)(L_1+L_2)} \exp\left(-\frac{R_1+R_2}{L_1+L_2} t \right) \right] H(t). \qquad (15.40)$$

Für $t > 0$ ist $i_2(t) = i_1(t)$.

Zum Schluß werden wir die Spannung $v_2(t)$ an dem Schalter bestimmen. Dazu beachten wir, daß (vgl. Abb. 21 und Abb. 22)

$$V_2(p) = V_s(p) = (p L_2 + R_2) I_{s,2}(p). \qquad (15.41)$$

Mit Gl. (15.25) erhalten wir daher

$$V_2(p) = \frac{E}{R_1} \frac{(p L_1 + R_1)(p L_2 + R_2)}{p[p(L_1+L_2)+R_1+R_2]}. \qquad (15.42)$$

Entwicklung der rechten Seite dieser Gleichung gibt

$$V_2(p) = E \left[\frac{L_1 L_2}{R_1(L_1+L_2)} + \frac{R_2}{R_1+R_2} \frac{1}{p} + \frac{(R_1 L_2 - R_2 L_1)^2}{R_1(R_1+R_2)(L_1+L_2)^2} \frac{1}{p+\alpha} \right],$$

$$(15.43)$$

wo α gegeben ist durch Gl. (15.38).

Transformieren zum t-Bereich gibt, mit den bekannten Regeln

$$v_2(t) = E \left[\frac{L_1 L_2}{R_1(L_1+L_2)} \delta(t) + \frac{R_2}{R_1+R_2} H(t) + \right.$$

$$\left. + \frac{(R_1 L_2 - R_2 L_1)^2}{R_1(R_1+R_2)(L_1+L_2)^2} \exp\left(-\frac{R_1+R_2}{L_1+L_2} t \right) H(t) \right]. \qquad (15.44)$$

Die Spannung $v_1(t)$ (siehe Abb. 21) findet man aus Gl. (15.44) und der Beziehung

$$v_1(t) = E - v_2(t) \qquad (t > 0). \qquad (15.45)$$

Die eher gefundenen Werte der Deltafunktionen in den Spannungen $v_1(t)$ und $v_2(t)$ sind in völliger Übereinstimmung mit den Ergebnissen, gegeben in Gl. (15.44) und Gl. (15.45).

Kapitel III

Vorgänge beim Einschalten von Quellen
mit periodischen Strömen oder Spannungen

§ 1. Die Transformierte einer periodischen Funktion

In diesem Kapitel werden Funktionen $f(t)$ betrachtet, die (a) identisch verschwinden für $t < 0$; (b) periodisch sind mit der Periode T, für $t > 0$, d. h.

$$f(t) = 0 \qquad (t < 0),$$
$$f(t + T) = f(t) \qquad (t > 0).$$

Funktionen dieser Art nennen wir rechtsperiodisch. Die Transformierte $F(p)$ von $f(t)$ ist definitionsgemäß

$$F(p) = \int_0^\infty e^{-pt} f(t)\, dt = \sum_{n=0}^\infty \int_{nT}^{(n+1)T} e^{-pt} f(t)\, dt. \qquad (1.1)$$

Da

$$\int_{nT}^{(n+1)T} e^{-pt} f(t)\, dt = e^{-npT} \int_0^T e^{-p\tau} f(\tau)\, d\tau \qquad (1.2)$$

und

$$\sum_{n=0}^\infty e^{-npT} = \frac{1}{1 - e^{-pT}} \qquad (\operatorname{Re} p > 0), \qquad (1.3)$$

ist

$$F(p) = \frac{\Phi(p;T)}{1 - e^{-pT}}, \qquad (1.4)$$

wo

$$\Phi(p;T) = \int_0^T e^{-p\tau} f(\tau)\, d\tau. \qquad (1.5)$$

Der Nenner $1 - e^{-pT}$ der Gleichung (1.4) hat die äquidistanten, einfachen Nullstellen $p = p_k = 2\pi kj/T$, wo $k = 0, \pm 1, \pm 2, \dots$ und j die imaginäre Einheit ist. Ein Nenner dieser Art ist deshalb charakteristisch für rechtsperiodische Funktionen. Wir bemerken noch, daß $\Phi(p;T)$ überall beschränkt ist, wenn $f(\tau)$ im Intervall $0 < \tau < T$ integrierbar ist, was vorausgesetzt war.

§ 2. Die Fouriersche Reihe der Funktion $f(t)$

Aus Gl. (1.4) ist mittels des Heavisideschen Entwicklungssatzes die Fouriersche Reihe für $f(t)$ zu erhalten. Dazu bemerken wir, daß in

$$F(p) = \frac{\Phi(p;T)}{1 - e^{-pT}} \qquad (2.1)$$

der Nenner die äquidistanten, einfachen Nullstellen $p = p_k = 2\pi k j/T$ $(k = 0, \pm 1, \pm 2, \ldots)$ hat. Mit dem HEAVISIDEschen Entwicklungssatze erhalten wir dann

$$f(t) = \sum_{k=-\infty}^{\infty} \frac{1}{T} \, \Phi(p_k; T) \, e^{p_k t}. \tag{2.2}$$

Daß es gestattet ist, unter gewissen Umständen diesen Satz auch anzuwenden, falls es eine unendliche Anzahl Pole gibt, werden wir später (Kap. VI, § 8) rechtfertigen. Nun ist

$$\Phi(p_k; T) = \int_0^T e^{-2\pi k j \tau/T} f(\tau) \, d\tau. \tag{2.3}$$

Deshalb wird

$$f(t) = \sum_{k=-\infty}^{\infty} c_k \, e^{2\pi k j t/T}, \tag{2.4}$$

wo die Koeffizienten c_k gegeben sind durch

$$c_k = \frac{1}{T} \int_0^T e^{-2\pi k j \tau/T} f(\tau) \, d\tau. \tag{2.5}$$

Gl. (2.4) ist die komplexe Form der FOURIERschen Reihe der Funktion $f(t)$. Die reelle Form erhalten wir, indem wir die Exponentialfunktionen in Real- und Imaginärteil zerlegen. Dies ergibt

$$f(t) = a_0 + \sum_{k=1}^{\infty} a_k \cos\left(\frac{2\pi k t}{T}\right) + \sum_{k=1}^{\infty} b_k \sin\left(\frac{2\pi k t}{T}\right), \tag{2.6}$$

mit

$$a_0 = \frac{1}{T} \, \Phi(0; T) = \frac{1}{T} \int_0^T f(\tau) \, d\tau, \tag{2.7}$$

$$a_k = \frac{2}{T} \, \mathrm{Re}\, \Phi(p_k; T) = \frac{2}{T} \int_0^T f(\tau) \cos\left(\frac{2\pi k \tau}{T}\right) d\tau \qquad (k = 1, 2, \ldots), \tag{2.8}$$

$$b_k = -\frac{2}{T} \, \mathrm{Im}\, \Phi(p_k; T) = \frac{2}{T} \int_0^T f(\tau) \sin\left(\frac{2\pi k \tau}{T}\right) d\tau \qquad (k = 1, 2, \ldots). \tag{2.9}$$

Dieses ist die reelle Form der FOURIERschen Reihe.

Da wir uns beschränkt haben auf Funktionen $f(t)$, die verschwinden für $t < 0$, gilt die Darstellung der Funktion $f(t)$ durch ihre FOURIERsche Reihe selbstverständlich nur für $t > 0$.

§ 3. Geschlossene Form des periodischen Anteils der von einer periodischen Quellenfunktion erregten Vorgänge

Die Transformierte $F(p)$ der von einer periodischen Quellenfunktion erregten Größe $f(t)$ (Strom, Spannung) hat für passive Systeme die allgemeine Form

$$F(p) = \frac{\Phi(p;T)}{Z(p)\,(1 - \mathrm{e}^{-pT})}\,. \tag{3.1}$$

Wir setzen voraus, daß $Z(p)$ nur eine endliche Anzahl einfacher Nullstellen hat, die wir mit $p = \lambda_k$ bezeichnen. Da das System passiv ist, gilt Re $\lambda_k < 0$. Weiterhin haben wir gesehen, daß $\Phi(p;T)$ beschränkt ist (also keine Pole hat) und daß $p = p_k$, mit $p_k = 2\pi k j/T$ ($k = 0$, ± 1, ± 2, ...) die einfachen Nullstellen von $1 - \mathrm{e}^{-pT}$ sind. Der HEAVI-SIDEsche Entwicklungssatz zeigt uns, daß die Pole $p = \lambda_k$ Anlaß geben zu Funktionen $f_{\mathrm{abk}}(t)$ im t-Bereich, die einen monoton mit der Zeit abklingenden Verlauf haben. Weiterhin liefern die Pole $p = p_k$ eine FOURIERsche Reihe der Periode T, also eine periodische Funktion $f_{\mathrm{per}}(t)$ der Zeit. Für $t \to \infty$ bleibt also nur der letzte Anteil übrig. Bei technischen Problemen hat man oft kein Interesse für die Zerlegung des periodischen Anteils in harmonische Komponenten, sondern ist gerade der explizite Verlauf von $f_{\mathrm{per}}(t)$ innerhalb einer Periode von Bedeutung. Diesen Verlauf kann man selbstverständlich erhalten durch Summation der betreffenden FOURIERschen Reihe. Wir werden aber zeigen, daß die Funktion $f_{\mathrm{per}}(t)$ in einfacher Weise direkt aus $F(p)$ folgt, und zwar in geschlossener Form. Dazu bemerken wir, daß

$$f(t) = f_{\mathrm{abk}}(t) + f_{\mathrm{per}}(t)\,, \tag{3.2}$$

oder daß

$$f_{\mathrm{per}}(t) = f(t) - f_{\mathrm{abk}}(t)\,. \tag{3.3}$$

Die Gleichungen (3.2) und (3.3) sind gültig für $0 < t < \infty$. Der periodische Anteil ist aber definitionsgemäß für jede Periode derselbe, daher soll durch $f(t) - f_{\mathrm{abk}}(t)$ eine periodische Funktion der Zeit dargestellt sein. Meistens gelingt es leicht $f(t) - f_{\mathrm{abk}}(t)$ innerhalb der ersten Periode $0 < t < T$ zu bestimmen. Damit ist dann auch $f_{\mathrm{per}}(t)$ für jede Periode $nT < t < (n + 1)T$ erhalten.

Das hier erörterte Verfahren werden wir in diesem Kapitel an mehreren Beispielen erläutern.

§ 4. Über die Berechnung der Funktion $\Phi(p;T)$

Bei gegebener Funktion $f(t)$ ist das wichtigste Problem die Bestimmung von $\Phi(p;T)$ mit

$$\Phi(p;T) = \int_0^T \mathrm{e}^{-pt} f(t)\,dt\,. \tag{4.1}$$

Dies kann geschehen durch Auswerten des Integrals auf der rechten Seite von Gl. (4.1). Wenn aber $f(t)$ eine einfache Struktur hat, ist es oft vorteilhaft, $\Phi(p;T)$ zu bestimmen durch Anwendung der in Kap. II § 2 und § 3 gegebenen Regeln. Die Funktionen $\Phi(p;T)$, die wir in den zu behandelnden Beispielen benötigen, werden wir jetzt nach diesem Gesichtspunkte berechnen. Wir bemerken, daß $\Phi(p;T)$ aufgefaßt werden kann als die vollständige LAPLACE-Transformation einer Funktion $f(t)$, die identisch verschwindet nicht nur für $t < 0$, sondern auch für $t > T$. Dazu setzen wir

$$\varphi(t,T) = \begin{cases} 0 & (-\infty < t < 0) \\ f(t) & (0 < t < T) \\ 0 & (T < t < \infty). \end{cases} \tag{4.2}$$

Im folgenden werden wir die zu betrachtenden Funktionen $\varphi(t,T)$ immer in solcher Form schreiben, daß aus der Schreibweise unmittelbar ersichtlich ist, welche Transformationsregeln zu benutzen sind.

a) $\varphi(t,T) = A\,\delta(t - T_1)$, Abb. 23. Dann ist

$$\Phi(p;T) = A\,e^{-pT_1}. \tag{4.3}$$

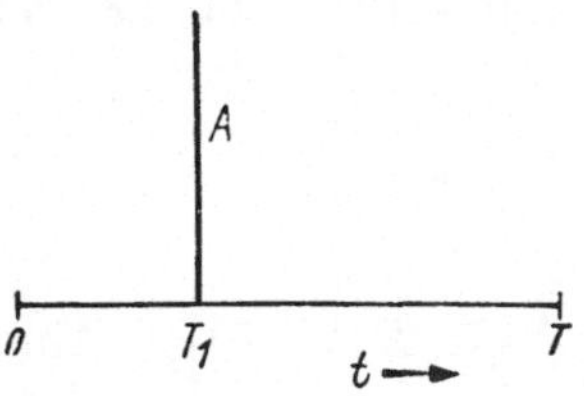

Abb. 23

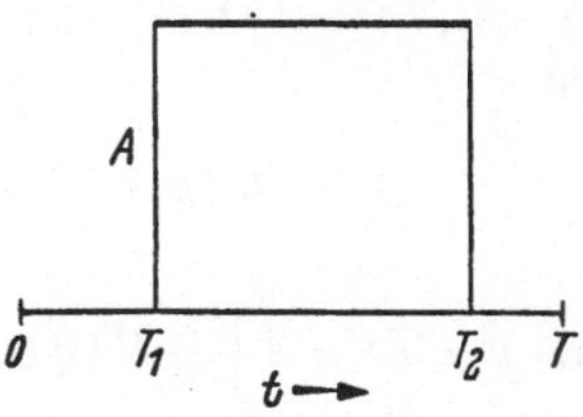

Abb. 24

b) $\varphi(t,T) = A\,[H(t - T_1) - H(t - T_2)]$, Abb. 24. Dann ist

$$\Phi(p;T) = \frac{A}{p}\,(e^{-pT_1} - e^{-pT_2}). \tag{4.4}$$

c) $\varphi(t,T) = A_1 H(t-T_1) + \dfrac{A_2 - A_1}{T_2 - T_1}\,(t - T_1)\,H(t - T_1) - $

$\qquad - A_2 H(t - T_2) - \dfrac{A_2 - A_1}{T_2 - T_1}\,(t - T_2)\,H(t - T_2)$, Abb. 25. Dann ist

$$\Phi(p;T) = \frac{A_1}{p}\,e^{-pT_1} + \frac{A_2 - A_1}{T_2 - T_1}\,\frac{1}{p^2}\,e^{-pT_1} - $$
$$- \frac{A_2}{p}\,e^{-pT_2} - \frac{A_2 - A_1}{T_2 - T_1}\,\frac{1}{p^2}\,e^{-pT_2}. \tag{4.5}$$

Der Spezialfall (b) ergibt sich aus (c) mit $A_2 = A_1 = A$.

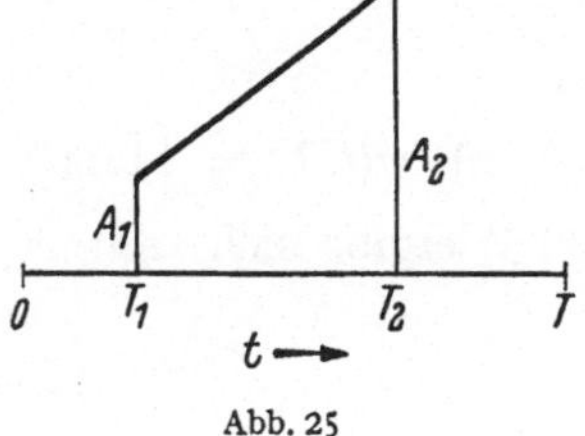

Abb. 25

Aus (a) — (c) lassen sich mittels Superposition einige später benötigte Funktionen $\Phi(p;T)$ konstruieren [siehe die Beispiele (d)—(k)].

d) $\varphi(t,T) = A\,\delta(t) - A\,\delta\left(t - \frac{1}{2}T\right)$, Abb. 26. Mit (a) erhalten wir

$$\Phi(p;T) = A\,(1 - e^{-pT/2})\,. \tag{4.6}$$

e) $\varphi(t,T) = A\,[H(t) - H(t - T_0)]$, Abb. 27. Aus Gl. (4.4) ergibt sich mit $T_1 = 0$, $T_2 = T_0$

$$\Phi(p;T) = \frac{A}{p}\,(1 - e^{-pT_0})\,. \tag{4.7}$$

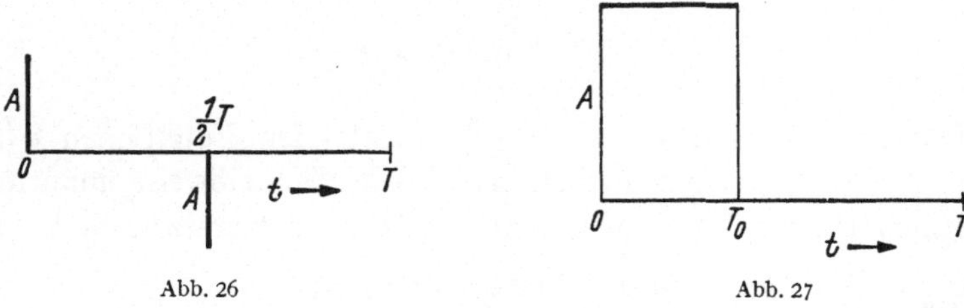

Abb. 26   Abb. 27

f) $\varphi(t,T) = A\left[H(t) - 2H\left(t - \frac{1}{2}T\right) + H(t - T)\right]$, Abb. 28. Wir erhalten

$$\Phi(p;T) = \frac{A}{p}\,(1 - 2\,e^{-pT/2} + e^{-pT})\,. \tag{4.8}$$

g) $\varphi(t,T) = A\left[\frac{t}{T}H(t) - H(t - T) - \frac{t - T}{T}H(t - T)\right]$,   Abb. 29. Aus Gl. (4.5) ergibt sich, mit $A_1 = 0$, $A_2 = A$, $T_1 = 0$, $T_2 = T$

$$\Phi(p;T) = \frac{A}{T}\,\frac{1}{p^2}\,[1 - (1 + p\,T)\,e^{-pT}]\,. \tag{4.9}$$

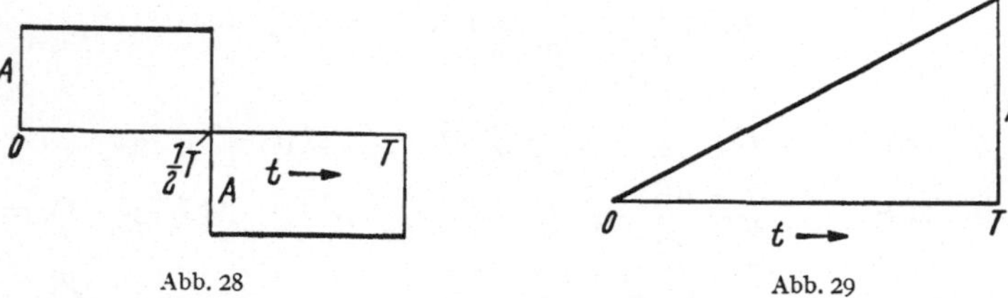

Abb. 28   Abb. 29

h) $\varphi(t,T) = A\left[H(t) - \frac{t}{T}H(t) + \frac{t - T}{T}H(t - T)\right]$, Abb. 30. Aus Gl. (4.5) ergibt sich, mit $A_1 = A$, $A_2 = 0$, $T_1 = 0$, $T_2 = T$

$$\Phi(p;T) = \frac{A}{p}\left(1 - \frac{1}{p\,T} + \frac{1}{p\,T}\,e^{-pT}\right)\,. \tag{4.10}$$

i) $\varphi(t,T) = A\left[-H(t) + 2\dfrac{t}{T}H(t) - H(t-T) - 2\dfrac{t-T}{T}H(t-T)\right]$,

Abb. 31. Aus Gl. (4.5) ergibt sich, mit $A_2 = -A_1 = A$, $T_1 = 0$, $T_2 = T$

$$\Phi(p;T) = \frac{A}{p}\left(-1 + \frac{2}{pT} - e^{-pT} - \frac{2}{pT}e^{-pT}\right). \qquad (4.11)$$

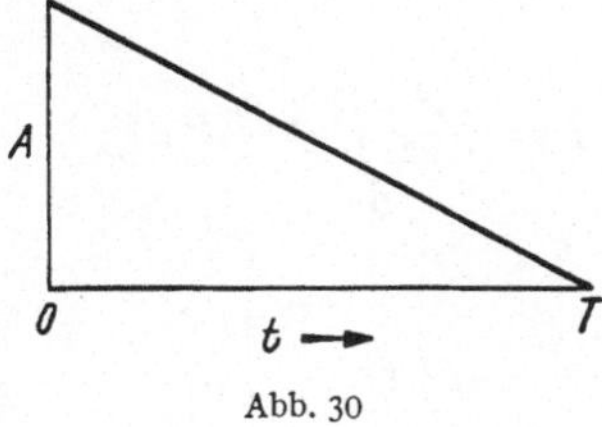

Abb. 30

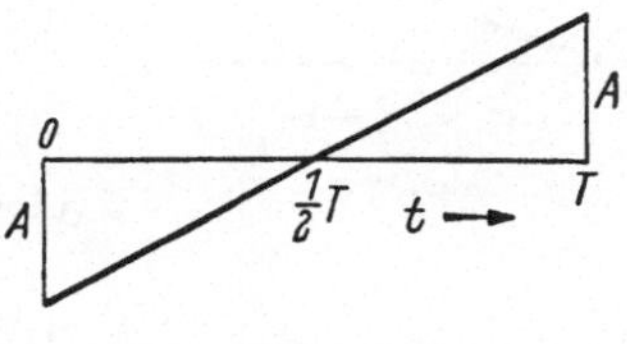

Abb. 31

j) $\varphi(t,T) = A\left[H(t) - 2\dfrac{t}{T}H(t) + H(t-T) + 2\dfrac{t-T}{T}H(t-T)\right]$,

Abb. 32. Aus dem Fall (i) ergibt sich, wenn wir A ersetzen durch $-A$

$$\Phi(p;T) = \frac{A}{p}\left(1 - \frac{2}{pT} + e^{-pT} + \frac{2}{pT}e^{-pT}\right). \qquad (4.12)$$

k) $\varphi(t,T) = \dfrac{2A}{T}\left[tH(t) - 2\left(t - \dfrac{1}{2}T\right)H\left(t - \dfrac{1}{2}T\right) + (t-T)H(t-T)\right]$,

Abb. 33. Wir erhalten

$$\Phi(p;T) = \frac{2A}{p^2 T}(1 - 2e^{-pT/2} + e^{-pT}) = \frac{2A}{p^2 T}(1 - e^{-pT/2})^2. \qquad (4.13)$$

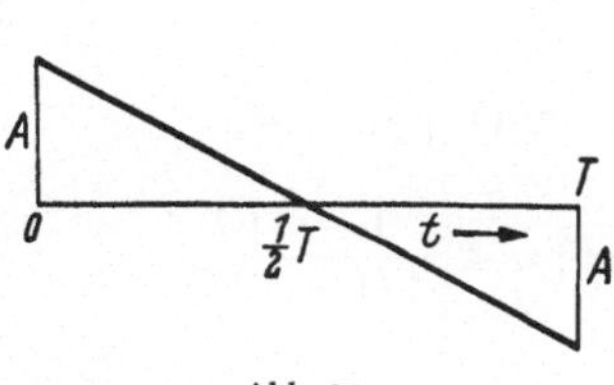

Abb. 32

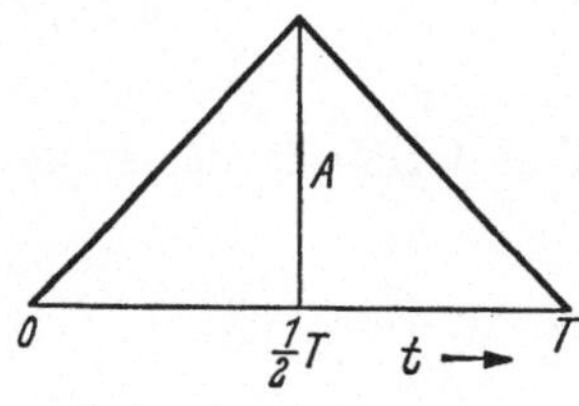

Abb. 33

Jetzt betrachten wir den Fall

l) $\varphi(t,T) = A\left[\sin(\omega t)H(t) + \sin\{\omega(t-T)\}H(t-T)\right]$, mit $\omega = \pi/T$,
Abb. 34. Dann ist

$$\Phi(p;T) = \frac{A\omega}{p^2 + \omega^2}(1 + e^{-pT}) = \frac{A\pi T}{p^2 T^2 + \pi^2}(1 + e^{-pT}). \qquad (4.14)$$

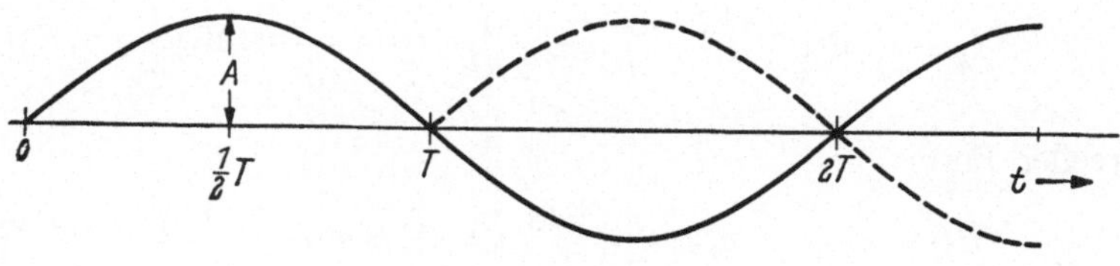

Abb. 34

Zum Schluß betrachten wir eine Funktion $\varphi(t,T)$, von der die Transformierte am bequemsten bestimmt wird durch Auswertung des Integrals in Gl. (4.1).

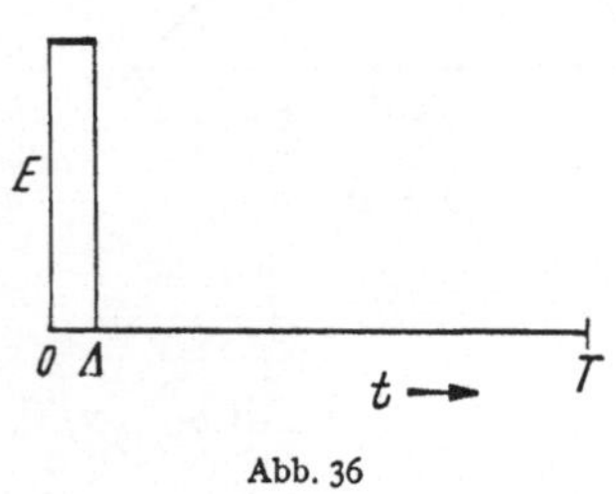

m) $\varphi(t,T) = \dfrac{A\,t^2}{T^2}\,(0 < t < T)$, Abb. 35. Dann ist

$$\Phi(p;T) = \frac{A}{T^2} \int\limits_0^T e^{-pT}\,t^2\,dt$$

oder

$$\Phi(p;T) = \frac{2A}{T^2}\,\frac{1}{p^3}\left[1 - \left(1 + p\,T + \frac{p^2\,T^2}{2}\right)e^{-pT}\right]. \qquad (4.15)$$

§ 5. Beispiele der Bestimmung Fourierscher Reihen

Für einige Spezialfälle werden wir die Fouriersche Reihe einer periodisch wiederholten Quellenfunktion $f(t)$ explizite geben. Den allgemeinen Ausdruck der Koeffizienten haben wir schon in § 2 erhalten [vgl. Gl. (2.2) und Gl. (2.3)].

a) *Periodisch wiederholte Impulse.* Für eine Reihe von Impulsen mit Zeitdauer Δ und Höhe E (also Inhalt $E\Delta$, s. Abb. 36) haben wir mit Gl. (4.4)

$$\Phi(p;T) = E\,\frac{1}{p}\,(1 - e^{-p\Delta})\,. \qquad (5.1)$$

Die Transformierte der Funktion $f(t)$ ist daher [Gl. (1.4)]

$$F(p) = E\,\frac{1 - e^{-p\Delta}}{p\,(1 - e^{-pT})}\,. \qquad (5.2)$$

Schreiben wir die Fouriersche Reihe in der komplexen Form

$$f(t) = \sum_{k=-\infty}^{\infty} c_k\,e^{2\pi kjt/T}, \qquad (5.3)$$

so sind die Koeffizienten c_k gegeben durch

$$c_k = \frac{1}{T}\,\Phi\left(\frac{2\pi kj}{T};T\right) = E\,\frac{1}{2\pi kj}\,(1 - e^{-2\pi kj\Delta/T})\,. \qquad (5.4)$$

In reeller Form

$$f(t) = a_0 + \sum_{k=1}^{\infty} a_k \cos\left(\frac{2\pi kt}{T}\right) + \sum_{k=1}^{\infty} b_k \sin\left(\frac{2\pi kt}{T}\right) \qquad (5.5)$$

sind die Koeffizienten gegeben durch

$$a_0 = \frac{E\,\Delta}{T}\,, \tag{5.6}$$

$$a_k = \frac{E}{\pi\,k}\sin\left(\frac{2\,\pi\,k\,\Delta}{T}\right) \qquad (k=1,\,2,\,\ldots)\,, \tag{5.7}$$

$$b_k = \frac{E}{\pi\,k}\left[1-\cos\left(\frac{2\,\pi\,k\,\Delta}{T}\right)\right] \qquad (k=1,\,2,\,\ldots)\,. \tag{5.8}$$

Die Wahl $\Delta = T/2$ gibt

$$a_0 = \frac{E}{2}\,, \tag{5.9}$$

$$a_k = 0 \qquad (k=1,\,2,\,\ldots)\,, \tag{5.10}$$

$$b_{2n} = 0 \qquad (n=1,\,2,\,\ldots)\,, \tag{5.11}$$

$$b_{2n+1} = \frac{2\,E}{\pi\,(2\,n+1)} \qquad (n=0,\,1,\,2,\,\ldots)\,. \tag{5.12}$$

Deshalb ist in diesem Fall

$$f(t) = \frac{E}{2} + \frac{2\,E}{\pi}\sum_{n=0}^{\infty}\frac{\sin\left[(2\,n+1)\,\pi\,t/T\right]}{2\,n+1}\,. \tag{5.13}$$

b) *Periodisch wiederholte Deltafunktionen.* Aus dem vorhergehenden Fall wird im Limes $\Delta \to 0$ und $E\Delta \to A$ die FOURIERsche Reihe für ein System von periodisch wiederholten Deltafunktionen erhalten. Die Koeffizienten werden dann

$$c_k = \frac{A}{T}\,, \tag{5.14}$$

oder

$$a_0 = \frac{A}{T}\,, \tag{5.15}$$

$$a_k = 2\,\frac{A}{T} \qquad (k=1,\,2,\,\ldots)\,, \tag{5.16}$$

$$b_k = 0 \qquad (k=1,\,2,\,\ldots)\,. \tag{5.17}$$

Die so erhaltene Reihe

$$f(t) = \frac{A}{T} + 2\,\frac{A}{T}\sum_{k=1}^{\infty}\cos\left(\frac{2\,\pi\,k\,t}{T}\right) \tag{5.18}$$

ist, wie man leicht zeigen kann (WHITTAKER and WATSON [*1*], KNOPP [*1*]), divergent. Nun sagt aber der FEJÉRsche Satz (WHITTAKER and WATSON [*2*], KNOPP [*2*]), daß im Sinne des CESÀROschen Summierungsverfahrens (WHITTAKER and WATSON [*3*], KNOPP [*3*]), die FOURIERsche Reihe immer gegen den Wert $f(t)$ konvergiert an einer Stelle, wo $f(t)$ stetig ist. Wenn das CESÀROsche Summierungsverfahren auf der rechten Seite von Gl. (5.18) angewendet wird, so erhält man in der Tat $f(t) = 0$ an jeder Stelle, wo $t \neq kT$ $(k = 0, 1, 2, \ldots)$. Wenn aber eine Reihe von periodisch wiederholten Spannungsimpulsen nach Abb. 36 z. B. einer elektrischen Schaltung zugeführt wird und das uns interessierende Resultat einen Sinn hat im Limes $\Delta \to 0$, so werden wir immer den Limesübergang $\Delta \to 0$ erst im Schlußergebnis vollziehen. Auf diese Weise kann das Arbeiten mit divergenten Ausdrücken umgangen werden.

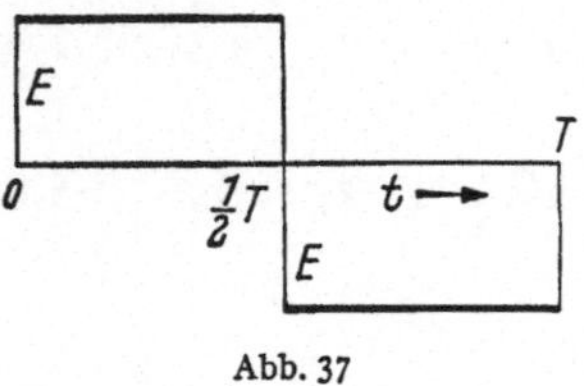

Abb. 37

c) *Die periodisch wiederholte Funktion nach Abb. 37.* Die FOURIERsche Reihe dieser Funktion kann direkt erhalten werden aus der FOURIERschen Reihe gegeben durch die Gln. (5.9)−(5.12). Dazu ersetzen wir E durch $2E$ und subtrahieren die Konstante E von der Funktion $f(t)$. In dieser Weise erhalten wir

$$a_0 = 0, \tag{5.19}$$

$$a_k = 0 \qquad (k = 1, 2, \ldots), \tag{5.20}$$

$$b_{2n} = 0 \qquad (n = 0, 1, 2, \ldots), \tag{5.21}$$

$$b_{2n+1} = \frac{4E}{\pi(2n+1)} \qquad (n = 0, 1, 2, \ldots). \tag{5.22}$$

Deshalb ist

$$f(t) = \frac{4E}{\pi} \sum_{n=0}^{\infty} \frac{\sin\left[(2n+1)\,\pi t/T\right]}{2n+1}. \tag{5.23}$$

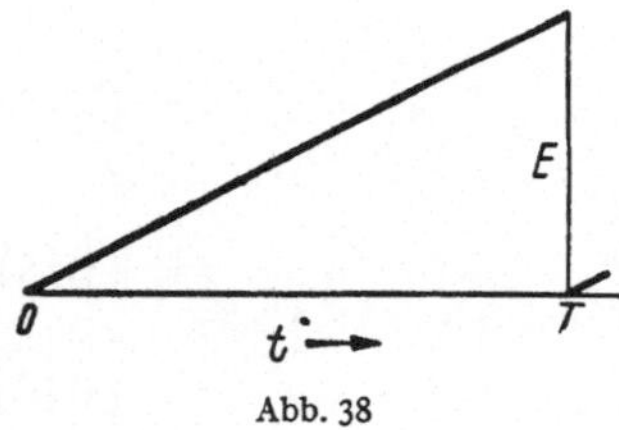

Abb. 38

d) *Sägezahnfunktion.* Aus Gl. (4.9) erhalten wir für die Koeffizienten c_k der FOURIERschen Reihe der periodisch wiederholten Funktion nach Abb. 38

$$c_0 = \frac{E}{2}, \tag{5.24}$$

$$c_k = \frac{jE}{2\pi k} \qquad (k = \pm 1, \pm 2, \ldots). \tag{5.25}$$

Hieraus finden wir für die Koeffizienten a_k und b_k

$$a_0 = \frac{E}{2}, \tag{5.26}$$

$$a_k = 0 \qquad (k = 1, 2, \ldots), \tag{5.27}$$

$$b_k = -\frac{E}{\pi k} \qquad (k = 1, 2, \ldots). \tag{5.28}$$

Deshalb ist

$$f(t) = \frac{E}{2} - \frac{E}{\pi} \sum_{k=1}^{\infty} \frac{\sin(2\pi k\,t/T)}{k}. \tag{5.29}$$

e) *Die gleichgerichtete Sinusfunktion.* Mit Gl. (4.14) erhalten wir für die Koeffizienten c_k der FOURIERschen Reihe einer doppelweggleichgerichteten Sinusfunktion $f_{II}(t)$ (Abb. 39)

$$c_k = \frac{-2E}{\pi(4k^2-1)} \qquad (k=0,\pm1,\pm2,\ldots). \qquad (5.30)$$

Hieraus finden wir die folgenden Werte für a_k und b_k

$$a_0 = \frac{2E}{\pi}, \qquad (5.31)$$

$$a_k = -\frac{4E}{\pi(4k^2-1)} \qquad (k=1,2,\ldots), \qquad (5.32)$$

$$b_k = 0 \qquad (k=1,2,\ldots). \qquad (5.33)$$

Damit ist

$$f_{II}(t) = \frac{2E}{\pi} - \frac{4E}{\pi} \sum_{k=1}^{\infty} \frac{\cos(2\pi k\, t/T)}{4k^2-1}. \qquad (5.34)$$

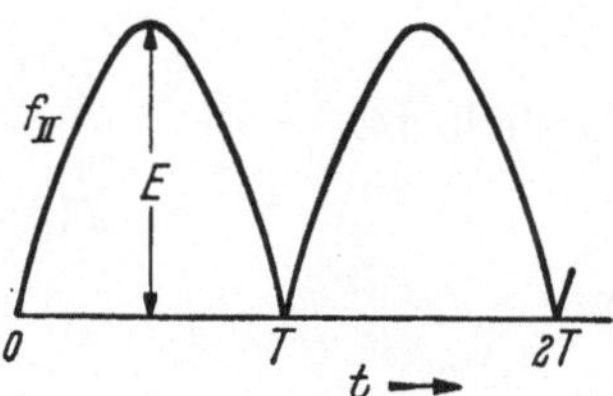

Abb. 39. Doppelweggleichgerichtete Sinusfunktion

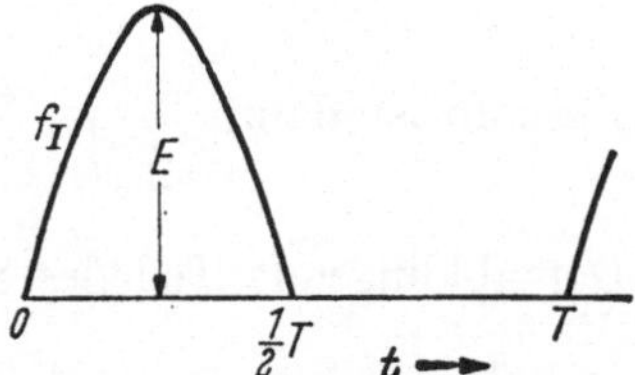

Abb. 40. Einweggleichgerichtete Sinusfunktion

Die FOURIERsche Reihe der einweggleichgerichteten Sinusfunktion $f_I(t)$ (Abb. 40) kann in einfacher Weise aus Gl. (5.34) erhalten werden, wenn wir beachten, daß die Funktion $f_I(t)$ entsteht, wenn man die Funktion $\tfrac{1}{2}E\sin(2\pi t/T)$ addiert zu einer mit Periode $T/2$ wiederholten doppelweggleichgerichteten Sinusfunktion mit dem Maximalwert $\tfrac{1}{2}E$. So erhalten wir

$$f_I(t) = \frac{E}{\pi} + \frac{E}{2}\sin(2\pi t/T) - \frac{2E}{\pi}\sum_{k=1}^{\infty}\frac{\cos(4\pi k\, t/T)}{4k^2-1}. \qquad (5.35)$$

§ 6. LR-Kreis, gespeist mit periodisch wiederholten Deltafunktionen

Die Schaltung nach Abb. 41 wird von $t=0$ ab gespeist von einem Generator mit EMK $e(t)$, welche aus, mit Periode T wiederholten, Deltafunktionen mit Inhalt LI_0 besteht. Wir setzen voraus, daß für $t<0$ keine Ströme anwesend sind; es wird gefragt nach der geschlossenen Form des periodischen Anteils (vgl. § 3) des vom Generator gelieferten Stromes $i(t)$. Für $i(t)$ haben wir die folgende Differentialgleichung

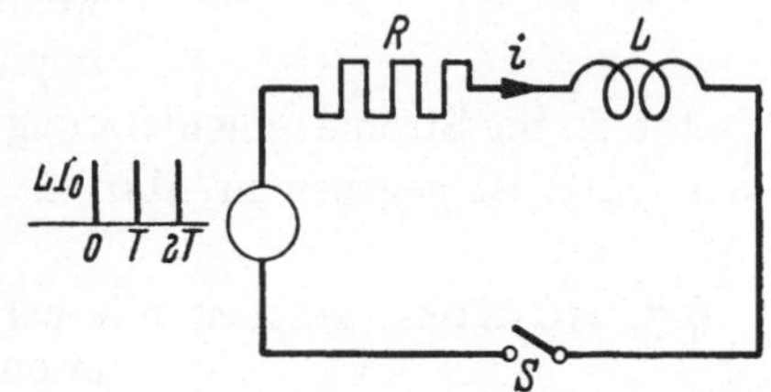

Abb. 41. Serienkreis mit Induktivität und Widerstand

$$L\frac{di}{dt} + R\,i = e(t). \qquad (6.1)$$

Transformieren zum p-Bereich gibt

$$(p L + R) I(p) = E(p) , \tag{6.2}$$

wo [vgl. Gl. (4.3)]

$$E(p) = \frac{L I_0}{1 - e^{-pT}} . \tag{6.3}$$

Deshalb ist

$$I(p) = I_0 \frac{1}{(p + \alpha)(1 - e^{-pT})} , \tag{6.4}$$

mit

$$\alpha = \frac{R}{L} . \tag{6.5}$$

In der ersten Periode $0 < t < T$ folgt der Totalstrom $i_{\text{tot}}(t)$ aus der Transformation des Ausdrucks

$$I_{\text{tot}}(p) = \frac{I_0}{p + \alpha} . \tag{6.6}$$

Deshalb ist dann

$$i_{\text{tot}}(t) = I_0 e^{-\alpha t} \qquad (0 < t < T) . \tag{6.7}$$

Der abklingende Teil des Stromes ist nach § 3 gegeben durch

$$i_{\text{abk}}(t) = \frac{I_0}{1 - e^{\alpha T}} e^{-\alpha t} . \tag{6.8}$$

Für den periodischen Anteil erhalten wir dann

$$i_{\text{per}}(\tau) = I_0 \frac{e^{-\alpha \tau}}{1 - e^{-\alpha T}} \qquad (0 < \tau < T) , \tag{6.9}$$

wo die Variable τ den Zeitmaßstab bedeutet innerhalb einer Periode $nT < t < (n + 1)T$, mit willkürlichem n.

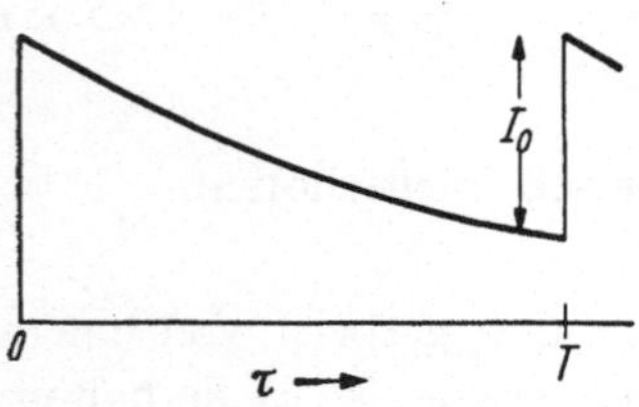

Abb. 42. Der periodische Anteil des Stromes in der Situation nach Abb. 41

Aus Gl. (6.8) finden wir für die Differenz der Stromwerte am Anfang und am Ende einer Periode den Betrag

$$\lim_{\varepsilon \to 0} [i_{\text{per}}(\varepsilon) - i_{\text{per}}(T - \varepsilon)] = I_0 , \tag{6.10}$$

wo ε durch positive Werte nach null geht. Dieses Resultat ist verständlich, wenn man beachtet, daß die Spannungsimpulse mit Inhalt $L I_0$ an der Induktivität L im Strome einen Sprung I_0 zur Folge haben. Eine Skizze von $i_{\text{per}}(\tau)$ ist gegeben in Abb. 42.

§ 7. *RC*-Kreis, gespeist mit periodisch wiederholten Rechteckimpulsen

Die Schaltung nach Abb. 43 wird von $t = 0$ ab gespeist von einem Generator mit EMK $e(t)$, welche aus mit Periode T wiederholten Rechteckimpulsen mit Zeitdauer T_1 und Amplitude E besteht. Wir setzen voraus, daß für $t < 0$ keine Spannungen anwesend sind, und fragen nach der geschlossenen Form des periodischen Anteils $v_{R,\,\mathrm{per}}(\tau)$ der Spannung $v_R(t)$ an dem Widerstand R. Der vom Generator gelieferte Strom $i(t)$ befriedigt die folgende Gleichung

$$R\,i + \frac{1}{C} \int_0^t i(\tau)\, d\tau = e(t)\,. \qquad (7.1)$$

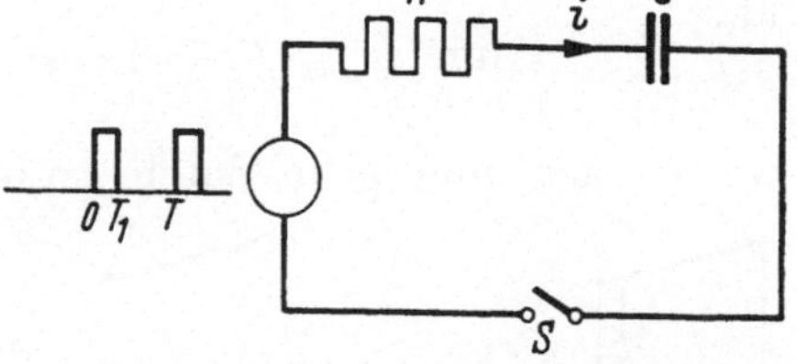

Abb. 43. Serienkreis mit Kapazität und Widerstand

Transformieren zum p-Bereich gibt

$$\left(R + \frac{1}{p\,C}\right) I(p) = E(p)\,, \qquad (7.2)$$

wo [vgl. Gl. (4.7)]

$$E(p) = \frac{E}{p}\,\frac{1 - e^{-p\,T_1}}{1 - e^{-p\,T}}\,. \qquad (7.3)$$

Deshalb erhalten wir für die Transformierte $V_R(p)$ der Spannung $v_R(t)$ an dem Widerstand R, mit $V_R(p) = I(p)\,R$,

$$V_R(p) = \frac{E}{p + \alpha}\,\frac{1 - e^{-p\,T_1}}{1 - e^{-p\,T}}\,, \qquad (7.4)$$

mit

$$\alpha = \frac{1}{R\,C}\,. \qquad (7.5)$$

In der ersten Periode $0 < t < T$ folgt die Totalspannung an dem Widerstand $v_{R,\,\mathrm{tot}}(t)$ aus der Transformation des Ausdrucks

$$V_{R,\,\mathrm{tot}}(p) = \frac{E}{p + \alpha}\,(1 - e^{-p\,T_1})\,. \qquad (7.6)$$

Deshalb ist dann

$$v_{R,\,\mathrm{tot}}(t) = \begin{array}{ll} E\,e^{-\alpha t} & (0 < t < T_1)\,, \\ E\,(1 - e^{\alpha T_1})\,e^{-\alpha t} & (T_1 < t < T)\,. \end{array} \qquad (7.7)$$

Der abklingende Teil $v_{R,\,\mathrm{abk}}(t)$ der Spannung $v_R(t)$ ist gegeben durch

$$v_{R,\,\mathrm{abk}}(t) = E\,\frac{1 - e^{\alpha T_1}}{1 - e^{\alpha T}}\,e^{-\alpha t}\,. \qquad (7.8)$$

Für den periodischen Anteil $v_{R,\,\mathrm{per}}(\tau)$ erhalten wir dann

$$v_{R,\,\mathrm{per}}(\tau) = \begin{array}{ll} E\,\dfrac{e^{\alpha T} - e^{\alpha T_1}}{e^{\alpha T} - 1}\,e^{-\alpha \tau} & (0 < \tau < T_1) \\[2ex] -E\,\dfrac{e^{\alpha T_1} - 1}{e^{\alpha T} - 1}\,e^{-\alpha(\tau - T)} & (T_1 < \tau < T)\,, \end{array} \qquad (7.9)$$

wo die Variable τ den Zeitmaßstab innerhalb einer Periode angibt.

Jetzt werden wir noch den Betrag der Sprünge in $v_{R,\,\text{per}}(\tau)$ für $\tau = 0$ (oder T) und $\tau = T_1$ bestimmen. Aus Gl. (7.9) finden wir

$$\lim_{\varepsilon \to 0} [v_{R,\,\text{per}}(\varepsilon) - v_{R,\,\text{per}}(T - \varepsilon)] = E \tag{7.10}$$

und

$$\lim_{\varepsilon \to 0} [v_{R,\,\text{per}}(T_1 + \varepsilon) - v_{R,\,\text{per}}(T_1 - \varepsilon)] = -E, \tag{7.11}$$

wo ε nach null geht durch positive Werte. Die Sprünge in der Spannung entstehen deshalb an dem Widerstand und nicht an dem Kondensator, was aus physikalischen Gründen selbstverständlich ist. Eine Skizze von $v_{R,\,\text{per}}(\tau)$ ist gegeben in Abb. 44.

Abb. 44. Der periodische Anteil der Spannung an dem Widerstand in der Situation nach Abb. 43

§ 8. LR-Kreis, gespeist mit einer Sägezahnfunktion

Die Schaltung nach Abb. 45 wird von $t = 0$ ab gespeist von einem Generator mit EMK $e(t)$, in der Form einer Sägezahnfunktion mit Maximalwert E und Periode T (Abb. 46). Wir setzen voraus, daß für $t < 0$ kein Strom anwesend ist, und fragen nach der geschlossenen Form des periodischen Anteils $v_{L,\,\text{per}}(\tau)$ der Spannung $v_L(t)$ an der Induktivität L. Für den Strom $i(t)$ im Kreise gilt die folgende Differentialgleichung

$$L \frac{di}{dt} + R\,i = e(t). \tag{8.1}$$

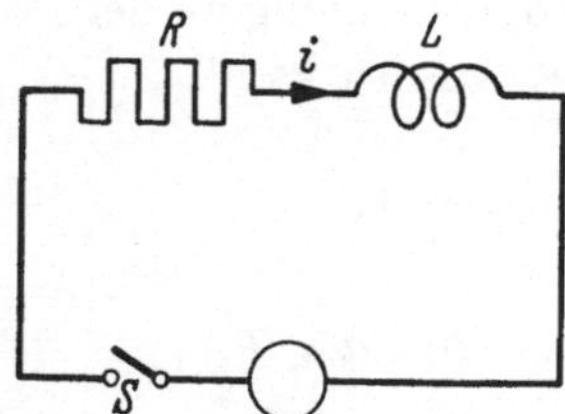

Abb. 45. Serienkreis mit Induktivität und Widerstand

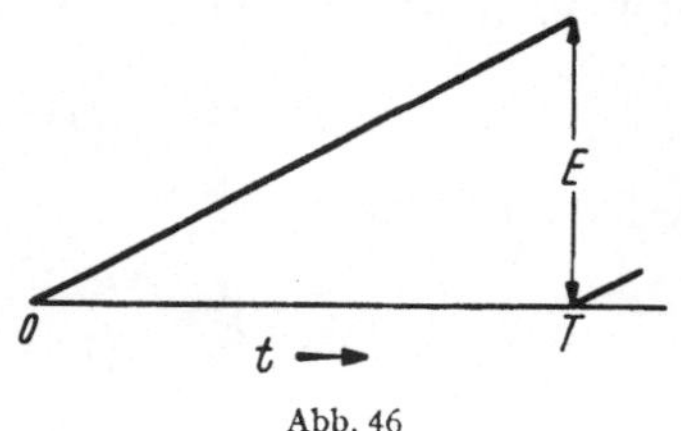

Abb. 46

Transformieren zum p-Bereich gibt

$$(p L + R)\,I(p) = E(p), \tag{8.2}$$

wo [vgl. Gl. (4.9)]

$$E(p) = \frac{E}{T} \frac{1}{p^2} \frac{[1 - (1 + p T)\,e^{-p T}]}{1 - e^{-p T}}. \tag{8.3}$$

Deshalb erhalten wir für die Transformierte $V_L(p)$ der Spannung $v_L(t)$ an der Induktivität L, mit $V_L(p) = p L I(p)$,

$$V_L(p) = \frac{E}{T} \frac{1}{(p + \alpha)\,p} \frac{[1 - (1 + p T)\,e^{-p T}]}{1 - e^{-p T}}, \tag{8.4}$$

mit

$$\alpha = \frac{R}{L} \, . \tag{8.5}$$

In der ersten Periode $0 < t < T$ folgt die Totalspannung $v_{L,\,\text{tot}}(t)$ an der Induktivität L aus der Transformation des Ausdrucks

$$V_{L,\,\text{tot}}(p) = \frac{E}{T} \, \frac{1}{p\,(p+\alpha)} = \frac{E}{\alpha T} \left(\frac{1}{p} - \frac{1}{p+\alpha} \right). \tag{8.6}$$

Deshalb ist dann

$$v_{L,\,\text{tot}}(t) = \frac{E}{\alpha T} \left[1 - e^{-\alpha t} \right] \qquad (0 < t < T). \tag{8.7}$$

Der abklingende Teil $v_{L,\,\text{abk}}(t)$ der Spannung $v_L(t)$ ist gegeben durch

$$v_{L,\,\text{abk}}(t) = -\frac{E}{\alpha T} \, \frac{[1 - (1 - \alpha T)\,e^{\alpha T}]}{1 - e^{\alpha T}} \, e^{-\alpha t}. \tag{8.8}$$

Für den periodischen Anteil $v_{L,\,\text{per}}(\tau)$ erhalten wir dann

$$v_{L,\,\text{per}}(\tau) = E \left(\frac{1}{\alpha T} - \frac{e^{-\alpha \tau}}{1 - e^{-\alpha T}} \right), \tag{8.9}$$

wo die Variable τ die Zeitabszisse innerhalb einer Periode angibt.

Aus Gl. (8.9) findet man für den Sprung in $v_{L,\,\text{per}}(\tau)$, der an den Grenzen der Periode auftritt, den Wert

$$\lim_{\varepsilon \to 0} \left[v_{L,\,\text{per}}(\varepsilon) - v_{L,\,\text{per}}(T - \varepsilon) \right] = -E \, , \tag{8.10}$$

wo ε durch positive Werte nach null geht. Eine Skizze von $v_{L,\,\text{per}}(\tau)$ ist gegeben in Abb. 47.

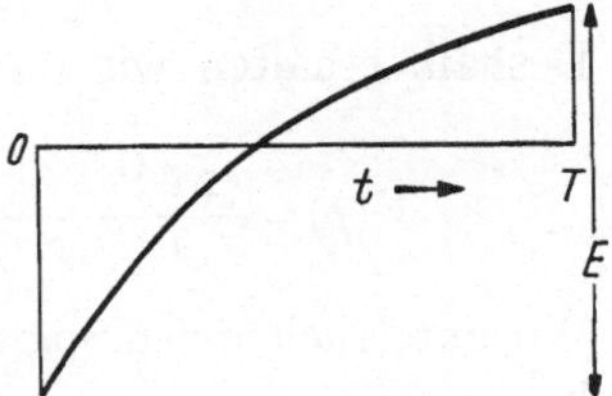

Abb. 47. Der periodische Anteil der Spannung an der Induktivität in der Situation nach Abb. 45

§ 9. LR-Kreis, gespeist mit periodisch wiederholten parabolischen Stromimpulsen

Die Schaltung nach Abb. 48 wird von $t = 0$ ab gespeist mit periodisch wiederholten Stromimpulsen der Form (Abb. 49)

$$i(t) = I \, \frac{t^2}{T^2} \qquad (0 < t < T), \tag{9.1}$$

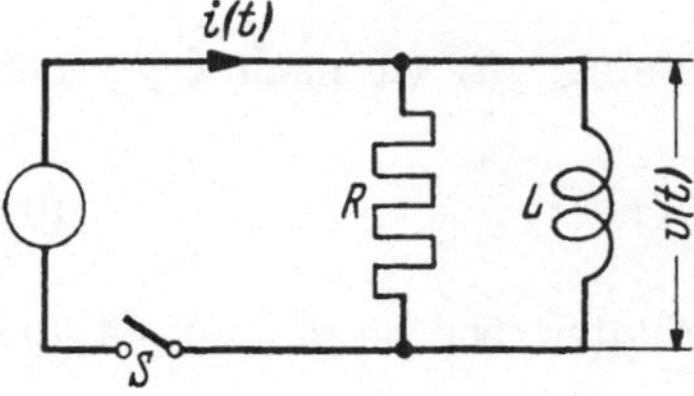

Abb. 48. Parallelkreis mit Induktivität und Widerstand

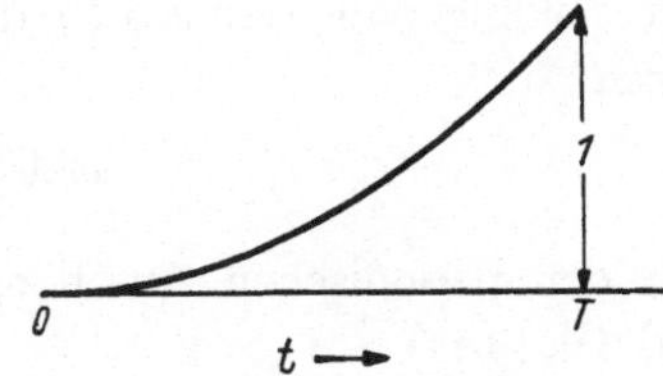

Abb. 49. Parabolische Stromimpulse

wo T die Periode und I der Maximalwert des Stromes ist. Wir setzen voraus, daß für $t < 0$ keine Ströme anwesend sind, und fragen nach der geschlossenen Form des periodischen Anteils $v_{\mathrm{per}}(\tau)$ der Spannung $v(t)$ an dem Kreise. Die Transformierte $I(p)$ des Generatorstromes $i(t)$ und die Transformierte $V(p)$ und $v(t)$ sind verknüpft durch die Beziehung

$$I(p) = V(p)\, Y(p)\,, \tag{9.2}$$

wo $Y(p)$ die Admittanz der Parallelschaltung von L und R ist, d. h.

$$Y(p) = \frac{1}{R} + \frac{1}{p\,L}\,. \tag{9.3}$$

Daher ist

$$V(p) = I(p)\, R\, \frac{p}{p+\alpha}\,, \tag{9.4}$$

mit

$$\alpha = \frac{R}{L}\,. \tag{9.5}$$

Weiterhin gilt, vgl. Gl. (4.15),

$$I(p) = \frac{2I}{T^2}\, \frac{1}{p^3}\, \frac{\left[1 - \left(1 + p\,T + \frac{1}{2}\,p^2\,T^2\right) \mathrm{e}^{-p\,T}\right]}{1 - \mathrm{e}^{-p\,T}}\,. \tag{9.6}$$

Deshalb erhalten wir für $V(p)$

$$V(p) = \frac{2I\,R}{T^2}\, \frac{1}{p^2(p+\alpha)}\, \frac{\left[1 - \left(1 + p\,T + \frac{1}{2}\,p^2\,T^2\right) \mathrm{e}^{-p\,T}\right]}{1 - \mathrm{e}^{-p\,T}}\,. \tag{9.7}$$

Wir untersuchen den Spezialfall, daß die Zeitkonstante den Wert $\alpha = 2/T$ hat, also

$$\alpha = \frac{R}{L} = \frac{2}{T}\,. \tag{9.8}$$

In der ersten Periode $0 < t < T$ folgt die Totalspannung $v_{\mathrm{tot}}(t)$ aus der Transformation des Ausdrucks

$$V_{\mathrm{tot}}(p) = I\,R\, \frac{2}{p^2\,T^2}\, \frac{1}{p+\alpha} = \frac{2I\,R}{\alpha^2\,T^2}\left(-\frac{1}{p} + \frac{\alpha}{p^2} + \frac{1}{p+\alpha}\right). \tag{9.9}$$

Hieraus ergibt sich

$$v_{\mathrm{tot}}(t) = \frac{1}{2}\,I\,R\,(-1 + \alpha\,t + \mathrm{e}^{-\alpha t}) \qquad (0 < t < T)\,. \tag{9.10}$$

Der abklingende Teil $v_{\mathrm{abk}}(t)$ der Spannung $v(t)$ ist nach § 3 gegeben durch

$$v_{\mathrm{abk}}(t) = \frac{1}{2}\,I\,R\, \mathrm{e}^{-\alpha t}\,. \tag{9.11}$$

Für den periodischen Anteil $v_{\mathrm{per}}(\tau)$ erhalten wir dann, mit Gl. (9.10) und Gl. (9.11)

$$v_{\mathrm{per}}(\tau) = \frac{1}{2}\,I\,R\,(\alpha\,\tau - 1) = I\,R\left(-\frac{1}{2} + \frac{\tau}{T}\right). \tag{9.12}$$

Das Ergebnis ist daher eine reine Sägezahnfunktion (Abb. 50). Bemerkenswert ist, daß eine solche Sägezahnfunktion auch durch Differentiation einer periodischen Reihe parabolischer Impulse erhalten werden kann. Ein solches Verfahren aber gibt außer der gewünschten Sägezahnfunktion noch eine Reihe von Deltafunktionen an den Stellen $t = nT$ ($n = 1, 2, \ldots$). Die hier behandelte Schaltung vermeidet jedoch das Auftreten dieser Deltafunktionen.

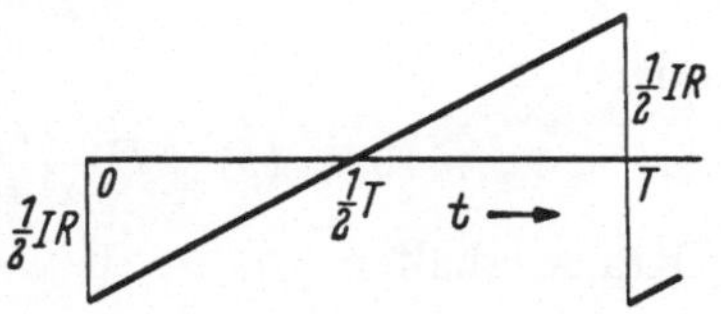

Abb. 50. Der periodische Anteil der Spannung in der Situation nach Abb. 48

§ 10. Siebschaltung zur Glättung einer doppelweggleichgerichteten Sinusfunktion

Die Schaltung nach Abb. 51 wird von $t = 0$ ab gespeist von einem Generator mit EMK $e(t)$ der Form einer doppelweggleichgerichteten Sinusfunktion mit Amplitude E und Periode T (Abb. 52). Wir setzen voraus, daß für $t < 0$ kein Strom anwesend ist, und fragen nach der

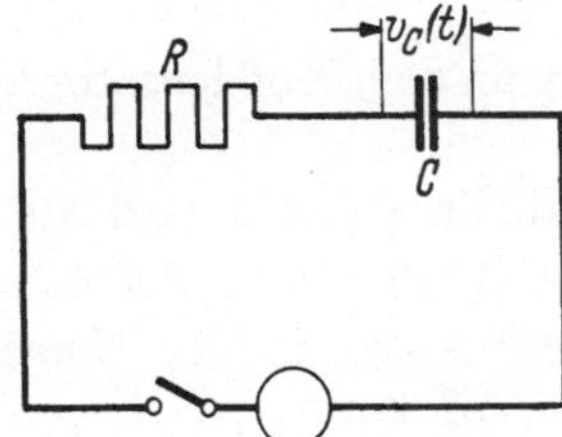

Abb. 51. Serienkreis mit Kapazität und Widerstand

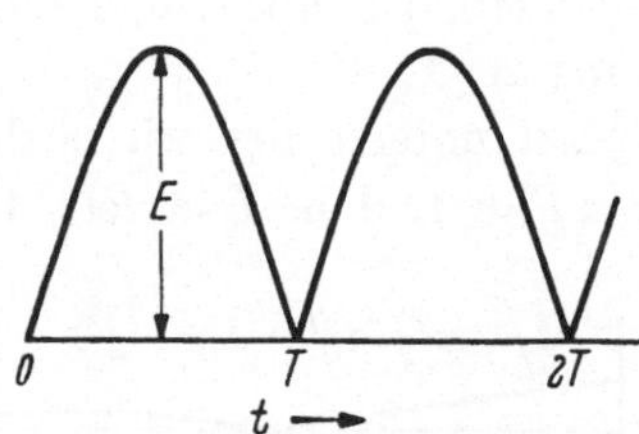

Abb. 52. Doppelweggleichgerichtete Sinusfunktion

geschlossenen Form des periodischen Anteils $v_{C,\,\text{per}}(\tau)$ der Spannung $v_C(t)$ an dem Kondensator C. Mit Hilfe des Impedanzbegriffes im p-Bereich erhalten wir für die Transformierte $V_C(p)$ von $v_C(t)$ den Ausdruck

$$V_C(p) = E(p) \frac{\alpha}{p + \alpha}, \tag{10.1}$$

mit

$$\alpha = \frac{1}{RC}. \tag{10.2}$$

$E(p)$ in Gl. (10.1) ist gegeben durch [vgl. Gl. (4.14)]

$$E(p) = E \frac{\pi T}{p^2 T^2 + \pi^2} \frac{1 + e^{-pT}}{1 - e^{-pT}}. \tag{10.3}$$

Deshalb ist

$$V_C(p) = E \frac{\alpha}{p + \alpha} \frac{\pi/T}{p^2 + \pi^2/T^2} \frac{1 + e^{-pT}}{1 - e^{-pT}}. \tag{10.4}$$

In der ersten Periode $0 < t < T$ folgt die Totalspannung an dem Kondensator $v_{C,\,tot}(t)$ aus der Transformation des Ausdrucks

$$V_{C,\,tot}(p) = E\,\frac{\alpha}{p+\alpha}\,\frac{\pi/T}{p^2+\pi^2/T^2}$$

oder

$$V_{C,\,tot}(p) = E\,\frac{\alpha\,\pi/T}{\alpha^2+\pi^2/T^2}\left[\frac{1}{p+\alpha} - \frac{p-\alpha}{p^2+\pi^2/T^2}\right]. \qquad (10.5)$$

Daraus erhalten wir

$$v_{C,\,tot}(t) = E\,\frac{\alpha\,\pi/T}{\alpha^2+\pi^2/T^2}\left[e^{-\alpha t} - \cos\left(\frac{\pi t}{T}\right) + \left(\frac{\alpha T}{\pi}\right)\sin\left(\frac{\pi t}{T}\right)\right] \qquad (10.6)$$
$$(0 < t < T)\,.$$

Der abklingende Teil $v_{C,\,abk}(t)$ von $v_C(t)$ ist nach § 3 gegeben durch

$$v_{C,\,abk}(t) = E\,\frac{\alpha\,\pi/T}{\alpha^2+\pi^2/T^2}\,\frac{1+e^{\alpha T}}{1-e^{\alpha T}}\,e^{-\alpha t}\,. \qquad (10.7)$$

Für den periodischen Anteil $v_{C,\,per}(\tau)$ erhalten wir dann

$$v_{C,\,per}(\tau) = E\,\frac{\alpha\,\pi/T}{\alpha^2+\pi^2/T^2}\left[\frac{2e^{-\alpha\tau}}{1-e^{-\alpha T}} - \cos\left(\frac{\pi\tau}{T}\right) + \left(\frac{\alpha T}{\pi}\right)\sin\left(\frac{\pi\tau}{T}\right)\right]. \qquad (10.8)$$

Aus Gl. (10.8) ergibt sich, daß die Spannung an dem Kondensator keinen Sprung zeigt.

Jetzt untersuchen wir noch die Spezialfälle $\alpha T \ll 1$ und $\alpha T \gg 1$. Für $\alpha T \ll 1$, d. h. $T \ll RC$, folgt aus Gl. (10.8) durch Potenzreihenentwicklung in der Umgebung von $\alpha T = 0$

$$v_{C,\,per}(\tau) =$$
$$= \frac{2E}{\pi}\left\{1 + \alpha\left(\frac{1}{2}T - \tau\right)\right\} -$$
$$- \frac{E\,\alpha T}{\pi}\cos\left(\frac{\pi\tau}{T}\right). \qquad (10.9)$$

Dieses Resultat (Abb. 53) ist richtig bis auf Glieder der Ordnung $(\alpha T/\pi)^2$. Für $\alpha T \gg 1$, d. h. $RC \ll T$, folgt aus Gl. (10.8)

$$v_{C,\,per}(\tau) = E\sin\left(\frac{\pi\tau}{T}\right). \qquad (10.10)$$

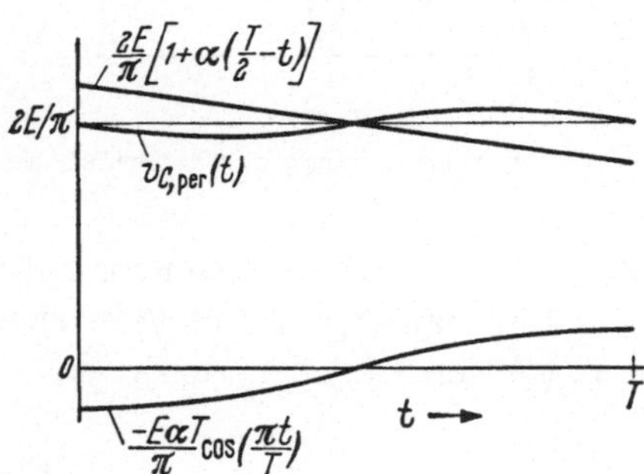

Abb. 53. Der periodische Anteil der Spannung an dem Kondensator in der Situation nach Abb. 51, falls $\alpha T \ll 1$

Die Spannung wird daher ungeändert übertragen.

§ 11. Eine Schaltung für Schwungradsynchronisation

Die Schaltung nach Abb. 54 wird von $t = 0$ ab gespeist mit periodisch wiederholten Stromimpulsen von der Form einer Deltafunktion mit Inhalt $C V_0$ (Abb. 55). Die Wiederholungsperiode sei T. Eine

Schaltung dieser Art wird in der Fernsehtechnik benutzt als Synchronisationsschaltung (Schwungradsynchronisation). Wir fragen nach der geschlossenen Form des periodischen Anteils $v_{\mathrm{per}}(\tau)$ der Spannung $v(t)$ (s. Abb. 54) unter der Voraussetzung, daß für $t < 0$ keine Ströme oder

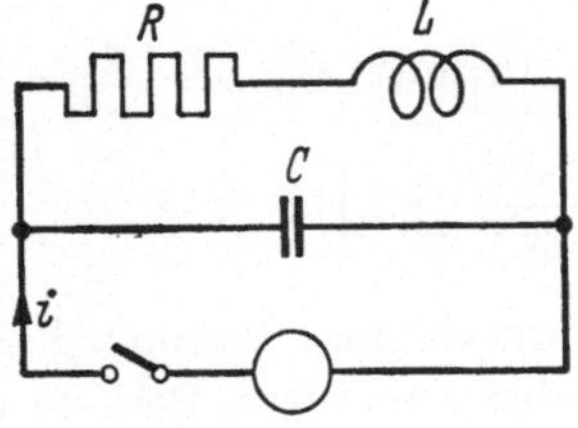

Abb. 54. Eine Schaltung für Schwungradsynchronisation

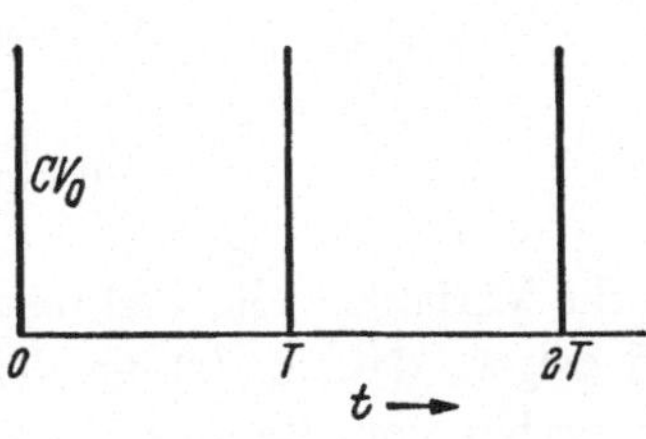

Abb. 55

Ladungen anwesend sind. Die Transformierte $I(p)$ des Stromes $i(t)$ und die Transformierte $V(p)$ der Spannung $v(t)$ sind verknüpft durch die Beziehung

$$V(p) = I(p)\,Z(p)\,, \tag{11.1}$$

wo

$$Z(p) = \frac{1}{C}\,\frac{p + R/L}{p^2 + p\,R/L + 1/L\,C}\,. \tag{11.2}$$

Mit Gl. (4.3) erhalten wir,

$$I(p) = C\,V_0\,\frac{1}{1 - e^{-pT}}\,. \tag{11.3}$$

Daher ist

$$V(p) = V_0\,\frac{p + 2\alpha}{(p + \alpha)^2 + \omega_0^2}\,\frac{1}{1 - e^{-pT}}\,, \tag{11.4}$$

wo

$$\alpha = \frac{R}{2L} \tag{11.5}$$

und

$$\omega_0 = \left(\frac{1}{L\,C} - \frac{R^2}{4L^2}\right)^{1/2}. \tag{11.6}$$

In der ersten Periode folgt die Totalspannung $v_{\mathrm{tot}}(t)$ aus der Transformation des Ausdrucks

$$V_{\mathrm{tot}}(p) = V_0\,\frac{p + 2\alpha}{(p + \alpha)^2 + \omega_0^2}$$

oder

$$V_{\mathrm{tot}}(p) = V_0\left[\frac{p + \alpha}{(p + \alpha)^2 + \omega_0^2} + \frac{\alpha}{(p + \alpha)^2 + \omega_0^2}\right]. \tag{11.7}$$

Hieraus ergibt sich

$$v_{\mathrm{tot}}(t) = V_0\left[\cos(\omega_0 t) + \frac{\alpha}{\omega_0}\sin(\omega_0 t)\right]e^{-\alpha t} \qquad (0 < t < T)\,. \tag{11.8.}$$

Für den abklingenden Teil $v_{\mathrm{abk}}(t)$ der Spannung $v(t)$ finden wir

$$v_{\mathrm{abk}}(t) = V_0 \operatorname{Re}\left[\frac{\alpha + j\,\omega_0}{j\,\omega_0}\ \frac{e^{-(\alpha - j\,\omega_0)t}}{1 - e^{(\alpha - j\,\omega_0)T}}\right]. \tag{11.9}$$

Für den periodischen Anteil $v_{\mathrm{per}}(\tau)$ erhalten wir dann,

$$v_{\mathrm{per}}(\tau) = V_0\left[\cos(\omega_0\,\tau) + \frac{\alpha}{\omega_0}\sin(\omega_0\tau) - \right.$$
$$\left. - \operatorname{Re}\left\{\frac{\alpha + j\,\omega_0}{j\,\omega_0}\ \frac{e^{j\,\omega_0\,\tau}}{1 - e^{(\alpha - j\,\omega_0)T}}\right\}\right] e^{-\alpha\,\tau}, \tag{11.10}$$

wo die Variable τ die Zeitabszisse ist innerhalb einer Periode. Es wird sich zeigen, daß $v_{\mathrm{per}}(\tau)$ an den Grenzen der genannten Periode einen Sprung hat vom Betrage V_0. Aus Gl. (11.10) folgt nämlich nach elementarer Rechnung

$$\lim_{\varepsilon \to 0}\{v_{\mathrm{per}}(\varepsilon) - v_{\mathrm{per}}(T - \varepsilon)\} = V_0 \qquad (\varepsilon > 0). \tag{11.11}$$

Aus Gl. (11.10) erhalten wir

$$v_{\mathrm{per}}(\tau) = V_0 \frac{(1 + \alpha^2/\omega_0^2)^{1/2}}{(1 - 2e^{-\alpha T}\cos(\omega_0 T) + e^{-2\alpha T})^{1/2}}\ e^{-\alpha\tau}\cos(\omega_0\,\tau - \psi_1 + \psi_2),$$
$$\tag{11.12}$$

wo

$$\tan\psi_1 = \frac{\alpha}{\omega_0} \tag{11.13}$$

und

$$\tan\psi_2 = \frac{\sin(\omega_0 T)}{e^{\alpha T} - \cos(\omega_0 T)}. \tag{11.14}$$

Wir werden jetzt zwei Spezialfälle untersuchen.

a) $T = kT_0$, wo $T_0 = 2\pi/\omega_0$ und k eine ganze Zahl ist. Dann erhalten wir aus Gl. (11.12) und Gl. (11.14)

$$v_{\mathrm{per}}(\tau) = V_0 \frac{(1 + 1/4Q^2)^{1/2}}{1 - e^{-\alpha k T_0}}\ e^{-\alpha\tau}\cos(\omega_0\,\tau - \psi_1), \tag{11.15}$$

wo

$$Q = \frac{\omega_0 L}{R} \tag{11.16}$$

die Gütezahl des Kreises angibt und worin wir benutzt haben, daß in diesem Falle

$$\tan\psi_2 = 0. \tag{11.17}$$

b) $T = (1 + \delta)T_0$, mit $\delta \ll 1$, d. h. die Periode T ist nur um einen kleinen Betrag δT_0 verschieden von der Eigenperiode T_0 der Schaltung. Unter der Voraussetzung, daß die Gütezahl $Q = \omega_0 L/R$ des Kreises sehr groß ist, erhalten wir aus Gl. (11.12) und Gl. (11.14) in erster Näherung

$$v_{\mathrm{per}}(\tau) = V_0 \frac{Q}{\pi}\ e^{-\alpha\tau}\cos(\omega_0\tau - \psi_1 + \psi_2) \tag{11.18}$$

mit

$$\tan \psi_2 = Q\,\frac{2\delta}{1+\delta}\,. \tag{11.19}$$

Vergleicht man dieses Ergebnis mit der Formel, die man in gleicher Näherung aus Gl. (11.15) für $k = 1$ erhält, nämlich

$$v_{\mathrm{per}}(\tau) = V_0\,\frac{Q}{\pi}\,e^{-\alpha\tau}\cos(\omega_0\,\tau - \psi_1)\,, \tag{11.20}$$

so sieht man, daß eine kleine Abweichung in T von der Periode T_0 des Kreises schon eine große Phasenverschiebung ψ_2 zufolge hat, die um so größer ist, je besser die Qualität des Kreises ist. Diese Phasenverschiebung wird nun benutzt zur Synchronisation (Schwungradsynchronisation, s. NEETESON [3]).

Kapitel IV

Transversalwellen längs elektrischer Doppelleitungen

§ 1. Die Differentialgleichungen für Strom und Spannung

Aus der Theorie des Elektromagnetismus ist bekannt, daß ein System von zwei parallelen, vollkommen widerstandlosen, zylindrischen Leitern, welche sich in einem homogenen, isotropen, Medium befinden, eine Welle führen kann, deren elektrisches und magnetisches Feld transversal sind. Das elektrische Feld dieser Welle kann von einem Potential abgeleitet werden; der Strom in den Leitern fließt nur parallel zu den Leiterachsen. Haben dagegen die Leiter einen von null verschiedenen, jedoch kleinen, Widerstand, so benötigt man ein schwaches elektrisches Längsfeld innerhalb der Leiter um den OHMschen Spannungsfall zu überwinden. Demzufolge tritt auch im Medium zwischen den Leitern ein elektrisches Longitudinalfeld auf. In der folgenden Ableitung der Gesetze für den Strom und die Spannung längs der Leitung werden wir immer voraussetzen, daß in der Querschnittebene dieses Longitudinalfeld in bezug auf das elektrische Transversalfeld vernachlässigt werden kann. Weiterhin nehmen wir an, daß das elektrische Transversalfeld auch in diesem Falle von einem Potential abgeleitet werden kann. ·Die Potentialdifferenz der beiden Leiter innerhalb einer Querschnittebene werden wir die Spannung v nennen. Wir setzen voraus, daß die Ströme in den Leitern an der Stelle dieser Ebene einander gleich und entgegengesetzt sind; wir bezeichnen sie mit i. Die Spannung v und der Strom i

sind Funktionen der Longitudinalkoordinate x und der Zeit t; also $v = v(x,t)$ und $i = i(x,t)$ (s. Abb. 56). Wir führen jetzt die folgenden Symbole ein:

R Gesamtwiderstand pro Längeneinheit des Hinleiters und des Rückleiters;
L Induktivität der Leitung pro Längeneinheit;
G Ableitung pro Längeneinheit zwischen den beiden Leitern;
C Kapazität der Leitung pro Längeneinheit.

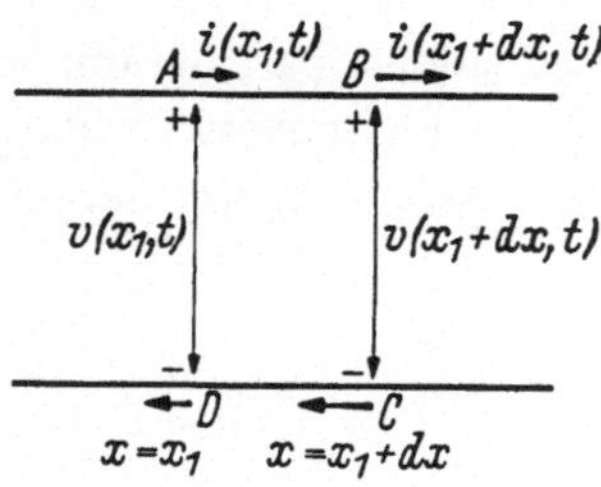

Abb. 56. Die Spannungen und Ströme in zwei benachbarten Querschnitten einer Doppelleitung

Anwendung des Induktionsgesetzes auf den Umlauf $ABCDA$ (Abb. 56) ergibt

$$L \frac{\partial i}{\partial t} + R\,i = -\frac{\partial v}{\partial x}. \qquad (1.1)$$

Aus der Überlegung, daß die Differenz der Ströme in B und A daraus herrührt, daß zwischen den Leitern ein Strom fließt der Größe $C\,(\partial v/\partial t)\,dx + Gv\,dx$, schließen wir

$$C \frac{\partial v}{\partial t} + G\,v = -\frac{\partial i}{\partial x}. \qquad (1.2)$$

Die beiden Gleichungen (1.1) und (1.2) beherrschen den Verlauf der Ströme und Spannungen längs der Leitung. Durch Eliminieren des Stromes aus den beiden Gleichungen folgt die sogenannte Telegraphengleichung für die Spannung

$$\frac{\partial^2 v}{\partial x^2} - (RC + GL)\frac{\partial v}{\partial t} - LC\frac{\partial^2 v}{\partial t^2} - RG\,v = 0. \qquad (1.3)$$

Dieselbe Gleichung erhält man für den Strom $i(x,t)$. Der Spezialfall $R = 0$, $G = 0$ führt zu einer Differentialgleichung, welche mit der Differentialgleichung der schwingenden Saite (eindimensionale Wellengleichung) identisch ist.

§ 2. Gleichungen für Strom und Spannung im p-Bereich; Anfangs- und Randbedingungen

Zur Berechnung von Ausgleichsvorgängen auf Leitungen der obengenannten Art kann man mit Vorteil die Operatorenrechnung benutzen. Zuerst transformieren wir die Funktionen $v(x,t)$ und $i(x,t)$ in ihrer Zeitabhängigkeit in den p-Bereich. Unter Berücksichtigung der Anfangsbedingungen, also bei gegebenem Verlauf von Strom und Spannung längs der Leitung zur Zeit $t = 0$, erhalten wir, mit

$$V = V(x;p) = \int\limits_0^\infty e^{-pt}\,v(x,t)\,dt$$

und

$$I = I(x;p) = \int\limits_0^\infty e^{-pt} i(x,t)\, dt,$$

die folgenden Differentialgleichungen:

$$(pL+R)\, I + \frac{dV}{dx} = L\, i(x,0), \qquad (2.1)$$

$$(pC+G)\, V + \frac{dI}{dx} = C\, v(x,0). \qquad (2.2)$$

Hieraus folgen durch Elimination von I bzw. V die transformierten Telegraphengleichungen

$$\frac{d^2V}{dx^2} - \gamma^2(p)\, V = -(pL+R)\, C\, v(x,0) + L\, \frac{di(x,0)}{dx}, \qquad (2.3)$$

bzw.

$$\frac{d^2I}{dx^2} - \gamma^2(p)\, I = -(pC+G)\, L\, i(x,0) + C\, \frac{dv(x,0)}{dx}, \qquad (2.4)$$

mit

$$\gamma(p) = [(R+pL)(G+pC)]^{1/2}, \qquad (2,5)$$

wo die Quadratwurzel eindeutig bestimmt ist durch die Bedingung $\mathrm{Re}\,\gamma > 0$.

Um den Strom und die Spannung zu bestimmen brauchen wir außerdem noch die Bedingungen, die am Anfang und Ende der Leitung befriedigt sein müssen. Wir betrachten dabei eine Leitung der Länge l und wählen die Koordinate x so, daß $x = 0$ der Anfang und $x = l$ das Ende der Leitung ist. Für $x = 0$ sei ein Generator wirksam, dessen EMK $e = e(t)$ [im p-Bereich $E(p)$] ist und der die innere Impedanz $Z_1(p)$ hat. Für $x = l$ sei das Kabel abgeschlossen mit einem Netze dessen Impedanz im p-Bereich $Z_2(p)$ ist, z. B. einem Kreise mit Induktivität, Widerstand und Kapazität oder mit einer Leitung deren Eigenschaften verschieden sind von denen der ersten Leitung. Die Spannungen und Ströme für $x = 0$ sind dann verknüpft durch die Beziehung

$$E(p) = I(0;p)\, Z_1(p) + V(0;p). \qquad (2.6)$$

Ebenso erhalten wir für $x = l$

$$V(l;p) = I(l;p)\, Z_2(p). \qquad (2.7)$$

Aus der allgemeinen Lösung der Differentialgleichungen (2.1) und (2.2) und den Bedingungen (2.6) und (2.7) sind nun $V(x;p)$ und $I(x;p)$ eindeutig zu bestimmen; transformieren zum t-Bereich gibt dann schließlich die gesuchte Lösung des gestellten Problems. Bevor wir übergehen zu dem allgemeinen Falle werden wir aber einige einfachere Fälle untersuchen.

§ 3. Die unendlich lange, verlustlose Leitung

Wir betrachten den Einschaltvorgang auf einer unendlich langen, verlustlosen Leitung (Abb. 57) infolge des Einschaltens zur Zeit $t = 0$ eines Generators mit EMK $e(t)$, dessen innere Impedanz im p-Bereich $Z_1(p)$ ist. Wir setzen voraus, daß für $t < 0$ keine Ströme und Spannungen anwesend sind. Da $R = 0$ und $G = 0$ haben wir für die Spannung $V(x; p)$ die folgende Differentialgleichung [vgl. Gl. (2.3)]

$$\frac{d^2 V}{d x^2} - p^2 L C V = 0, \qquad (3.1)$$

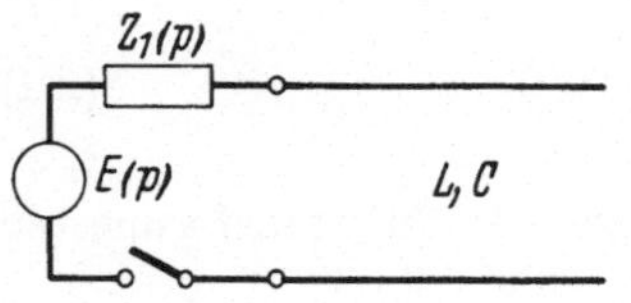

Abb. 57. Unendlich lange, verlustlose Leitung

welche die allgemeine Lösung

$$V(x; p) = A\, e^{-p x/w} + B\, e^{p x/w} \qquad (3.2)$$

hat, wo

$$w = (L C)^{-1/2} . \qquad (3.3)$$

Da immer gilt $\operatorname{Re} p > 0$ und $V(x; p)$ beschränkt bleiben soll wenn $x \to \infty$, muß $B = 0$. Aus Gl. (3.2) haben wir also

$$V(x; p) = V(0; p)\, e^{-p x/w} . \qquad (3.4)$$

Aus dieser Gleichung sehen wir, daß, wenn $V(0; p)$ und also auch $v(0, t)$, bekannt ist, die Spannung $v(x, t)$ aus Gl. (3.4) folgt durch Anwendung des Verschiebungssatzes. Deshalb ist

$$v(x, t) = v(0, t - x/w) . \qquad (3.5)$$

Da wir vorausgesetzt haben, daß $v(0, t) = 0$ für $t < 0$ stellt $v(0, t - x/w)$ eine Welle dar, deren Geschwindigkeit w ist und deren Wellenfront gegeben ist durch $x = wt$.

Der Strom $I(x; p)$ folgt aus der Spannung mittels der Gleichung [vgl. Gl. (2.1)]

$$I = -\frac{1}{pL}\, \frac{dV}{dx} . \qquad (3.6)$$

Deshalb ist

$$I(x; p) = \frac{V(0; p)}{Z_0}\, e^{-p x/w}, \qquad (3.7)$$

wo

$$Z_0 = \left(\frac{L}{C}\right)^{1/2} \qquad (3.8)$$

der sogenannte Wellenwiderstand der Leitung ist. Aus Gl. (3.7) folgt

$$i(x, t) = \frac{1}{Z_0}\, v(0, t - x/w) . \qquad (3.9)$$

Weiterhin sehen wir aus Gl. (3.7), daß

$$I(0; p) = \frac{1}{Z_0}\, V(0; p), \qquad (3.10)$$

d. h. die Eingangsimpedanz einer unendlich langen, verlustlosen Leitung ist dem Wellenwiderstande gleich. Es wird sich zeigen, daß dieses Resultat nicht nur für den Spezialfall einer verlustlosen Leitung, sondern auch im allgemeinen Fall einer verlustbehafteten Leitung gültig ist, wo jedoch der Wellenwiderstand durch die charakteristische Impedanz $[(R + pL)/(G + pC)]^{1/2}$ ersetzt werden muß.

Die Bestimmung von $V(0;p)$ folgt aus Gl. (2.6); in dem betreffenden Falle ist also mit Gl. (3.10)

$$E(p) = \left(\frac{Z_1(p)}{Z_0} + 1\right) V(0;p), \qquad (3.11)$$

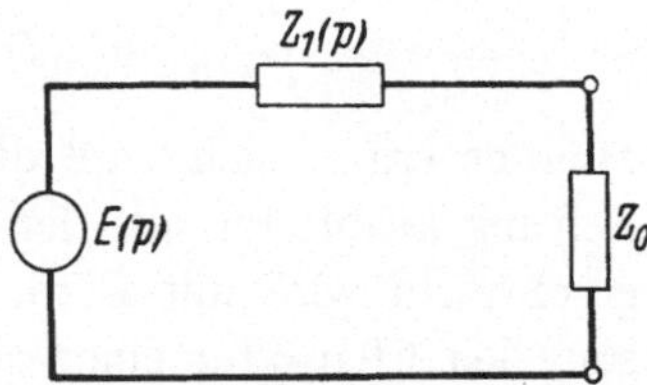

Abb. 58. Ersatzschaltung für den Eingangskreis der Leitung nach Abb. 57

woraus

$$V(0;p) = E(p) \frac{Z_0}{Z_0 + Z_1(p)}. \qquad (3.12)$$

Dieses Resultat ist selbstverständlich, wenn man die Ersatzschaltung nach Abb. 58 betrachtet.

§ 4. Die unendlich lange, verzerrungsfreie Leitung

Wir betrachten eine verlustbehaftete Leitung, deren Konstanten der Beziehung

$$\frac{R}{L} = \frac{G}{C} = \alpha \qquad (4.1)$$

genügen. HEAVISIDE hat gezeigt, daß die Spannungen und Ströme in diesem Fall sich verzerrungsfrei ausbreiten ähnlich wie auf einer verlustlosen Leitung mit dem Unterschied, daß eine exponentielle Schwächung auftritt. Am Anfang der Leitung, welche wir unendlich lang voraussetzen, wird zur Zeit $t = 0$ ein Generator angeschlossen, dessen EMK im p-Bereich $E(p)$ und dessen innere Impedanz $Z_1(p)$ sei (Abb. 59). Für $t < 0$ seien keine Ströme und Spannungen anwesend. Aus Gl. (2.3) folgt, daß die Spannung $V(x;p)$ der Differentialgleichung

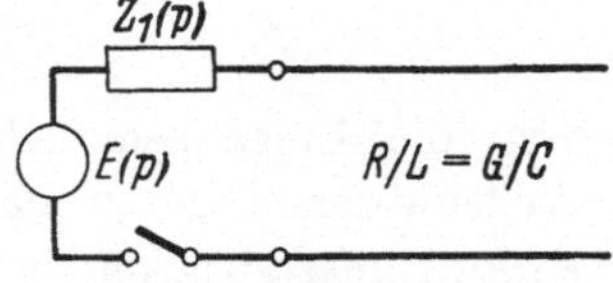

Abb. 59. Unendlich lange, verzerrungsfreie Leitung

$$\frac{d^2 V}{dx^2} - \gamma^2 V = 0 \qquad (4.2)$$

genügt, wo

$$\gamma = [(pL + R)(pC + G)]^{1/2} = \frac{1}{w}(p + \alpha), \qquad (4.3)$$

mit

$$w = (LC)^{-1/2}. \qquad (4.4)$$

Die allgemeine Lösung dieser Gleichung ist gegeben durch

$$V(x;p) = A\, e^{-\gamma x} + B\, e^{\gamma x}. \qquad (4.5)$$

Da Re $\gamma > 0$, führt die Bedingung, daß $V(x;p)$ beschränkt bleiben soll für $x \to \infty$, zu $B = 0$. Wir können also schreiben

$$V(x;p) = V(0;p) \exp\left[-(p+\alpha)\frac{x}{w}\right]. \tag{4.6}$$

Anwendung des Verschiebungssatzes gibt für die Spannung im t-Bereich

$$v(x,t) = e^{-\alpha x/w}\, v(0, t - x/w)\,. \tag{4.7}$$

Hieraus ergibt sich, daß die Spannung sich verzerrungsfrei längs der Leitung ausbreitet mit der Geschwindigkeit w und dabei exponentiell geschwächt wird mit Dämpfungsexponenten α/w. Die Ausbreitung hat also den Charakter einer gedämpften Wanderwelle.

Den Strom im p-Bereich finden wir aus Gl. (2.1)

$$I = \frac{-1}{pL+R}\,\frac{dV}{dx}\,. \tag{4.8}$$

Deshalb ist

$$I(x;p) = \frac{V(0;p)}{Z_0} \exp\left[-(p+\alpha)\frac{x}{w}\right], \tag{4.9}$$

wo

$$Z_0 = \left(\frac{pL+R}{pC+G}\right)^{1/2} = \left(\frac{L}{C}\right)^{1/2} \tag{4.10}$$

der Wellenwiderstand der Leitung ist. Aus Gl. (4.9) folgt für den Strom im t-Bereich

$$i(x,t) = \frac{1}{Z_0}\, e^{-\alpha x/w}\, v(0, t - x/w)\,. \tag{4.11}$$

Weiterhin sehen wir aus Gl. (4.9), daß

$$I(0;p) = \frac{1}{Z_0}\, V(0;p)\,, \tag{4.12}$$

d. h. die Eingangsimpedanz der unendlich langen Leitung ist dem Wellenwiderstande gleich. In dem betreffenden Falle ist wiederum $V(0;p)$ auszudrücken in $E(p)$ mittels

$$V(0;p) = E(p)\frac{Z_0}{Z_0 + Z_1(p)} \tag{4.13}$$

[vgl. Gl. (3.12) und Abb. 58.]

Im nachfolgenden werden wir eine Leitung, deren Konstanten der Relation $R/L = G/C$ genügen, ein HEAVISIDESches Kabel nennen.

§ 5. Die unendlich lange, verlustbehaftete Leitung

Im allgemeinen Falle, wo die Konstanten R, L, G und C willkürlich sind, tritt bei der Wellenausbreitung längs der Leitung sowohl Dämpfung als Verzerrung auf. Wir betrachten den Fall, daß am Anfang einer solchen Leitung zur Zeit $t = 0$ eine Spannungsquelle angeschlossen wird, deren Klemmenspannung gegeben ist durch $e = e(t)$. Die Leitung sei unendlich lang und für $t < 0$ seien keine Ströme und Spannungen anwesend. Gl. (2.3) führt zu der folgenden Differentialgleichung für die Spannung $V(x;p)$:

$$\frac{d^2 V}{dx^2} - \gamma^2 V = 0,\tag{5.1}$$

wo

$$\gamma = [(R + pL)(G + pC)]^{1/2}\qquad(\operatorname{Re}\gamma > 0).\tag{5.2}$$

Die Lösung dieser Differentialgleichung welche für $x \to \infty$ beschränkt bleibt ist

$$V(x;p) = V(0;p)\,e^{-\gamma x}.\tag{5.3}$$

Da weiterhin $V(0;p) = E(p)$, wo $E(p)$ die Transformierte von $e(t)$ ist, können wir auch schreiben

$$V(x;p) = E(p)\,e^{-\gamma x}.\tag{5.4}$$

Der Strom $I(x;p)$ folgt dann aus Gl. (2.1); wir erhalten

$$I(x;p) = -\frac{1}{pL+R}\,\frac{dV}{dx} = \frac{1}{Z_0(p)}\cdot E(p)\,e^{-\gamma x},\tag{5.5}$$

wo

$$Z_0(p) = \left(\frac{pL+R}{pC+G}\right)^{1/2}\tag{5.6}$$

die charakteristische Impedanz der Leitung ist.

Wir setzen nun

$$\varrho = \frac{1}{2}\left(\frac{R}{L} + \frac{G}{C}\right),\tag{5.7}$$

$$\sigma = \frac{1}{2}\left(\frac{R}{L} - \frac{G}{C}\right),\tag{5.8}$$

wo ϱ der Dämpfungskoeffizient und σ der Verzerrungskoeffizient ist. Hiermit wird

$$\gamma = \frac{1}{w}\,[(p+\varrho)^2 - \sigma^2]^{1/2},\tag{5.9}$$

wobei w die in Gl. (4.4) erklärte Wellengeschwindigkeit angibt und

$$\frac{1}{Z_0} = \frac{w(pC+G)}{[(p+\varrho)^2 - \sigma^2]^{1/2}}.\tag{5.10}$$

Bevor wir die Transformation zum t-Bereich ausführen, bestimmen wir zuerst die Funktion $f(t)$ im t-Bereich, die im p-Bereich mit

$$F(p) = \frac{\exp\left[-\{(p+\varrho)^2 - \sigma^2\}^{1/2}\,\dfrac{x}{w}\right]}{\{(p+\varrho)^2 - \sigma^2\}^{1/2}}\tag{5.11}$$

korrespondiert. Später (Kap. VII, § 6) werden wir zeigen, daß

$$\frac{\exp\left[-(p^2 - \sigma^2)^{1/2}\,\dfrac{x}{w}\right]}{(p^2 - \sigma^2)^{1/2}} \leftrightarrow I_0[\sigma(t^2 - x^2/w^2)^{1/2}]\,H(t - x/w),\tag{5.12}$$

5*

wo I_0 die modifizierte BESSELsche Funktion erster Art und nullter Ordnung angibt (WATSON [3]).

Hieraus finden wir nach Anwendung des Dämpfungssatzes

$$f(t) = e^{-\varrho t} I_0[\sigma(t^2 - x^2/w^2)^{1/2}] H(t - x/w) . \tag{5.13}$$

Weiter brauchen wir noch die Funktionen $\dfrac{\partial f}{\partial x}$ und $\dfrac{\partial f}{\partial t}$. Beachten wir, daß $I_0(0) = 1$ und $f(t)$ also einen Sprung zur Zeit $t = x/w$ hat, so erhalten wir

$$\frac{\partial f}{\partial x} = -\frac{1}{w} e^{-\varrho x/w} \delta(t - x/w) - \frac{\sigma x}{w^2} e^{-\varrho t} \frac{I_1[\sigma(t^2 - x^2/w^2)^{1/2}]}{(t^2 - x^2/w^2)^{1/2}} H(t - x/w)$$

$$\tag{5.14}$$

und

$$\frac{\partial f}{\partial t} = e^{-\varrho x/w} \delta(t - x/w) - \varrho\, e^{-\varrho t} I_0[\sigma(t^2 - x^2/w^2)^{1/2}] H(t - x/w) +$$

$$+ \sigma t\, e^{-\varrho t} \frac{I_1[\sigma(t^2 - x^2/w^2)^{1/2}]}{(t^2 - x^2/w^2)^{1/2}} H(t - x/w) , \tag{5.15}$$

wo die Deltafunktionen auf der rechten Seite von Gl. (5.14) und Gl. (5.15) entstanden sind durch Differenzieren des Sprunges $\exp(-\varrho x/w)$ zur Zeit $t = x/w$.

Die Spannung und der Strom im p-Bereich können aus der Funktion $F(p)$ berechnet werden durch

$$V(x;p) = -E(p)\, w \frac{dF}{dx} \tag{5.16}$$

und

$$I(x;p) = E(p)\, w (p\, C + G)\, F . \tag{5.17}$$

Mit Hilfe der Gl. (5.12) und Anwendung des Faltungssatzes finden wir

$$v(x, t) = -w \int_{x/w}^{t} e(t - \tau) \frac{\partial f(\tau)}{\partial x} d\tau \tag{5.18}$$

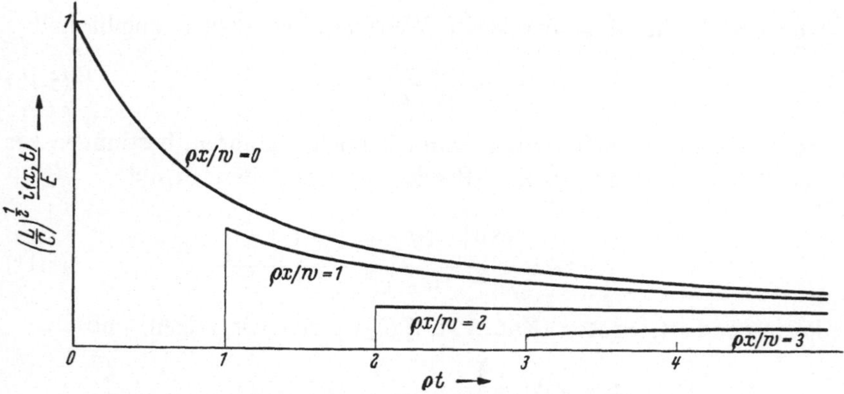

Abb. 60. Der Verlauf des Stromes in einer unendlich langen, verlustbehafteten Leitung, falls $e(t) = E H(t)$ und $G = 0$

und

$$i(x, t) = w \int_{x/w}^{t} e(t - \tau) \left[C \frac{\partial f(\tau)}{\partial \tau} + G f(\tau) \right] d\tau, \qquad (5.19)$$

wo die untere Integrationsgrenze gleich x/w gesetzt worden ist, da für $t < x/w$ die Funktion $f(t)$ identisch verschwindet.

Im Sonderfall $G = 0$ und $e(t) = E\,H(t)$ ergibt sich aus Gl. (5.17)

$$i(x, t) = \left(\frac{C}{L} \right)^{1/2} E\, e^{-\varrho t} I_0 [\sigma (t^2 - x^2/w^2)^{1/2}]\, H(t - x/w), \qquad (5.20)$$

mit $\varrho = \sigma$. Abb. 60 zeigt den Verlauf dieses Stromes als Funktion von x/w und t.

§ 6. Die verlustlose Leitung endlicher Länge

Wir betrachten den Einschaltvorgang auf einer verlustlosen Leitung der Länge l (Abb. 61) infolge des Einschaltens eines Generators mit EMK $e(t)$ dessen innere Impedanz im p-Bereich $Z_1(p)$ sei. Am Ende $x = l$ ist die Leitung abgeschlossen mit einer Schaltung, deren Impedanz im p-Bereich $Z_2(p)$ ist. Wir setzen voraus, daß für $t < 0$ keine Ströme und Spannungen anwesend sind. Aus der Differentialgleichung für die Spannung

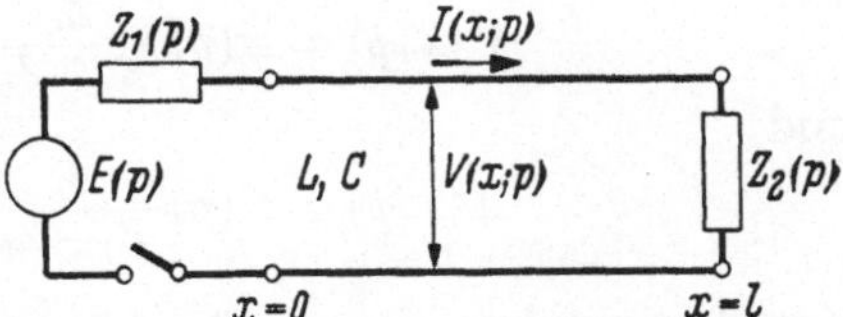

Abb. 61. Verlustlose Leitung endlicher Länge

$$\frac{d^2 V}{d x^2} - p^2 L C V = 0 \qquad (6.1)$$

erhalten wir als allgemeine Lösung

$$V(x; p) = A\, e^{-p x/w} + B\, e^{p x/w}, \qquad (6.2)$$

wo

$$w = (L C)^{-1/2}. \qquad (6.3)$$

Der Strom $I(x; p)$ folgt aus der Spannung mittels der Gleichung

$$I(x; p) = -\frac{1}{p L} \frac{d V}{d x}.$$

Deshalb ist

$$I(x; p) = \frac{1}{Z_0} [A\, e^{-p x/w} - B\, e^{p x/w}], \qquad (6.4)$$

mit

$$Z_0 = \left(\frac{L}{C} \right)^{1/2}. \qquad (6.5)$$

Die Konstanten A und B bestimmen wir aus den Randbedingungen an den Stellen $x = 0$ und $x = l$, nämlich

$$V(0;p) = E(p) - I(0;p)\,Z_1(p)\,, \qquad (6.6)$$

$$V(l;p) = I(l;p)\,Z_2(p)\,. \qquad (6.7)$$

Hieraus ergibt sich nach einfacher Rechnung

$$A = E(p)\,\frac{Z_0}{Z_1 + Z_0}\,\frac{1}{1 - r_1 r_2\,\mathrm{e}^{-2pl/w}}\,, \qquad (6.8)$$

$$B = E(p)\,\frac{Z_0}{Z_1 + Z_0}\,\frac{r_2\,\mathrm{e}^{-2pl/w}}{1 - r_1 r_2\,\mathrm{e}^{-2pl/w}}\,, \qquad (6.9)$$

wo

$$r_1 = \frac{Z_1 - Z_0}{Z_1 + Z_0} \qquad (6.10)$$

und

$$r_2 = \frac{Z_2 - Z_0}{Z_2 + Z_0}\,. \qquad (6.11)$$

In diesen Formeln sind Z_1, Z_2, r_1 und r_2 als Funktionen von p aufzufassen. Hiermit werden

$$V(x;p) = E(p)\,\frac{Z_0}{Z_1 + Z_0}\,\frac{\mathrm{e}^{-px/w} + r_2\,\mathrm{e}^{-p(2l-x)/w}}{1 - r_1 r_2\,\mathrm{e}^{-2pl/w}} \qquad (6.12)$$

und

$$I(x;p) = E(p)\,\frac{1}{Z_1 + Z_0}\,\frac{\mathrm{e}^{-px/w} - r_2\,\mathrm{e}^{-p(2l-x)/w}}{1 - r_1 r_2\,\mathrm{e}^{-2pl/w}}\,. \qquad (6.13)$$

Zur Bestimmung von $v(x, t)$ und $i(x, t)$ stehen uns im allgemeinen zwei Methoden zur Verfügung.

Zuerst kann man die Nullstellen des Nenners bestimmen und mittels des HEAVISIDEschen Entwicklungssatzes die Transformation zum t-Bereich ausführen. Für willkürliche Impedanzfunktionen $Z_1(p)$ und $Z_2(p)$ ist die Auswertung der Nullstellen meistens nur numerisch durchzuführen. Die Antwort wird auf diese Weise erhalten in der Form einer unendlichen Reihe von Eigenschwingungen des Systems.

Der zweite Weg zur Bestimmung von $v(x, t)$ und $i(x, t)$ führt zu einer Darstellung dieser Größen in der Form einer unendlichen Reihe von Wanderwellen auf der Leitung. Diese können wir entstanden denken durch aufeinander folgende Reflexionen am Anfang und am Ende der Leitung. Es wird sich zeigen, daß diese Wellen zum Vorschein kommen nach Transformieren von Funktionen der Gestalt $\exp\left[-\gamma(2nl + x)\right]$ ($n = 0, 1, 2, \ldots$). Eine Reihe von Funktionen dieser Art wird erhalten, wenn in den Ausdrücken (6.12) und (6.13) die Reihenentwicklung

$$\frac{1}{1 - r_1 r_2\,\mathrm{e}^{-2pl/w}} = \sum_{n=0}^{\infty} (r_1 r_2)^n\,\mathrm{e}^{-2npl/w} \qquad (6.14)$$

eingesetzt wird. Diese Reihe ist absolut konvergent wenn $\mathrm{Re}\,p$ genügend groß gewählt wird; sie kann wie ein System von Wanderwellen gedeutet werden, falls nur r_1 und r_2 algebraische Funktionen von p sind. So erhalten wir

$$V(x;p) = E(p)\,\frac{Z_0}{Z_1+Z_0}\left\{\sum_{n=0}^{\infty}(r_1\,r_2)^n\,e^{-p(x+2nl)/w}\; + \right.$$
$$\left. + \sum_{n=0}^{\infty} r_1^n\,r_2^{n+1}\,e^{-p[(2n+2)l-x]/w}\right\}, \tag{6.15}$$

und

$$I(x;p) = E(p)\,\frac{1}{Z_1+Z_0}\left\{\sum_{n=0}^{\infty}(r_1\,r_2)^n\,e^{-p(x+2nl)/w}\; - \right.$$
$$\left. - \sum_{n=0}^{\infty} r_1^n\,r_2^{n+1}\,e^{-p[(2n+2)l-x]/w}\right\}. \tag{6.16}$$

Wir bemerken nun, daß Z_1 und Z_2 gebrochene rationale Funktionen von p sind. Die Glieder der ersten Reihe auf der rechten Seite von Gl. (6.15) und Gl. (6.16) sind also auf Grund des Verschiebungssatzes nur von null verschieden wenn $t > (x + 2nl)/w$ mit $n = 0, 1, 2, \ldots$ Ebenso sind die Glieder der zweiten Reihe auf der rechten Seite in Gl. (6.15) und Gl. (6.16) nur von null verschieden wenn $t > [(2n + 2)l - x]/w$, mit $n = 0, 1, 2, \ldots$ Betrachtet man diese Ausdrücke nacheinander für die Werte $n = 0, 1, 2, \ldots$, so erhält man das folgende Bild:

$t = x/w$ ist die Wellenfront der vom Generator erregten, in der positiven x-Richtung fortschreitenden Welle.
$t = (2\,l - x)/w$ ist die Wellenfront der, am Ende der Leitung reflektierten, primären Welle.
$t = (2\,l + x)/w$ ist die Front der Welle, die einmal am Ende und danach einmal am Anfang der Leitung reflektiert ist.
$t = (4\,l - x)/w$ ist die Front der Welle, die am Ende, danach am Anfang und wiederum am Ende der Leitung reflektiert ist.

In dieser Weise sind alle Glieder der Reihen aufzufassen. Die Geschwindigkeit aller dieser Wellen ist gleich w. Der in Gl. (6.15) auftretende Faktor $E(p)\,Z_0/(Z_0 + Z_1)$ gibt im p-Bereich an, welcher Teil der EMK des Generators auf den Anfang der Leitung kommt. Dieser wird bei jeder Reflexion am Ende der Leitung mit r_2 und bei jeder Reflexion am Anfang der Leitung mit r_1 multipliziert. Die Faktoren r_1 und r_2 werden häufig Reflexionsfaktoren genannt.

Zur Erläuterung der erhaltenen Formeln betrachten wir den Spezialfall, daß $Z_1 = R_1$ und $Z_2 = R_2$, wo R_1 und R_2 Widerstände sind, also von p unabhängig. Hiermit sind auch

$$r_1 = \frac{R_1 - Z_0}{R_1 + Z_0} \tag{6.17}$$

und

$$r_2 = \frac{R_2 - Z_0}{R_2 + Z_0} \tag{6.18}$$

von p unabhängig. Durch Anwendung des Verschiebungssatzes erhält man die folgenden Ausdrücke für die Spannung bzw. den Strom im t-Bereich

$$v(x, t) = \frac{Z_0}{R_1 + Z_0} \left\{ \sum_{n=0}^{\infty} (r_1 r_2)^n e\left[t - \frac{(x + 2nl)}{w}\right] + \right.$$
$$\left. + \sum_{n=0}^{\infty} r_1^n r_2^{n+1} e\left[t - \frac{\{(2n+2)l - x\}}{w}\right]\right\} \tag{6.19}$$

und

$$i(x, t) = \frac{1}{R_1 + Z_0} \left\{ \sum_{n=0}^{\infty} (r_1 r_2)^n e\left[t - \frac{(x + 2nl)}{w}\right] - \right.$$
$$\left. - \sum_{n=0}^{\infty} r_1^n r_2^{n+1} e\left[t - \frac{\{(2n+2)l - x\}}{w}\right]\right\}. \tag{6.20}$$

Es wird instruktiv sein, für eine spezielle Wahl von R_1, R_2 und $e(t)$ die Spannung am Anfang der Leitung zu untersuchen. Wir setzen $R_1 = R_2 = 2Z_0$ und $e(t) = EH(t)$. Dann ist $r_1 = r_2 = 1/3$, also

$$v(0, t) = \frac{1}{3} E \left\{ \sum_{n=0}^{\infty} \left(\frac{1}{3}\right)^{2n} H(t - 2nl/w) + \right.$$
$$\left. + \sum_{n=0}^{\infty} \left(\frac{1}{3}\right)^{2n+1} H\left[t - \frac{(2n+2)l}{w}\right]\right\}. \tag{6.21}$$

Auswertung gibt

$$v(0, t) = \frac{1}{3} E H(t) +$$
$$+ \frac{4}{27} E H(t - 2l/w) +$$
$$+ \frac{4}{243} E H(t - 4l/w) + \cdots \tag{6.22}$$

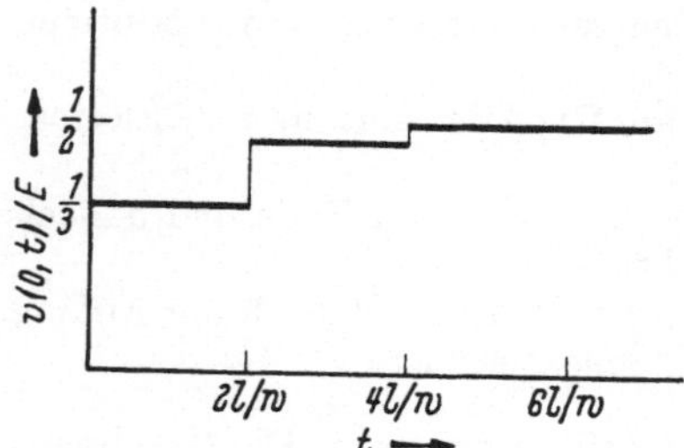

Abb. 62. Spannungsverlauf am Anfang der Leitung nach Abb. 61, falls $R_1 = R_2 = 2Z_0$ und $E(p) = E/p$

Abb. 62 gibt den Verlauf dieser Spannung.

§ 7. Die verzerrungsfreie Leitung endlicher Länge

Wir betrachten den Einschaltvorgang auf einer verzerrungsfreien Leitung der Länge l (Abb. 63) infolge des Einschaltens eines Generators mit EMK $e(t)$, dessen innere Impedanz im p-Bereich $Z_1(p)$ ist. Am

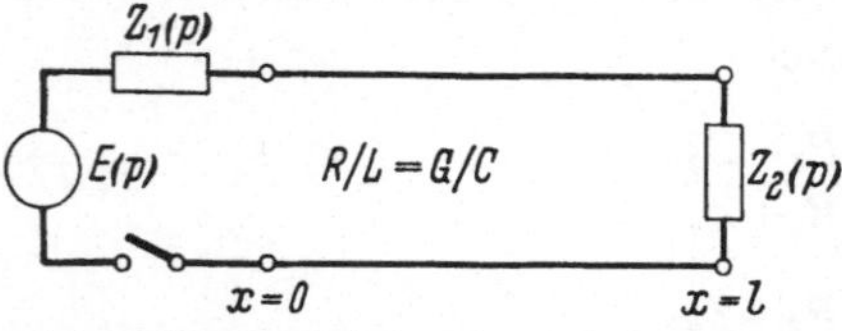

Abb. 63. Verzerrungsfreie Leitung endlicher Länge

Ende ($x = l$) ist diese Leitung abgeschlossen mit einer Schaltung, deren Impedanz im p-Bereich $Z_2(p)$ sei. Wir setzen voraus, daß für $t < 0$ keine Ströme und Spannungen anwesend sind. Die Konstanten der Leitung genügen der Beziehung (vgl. § 4)

$$\frac{R}{L} = \frac{G}{C} = \alpha. \tag{7.1}$$

Aus der Differentialgleichung für die Spannung im p-Bereich,

$$\frac{d^2 V}{dx^2} - \gamma^2 V = 0, \tag{7.2}$$

wo

$$\gamma = [(pL + R)(pC + G)]^{1/2} = \frac{(p + \alpha)}{w} \tag{7.3}$$

mit

$$w = (LC)^{-1/2}, \tag{7.4}$$

erhalten wir die allgemeine Lösung

$$V(x;p) = A\,e^{-\gamma x} + B\,e^{\gamma x}. \tag{7.5}$$

Der Strom $I(x;p)$ folgt aus der Spannung mittels der Gleichung

$$I(x;p) = -\frac{1}{pL + R}\,\frac{dV}{dx}. \tag{7.6}$$

Deshalb ist

$$I(x;p) = \frac{1}{Z_0}[A\,e^{-\gamma x} - B\,e^{\gamma x}], \tag{7.7}$$

wo

$$Z_0 = \left(\frac{pL + R}{pC + G}\right)^{1/2} = \left(\frac{L}{C}\right)^{1/2}. \tag{7.8}$$

Die Konstanten A und B bestimmen wir aus den Randbedingungen an den Stellen $x = 0$ und $x = l$, nämlich

$$V(0;p) = E(p) - I(0;p)\,Z_1(p), \tag{7.9}$$

$$V(l;p) = I(l;p)\,Z_2(p). \tag{7.10}$$

Hieraus ergibt sich nach einfacher Rechnung

$$A = E(p)\frac{Z_0}{Z_1 + Z_0}\frac{1}{1 - r_1 r_2 e^{-2\gamma l}}, \tag{7.11}$$

$$B = E(p)\frac{Z_0}{Z_1 + Z_0}\frac{r_2 e^{-2\gamma l}}{1 - r_1 r_2 e^{-2\gamma l}}, \tag{7.12}$$

wo

$$r_1 = \frac{Z_1 - Z_0}{Z_1 + Z_0} \tag{7.13}$$

und

$$r_2 = \frac{Z_2 - Z_0}{Z_2 + Z_0}. \tag{7.14}$$

Hiermit wird

$$V(x;p) = E(p)\frac{Z_0}{Z_1 + Z_0}\frac{e^{-\gamma x} + r_2 e^{-\gamma(2l - x)}}{1 - r_1 r_2 e^{-2\gamma l}} \tag{7.15}$$

und

$$I(x;p) = E(p)\frac{1}{Z_1 + Z_0}\frac{e^{-\gamma x} - r_2 e^{-\gamma(2l - x)}}{1 - r_1 r_2 e^{-2\gamma l}}. \tag{7.16}$$

Wir werden nun versuchen, auch hier $v(x, t)$ und $i(x, t)$ darzustellen in der Form einer unendlichen Reihe von Wanderwellen der Leitung entlang. Dazu schreiben wir

$$\frac{1}{1 - r_1 r_2 e^{-2\gamma l}} = \sum_{n=0}^{\infty} (r_1 r_2)^n e^{-2n\gamma l}. \tag{7.17}$$

Diese Reihe ist wiederum absolut konvergent wenn der Realteil von p genügend groß positiv ist. Zur Deutung dieser Reihe als ein Wellensystem müssen wir voraussetzen, daß die Größen r_1 und r_2 algebraische Funktionen von p sind. Einsetzen in Gl. (7.15) und Gl. (7.16) gibt

$$V(x;p) = E(p) \frac{Z_0}{Z_1 + Z_0} \left\{ \sum_{n=0}^{\infty} (r_1 r_2)^n e^{-\gamma(x + 2nl)} + \right.$$
$$\left. + \sum_{n=0}^{\infty} r_1^n r_2^{n+1} e^{-\gamma[(2n+2)l-x]} \right\} \tag{7.18}$$

und

$$I(x;p) = E(p) \frac{1}{Z_1 + Z_0} \left\{ \sum_{n=0}^{\infty} (r_1 r_2)^n e^{-\gamma(x + 2nl)} - \right.$$
$$\left. - \sum_{n=0}^{\infty} r_1^n r_2^{n+1} e^{-\gamma[(2n+2)l-x]} \right\}. \tag{7.19}$$

Die Identifizierung der Glieder der rechten Seite von Gl. (7.18) und Gl. (7.19) mit Wellen, die in der positiven bzw. negativen x-Richtung fortschreiten, geschieht in ähnlicher Weise wie in § 6.

Zur Erläuterung der erhaltenen Formeln betrachten wir den Spezialfall, daß die Impedanzen Z_1 und Z_2 Widerstände sind, also von p unabhängig. Setzen wir $Z_1 = R_1$ und $Z_2 = R_2$, so sind auch

$$r_1 = \frac{R_1 - Z_0}{R_1 + Z_0} \tag{7.20}$$

und

$$r_2 = \frac{R_2 - Z_0}{R_2 + Z_0} \tag{7.21}$$

von p unabhängig. Da $\gamma = (p + \alpha)/w$, [vgl. Gl. (7.3)] ist, ergibt die Anwendung des Verschiebungssatzes die folgenden Ausdrücke für die Spannung bzw. den Strom im t-Bereich

$$v(x, t) = \frac{Z_0}{R_1 + Z_0} \left\{ \sum_{n=0}^{\infty} (r_1 r_2)^n \exp\left[-\alpha \frac{(x + 2nl)}{w}\right] e\left[t - \frac{(x + 2nl)}{w}\right] + \right.$$
$$+ \sum_{n=0}^{\infty} r_1^n r_2^{n+1} \exp\left[-\alpha \frac{\{(2n+2)l - x\}}{w}\right] \cdot \tag{7.22}$$
$$\left. \cdot e\left[t - \frac{\{(2n+2)l - x\}}{w}\right] \right\}$$

und

$$i(x,\,t)=\frac{1}{R_1+Z_0}\left\{\sum_{n=0}^{\infty}(r_1\,r_2)^n\exp\left[-\alpha\,\frac{(x+2n\,l)}{w}\right]e\left[t-\frac{(x+2n\,l)}{w}\right]-\right.$$

$$-\sum_{n=0}^{\infty}r_1^n\,r_2^{n+1}\exp\left[-\alpha\,\frac{\{(2n+2)\,l-x\}}{w}\right]\cdot\tag{7.23}$$

$$\left.\cdot\,e\left[t-\frac{\{(2n+2)\,l-x\}}{w}\right]\right\}.$$

Auch hier stellt jedes Glied entweder eine Welle dar, welche in der positiven x-Richtung fortschreitet, oder eine Welle, welche in der negativen x-Richtung zurückläuft. Die Ausbreitungsgeschwindigkeit ist gleich w. Neben den Reflexionen am Ende und am Anfang der Leitung tritt jetzt Dämpfung auf. Jede Welle bleibt aber ihrer Form nach ungeändert; dies ist nur der Fall, wenn die Konstanten der Leitung der Beziehung $R/L = G/C$ genügen.

§ 8. Die verlustbehaftete Leitung endlicher Länge

Wir betrachten den Einschaltvorgang auf einer verlustbehafteten Leitung der Länge l (Abb. 64) infolge des Einschaltens eines Generators am Anfang der Leitung ($x = 0$), dessen EMK $e(t)$ und dessen innere Impedanz im p-Bereich $Z_1(p)$ ist. Wir setzen voraus, daß für $t < 0$ keine Ströme und Spannungen anwesend sind. Die Konstanten der Leitung R, L, G und C sind willkürlich. Für die Spannung und den Strom im p-Bereich erhalten wir die folgenden Ausdrücke

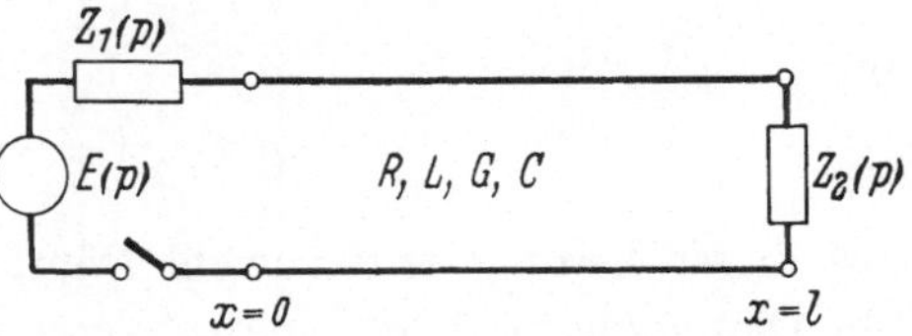

Abb. 64. Verlustbehaftete Leitung endlicher Länge

$$V(x;p)=A\,\mathrm{e}^{-\gamma x}+B\,\mathrm{e}^{\gamma x},\tag{8.1}$$

$$I(x;p)=\frac{1}{Z_0}[A\,\mathrm{e}^{-\gamma x}-B\,\mathrm{e}^{\gamma x}],\tag{8.2}$$

wo

$$\gamma=[(p\,L+R)\,(p\,G+C)]^{1/2}\tag{8.3}$$

und

$$Z_0=\left(\frac{p\,L+R}{p\,C+G}\right)^{1/2}.\tag{8.4}$$

Aus den Randbedingungen bei $x = 0$ und $x = l$ lassen sich die Konstanten A und B bestimmen. Ähnlich wie in Gl. (7.15) und Gl. (7.16) erhalten wir

$$V(x;p)=E(p)\,\frac{Z_0}{Z_1+Z_0}\,\frac{\mathrm{e}^{-\gamma x}+r_2\,\mathrm{e}^{-\gamma(2l-x)}}{1-r_1\,r_2\,\mathrm{e}^{-2\gamma l}}\tag{8.5}$$

und

$$I(x;p) = E(p)\,\frac{1}{Z_1+Z_0}\,\frac{\mathrm{e}^{-\gamma x}-r_2\,\mathrm{e}^{-\gamma(2l-x)}}{1-r_1 r_2\,\mathrm{e}^{-2\gamma l}}\,, \tag{8.6}$$

mit

$$r_1 = \frac{Z_1-Z_0}{Z_1+Z_0} \tag{8.7}$$

und

$$r_2 = \frac{Z_2-Z_0}{Z_2+Z_0}\,. \tag{8.8}$$

Auch hier erhalten wir eine Entwicklung nach Wanderwellen auf der Leitung, wenn wir schreiben

$$\frac{1}{1-r_1 r_2\,\mathrm{e}^{-2\gamma l}} = \sum_{n=0}^{\infty} (r_1 r_2)^n\,\mathrm{e}^{-2n\gamma l}\,. \tag{8.9}$$

Das Resultat ist ähnlich den Gleichungen (7.18) und (7.19). Für Berechnungen an diesen Leitungen wird es vorteilhaft sein, die Funktionen γ und Z_0 in die folgende Form zu bringen

$$\gamma = \frac{1}{w}\,[(p+\varrho)^2 - \sigma^2]^{1/2} \tag{8.10}$$

und

$$Z_0 = \frac{[(p+\varrho)^2 - \sigma^2]^{1/2}}{w\,(p\,C+G)}\,, \tag{8.11}$$

wo

$$w = (L\,C)^{-1/2}\,, \tag{8.12}$$

$$\varrho = \frac{1}{2}\left(\frac{R}{L}+\frac{G}{C}\right) \tag{8.13}$$

und

$$\sigma = \frac{1}{2}\left(\frac{R}{L}-\frac{G}{C}\right)\,. \tag{8.14}$$

Auf dieser Leitung tritt sowohl Dämpfung als Verzerrung auf; ϱ ist das Dämpfungsmaß und σ das Verzerrungsmaß. Die Transformation zum p-Bereich ist meistens kompliziert und ohne Spezifizierung von Z_1 und Z_2 auch nicht möglich. Für die Behandlung eines Problems dieser Art sei der Leser hingewiesen auf die Literatur (SCHOUTEN [2]).

§ 9. Die verlustfreie Leitung endlicher Länge
mit homogener Anfangsladung

Bevor wir in § 10 den allgemeinen Ausgleichsvorgang betrachten, wo eine verlustbehaftete Leitung endlicher Länge l mit gegebener Anfangsspannung und gegebenem Anfangsstrom zur Zeit $t=0$ gleichzeitig an der Stelle $x=0$ gespeist wird von einem Generator mit innerer Impedanz und an der Stelle $x=l$ abgeschlossen wird mit einem Zweipol gegebener Impedanz, werden wir in diesem Paragrafen einen einfachen Spezialfall dieses Problems behandeln. Dazu wird der Fall betrachtet, daß ein verlustloses Leitungsstück mit homogener Anfangsladung an einem Ende offen ist und am anderen Ende über einen Widerstand R_2 entladen wird (Abb. 65). Für $t < 0$ sei die Spannung auf der Leitung gleich E; zur Zeit $t = 0$ wird der Schalter S_2 geschlossen. Wir fragen nach der Spannung $v(x, t)$ für $t > 0$. Aus Gl. (2.3) erhalten wir die folgende Differentialgleichung für die Transformierte $V(x; p)$ von $v(x, t)$

$$\frac{d^2 V}{dx^2} - \gamma^2 V = -p\,L\,C\,E\,, \qquad (9.1)$$

wo für die betrachtete Leitung

$$\gamma = p(L\,C)^{1/2} = \frac{p}{w}\,. \qquad (9.2)$$

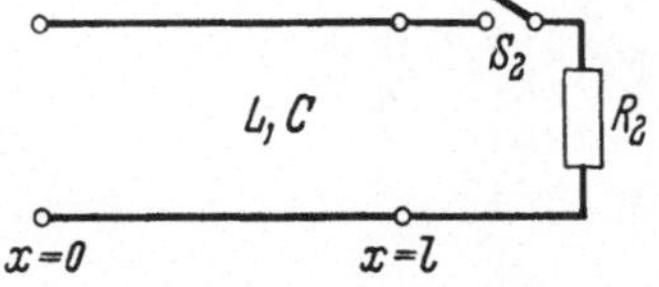

Abb. 65. Entladung eines Leitungsstücks über einen Widerstand

Die allgemeine Lösung dieser Gleichung wird nach bekannten Methoden zur Lösung gewöhnlicher Differentialgleichungen erhalten durch Addition der allgemeinen Lösung der homogenen Differentialgleichung und einer Partikularlösung der inhomogenen Gleichung. Die allgemeine Lösung der homogenen Gleichung haben wir schon eher bestimmt, vgl. Gl. (6.2). Eine Partikularlösung von Gl. (9.1) ist gegeben durch $V = E/p$. Die allgemeine Lösung von Gl. (9.1) ist deshalb

$$V(x; p) = A\,e^{-px/w} + B\,e^{px/w} + \frac{E}{p}\,. \qquad (9.3)$$

Aus Gl. (9.3) und der Beziehung

$$I(x; p) = -\frac{1}{pL}\frac{dV}{dx} \qquad (9.4)$$

finden wir für den Strom

$$I(x; p) = \frac{1}{Z_0}\left[A\,e^{-px/w} - B\,e^{px/w}\right]\,, \qquad (9.5)$$

wo

$$Z_0 = \left(\frac{L}{C}\right)^{1/2}\,. \qquad (9.6)$$

Aus den Randbedingungen für $x = 0$ und $x = l$, nämlich

$$I(0; p) = 0\,, \qquad (9.7)$$

$$V(l; p) = R_2 I(l; p)\,, \qquad (9.8)$$

ergeben sich nach einfacher Rechnung die folgenden Werte der Konstanten A und B:

$$A = B = -\frac{E}{p}\frac{Z_0}{R_2 + Z_0}\frac{e^{-pl/w}}{1 - r_2\,e^{-2pl/w}}\,, \qquad (9.9)$$

mit

$$r_2 = \frac{R_2 - Z_0}{R_2 + Z_0}\,. \qquad (9.10)$$

Deshalb ist

$$V(x; p) = \frac{E}{p} - \frac{E}{p}\frac{Z_0}{R_2 + Z_0}\frac{e^{-pl/w}}{1 - r_2\,e^{-2pl/w}}\left[e^{-px/w} + e^{px/w}\right]. \qquad (9.11)$$

Eine Entwicklung nach Wanderwellen erhalten wir, wenn wir schreiben

$$\frac{1}{1 - r_2\, e^{-2\,p\,l/w}} = \sum_{n=0}^{\infty} r_2^n\, e^{-2\,n\,l\,p/w}. \qquad (9.12)$$

Nach Einsetzen dieser Entwicklung bekommen wir

$$V(x;p) = \frac{E}{p} - \frac{E}{p}\,\frac{Z_0}{R_2 + Z_0}\left\{ \sum_{n=0}^{\infty} r_2^n\, e^{-p[(2\,n+1)\,l+x]/w} + \right.$$
$$\left. + \sum_{n=0}^{\infty} r_2^n\, e^{-p[(2\,n+1)\,l-x]/w} \right\}. \qquad (9.13)$$

Zuerst betrachten wir den Fall, daß R_2 gleich dem Wellenwiderstand Z_0 ist. Dann ist $r_2 = 0$ und

$$V(x;p) = \frac{E}{p} - \frac{1}{2}\,\frac{E}{p}\left[e^{-p(l-x)/w} + e^{-p(l+x)/w}\right]. \qquad (9.14)$$

Transformieren zum t-Bereich gibt mit Hilfe des Verschiebungssatzes

$$v(x,t) = E\,H(t) - \frac{1}{2}\,E\,H\left(t - \frac{l-x}{w}\right) - \frac{1}{2}\,E\,H\left(t - \frac{l+x}{w}\right). \qquad (9.15)$$

Betrachtet man diesen Ausdruck, so erhält man das folgende Bild:

$$\text{für}\quad 0 < t < \frac{(l-x)}{w}\quad \text{ist}\quad v(x,t) = E;$$

$$\text{für}\quad \frac{(l-x)}{w} < t < \frac{(l+x)}{w}\quad \text{ist}\quad v(x,t) = \frac{1}{2}\,E;$$

$$\text{für}\quad \frac{(l+x)}{w} < t < \infty\quad \text{ist}\quad v(x,t) = 0.$$

Hieraus sieht man, daß im Zeitpunkt des Schließens des Schalters, vom Ende $x = l$ der Leitung eine Rechteckwelle vom Werte $-\frac{1}{2}E$ in der negativen x-Richtung zu laufen beginnt. Nachdem diese Welle am Anfang $x = 0$ der Leitung reflektiert ist, läuft in der positiven x-Richtung eine Welle, wiederum mit dem Werte $-\frac{1}{2}E$, welche die Spannung auf der Leitung aufhebt. Nachdem die Front dieser letzten Welle vorbeigegangen ist, gibt es auf der Leitung keine Spannung mehr.

Zum Schluß betrachten wir den Fall, daß $R_2 \neq Z_0$; dann ist also $r_2 \neq 0$. Transformieren der Gl. (9.13) zum t-Bereich gibt, da R_2 und Z_0 von p unabhängig sind, mit Hilfe des Verschiebungssatzes

$$v(x,t) = E\,H(t) - E\,\frac{Z_0}{R_2 + Z_0}\left\{ \sum_{n=0}^{\infty} r_2^n\, H\left[t - \frac{(2\,n+1)\,l-x}{w}\right] + \right.$$
$$\left. + \sum_{n=0}^{\infty} r_2^n\, H\left[t - \frac{(2\,n+1)\,l+x}{w}\right] \right\}. \qquad (9.16)$$

Auf der rechten Seite von Gl. (9.16) sind die Glieder der ersten Reihe Rechteckwellen, welche in der negativen x-Richtung laufen und die Glieder der zweiten Reihe Rechteckwellen, welche in der positiven

x-Richtung laufen. Bei jeder Reflexion am Ende der Leitung wird die Amplitüde mit einem Faktor r_2 multipliziert; bei jeder Reflexion am Anfang der Leitung behält die Amplitude der Spannungswelle ihren Wert.

Zur Erläuterung des Ausdrucks (9.16) geben wir explizite Formeln für die Spannung $v(l, t)$ am Ende der Leitung wenn $r_2 = 1/3$ bzw. $r_2 = -1/3$.

Der Fall $R_2 = 2 Z_0$, also $r_2 = 1/3$, gibt (Abb. 66)

$$v(l, t) = E H(t) - \frac{1}{3} E \left\{ \sum_{n=0}^{\infty} \left(\frac{1}{3}\right)^n H\left[t - \frac{2nl}{w}\right] + \sum_{n=0}^{\infty} \left(\frac{1}{3}\right)^n H\left[t - \frac{(2n+2)l}{w}\right] \right\} =$$

$$= E \left\{ \frac{2}{3} H(t) - \frac{4}{9} H\left(t - \frac{2l}{w}\right) - \frac{4}{27} H\left(t - \frac{4l}{w}\right) - \frac{4}{81} H\left(t - \frac{6l}{w}\right) - \cdots \right\}.$$

$$(9.17)$$

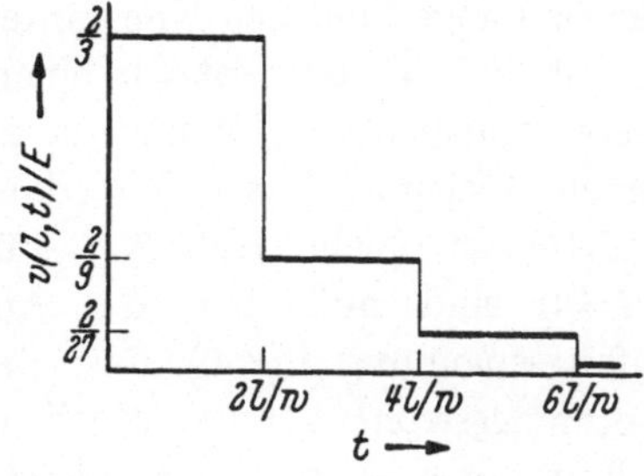

Abb. 66. Spannungsverlauf am Ende der Leitung nach Abb. 65, falls $R_2 = 2 Z_0$ und $v(x, t) = E$ für $t < 0$

Abb. 67. Spannungsverlauf am Ende der Leitung nach Abb. 65, falls $R_2 = Z_0/2$ und $v(x, t) = E$ für $t < 0$

Der Fall $R_2 = \frac{1}{2} Z_0$, also $r_2 = -1/3$, gibt (Abb. 67)

$$v(l, t) = E H(t) - \frac{2}{3} E \left\{ \sum_{n=0}^{\infty} \left(-\frac{1}{3}\right)^n H\left[t - \frac{2nl}{w}\right] + \right.$$

$$\left. + \sum_{n=0}^{\infty} \left(-\frac{1}{3}\right)^n H\left[t - \frac{(2n+2)l}{w}\right] \right\} = \qquad (9.18)$$

$$= E \left\{ \frac{1}{3} H(t) - \frac{4}{9} H\left(t - \frac{2l}{w}\right) + \frac{4}{27} H\left(t - \frac{4l}{w}\right) - \frac{4}{81} H\left(t - \frac{6l}{w}\right) + \cdots \right\}.$$

Schließlich gibt Abb. 68 noch die Spannung $v(l, t)$ wenn $R_2 = Z_0$, also $r_2 = 0$.

Die hier betrachtete Entladung eines homogen geladenen, verlustlosen, Leitungsstücks über einen Widerstand kann benutzt werden zur Erzeugung eines Rechteckspannungsimpulses mittels der Schaltung nach Abb. 69. Dazu

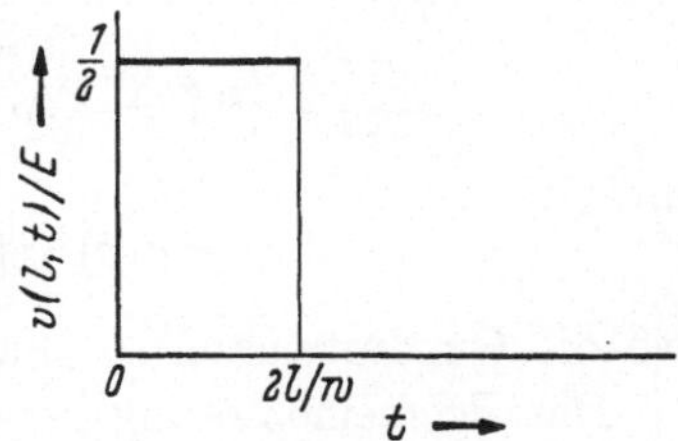

Abb. 68. Spannungsverlauf am Ende der Leitung nach Abb. 65, falls $R_2 = Z_0$ und $v(x, t) = E$ für $t < 0$

wird zuerst bei geöffnetem Schalter S_2 das Leitungsstück mit Hilfe einer Gleichspannungsquelle über einen Widerstand R_1 auf die Spannung E gebracht und danach der Schalter S_1 geöffnet und S_2 geschlossen. Aus den obengegebenen Abbildungen sieht man, daß zur Erzeugung eines reinen Rechteckimpulses der Widerstand R_2 gleich Z_0 sein soll.

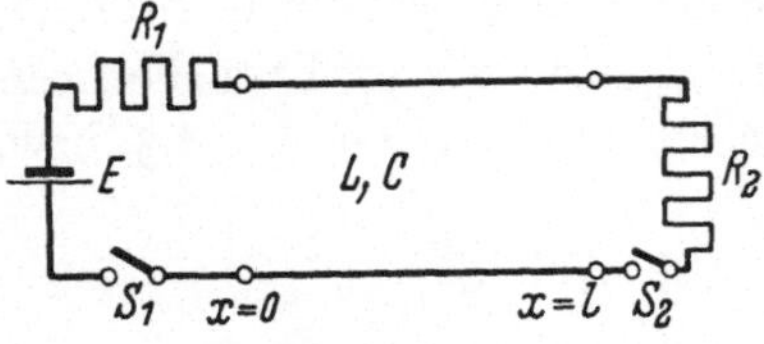

Abb. 69. Generatorschaltung für Rechteckspannungsimpulse

§ 10. Allgemeine Behandlung eines verlustbehafteten Leitungsstücks unter Berücksichtigung willkürlicher Anfangsbedingungen

Eine verlustbehaftete Leitung endlicher Länge l mit den Konstanten R, L, G und C wird von $t = 0$ ab an der Stelle $x = 0$ gespeist von einem Generator mit EMK $e = e(t)$ und innerer Impedanz $Z_1(p)$ und ist an der Stelle $x = l$ abgeschlossen mit einem Zweipol, dessen Impedanz $Z_2(p)$ ist (siehe Abb. 70). Für $t = 0$ sind außerdem die Anfangsspannung $v(x, 0)$ und der Anfangsstrom $i(x, 0)$ gegebene Funktionen von x. In diesem Paragraphen werden wir uns beschäftigen mit der Bestimmung der transformierten Größen

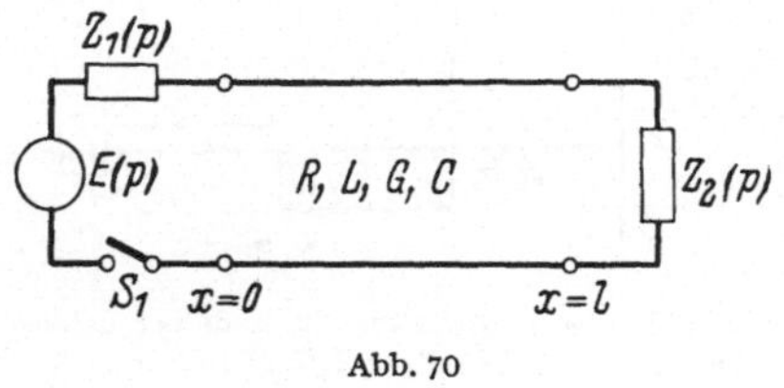

Abb. 70

$V = V(x; p)$ und $I = I(x; p)$. In § 2 haben wir schon die Differentialgleichungen für V und I erhalten [vgl. Gl. (2.1) und Gl. (2.2)]

$$(p L + R) I + \frac{dV}{dx} = L i(x, 0), \tag{10.1}$$

$$(p C + G) V + \frac{dI}{dx} = C v(x, 0). \tag{10.2}$$

Diese Gleichungen führen zu [vgl. Gl. (2.3) und Gl. (2.4)]

$$\frac{d^2 V}{dx^2} - \gamma^2 V = -(p L + R) C v(x, 0) + L \frac{di(x, 0)}{dx}, \tag{10.3}$$

$$\frac{d^2 I}{dx^2} - \gamma^2 I = -(p C + G) L x(i, 0) + C \frac{dv(x, 0)}{dx}, \tag{10.4}$$

mit

$$\gamma = \gamma(p) = [(p L + R)(p C + G)]^{1/2}, \tag{10.5}$$

wo die Quadratwurzel so gewählt wird, daß $\mathrm{Re}\,\gamma > 0$.

Die allgemeine Lösung dieser Gleichungen wird nach bekannten Sätzen aus der Theorie gewöhnlicher Differentialgleichungen erhalten durch Addition der allgemeinen Lösung der homogenen Gleichungen und einer

Partikularlösung der inhomogenen Gleichung. Die allgemeine Lösung der homogenen Gleichungen, d. h. der Wert von V und I für den die Anfangsspannung und der Anfangsstrom identisch verschwinden, ist gegeben durch

$$V = A\,\mathrm{e}^{-\gamma x} + B\,\mathrm{e}^{\gamma x} \qquad (10.6)$$

und

$$I = \frac{1}{Z_0}\left[A\,\mathrm{e}^{-\gamma x} - B\,\mathrm{e}^{\gamma x}\right], \qquad (10.7)$$

wo

$$Z_0 = \left(\frac{p\,L+R}{p\,C+G}\right)^{1/2}. \qquad (10.8)$$

Das nächste Problem ist die Bestimmung einer Partikularlösung der Gln. (10.1) und (10.2). Hierbei gehen wir so vor, daß wir zuerst die Partikularlösung bestimmen, für die nur die Anfangsspannung nicht verschwindet, und danach die Partikularlösung, für die nur der Anfangsstrom nicht verschwindet. Superposition dieser beiden Lösungen gibt dann das gesuchte Resultat.

Wenn $i(x, 0) = 0$ ist, so ist eine Lösung der Gl. (10.3) gegeben durch

$$V = \frac{1}{2}\,C\,Z_0 \int_0^l \mathrm{e}^{-\gamma|x-\xi|}\,v(\xi, 0)\,d\xi. \qquad (10.9)$$

Den zu dieser Spannung gehörenden Strom findet man aus Gl. (10.1), wo dann $i(x, 0) = 0$ gesetzt werden soll. Durch Spaltung des Integrationsbereiches in die Intervalle $0 < \xi < x$ und $x < \xi < l$ und zweimal Differenzieren nach x ist leicht nachzuweisen, daß (10.9) in der Tat der Gl. (10.3) genügt für $i(x, 0) = 0$.

Ebenso ist, wenn $v(x, 0) = 0$ ist, eine Lösung der Gl. (10.4) gegeben durch

$$I = \frac{1}{2}\,\frac{L}{Z_0} \int_0^l \mathrm{e}^{-\gamma|x-\xi|}\,i(\xi, 0)\,d\xi. \qquad (10.10)$$

Die zu diesem Strome gehörende Spannung findet man aus Gl. (10.2), wo für diesen Fall $v(x, 0) = 0$ gesetzt werden soll. Eine Partikularlösung der Gln. (10.1) und (10.2), falls sowohl $v(x, 0) \neq 0$ als $i(x, 0) \neq 0$ ist, wird gewonnen, wenn man die soeben erhaltenen Lösungen superponiert. In dieser Weise ergibt sich

$$V = \frac{1}{2}C\,Z_0 \int_0^l \mathrm{e}^{-\gamma|x-\xi|}\,v(\xi, 0)\,d\xi - \frac{1}{2}\,\frac{L}{\gamma}\,\frac{d}{dx} \int_0^l \mathrm{e}^{-\gamma|x-\xi|}\,i(\xi, 0)\,d\xi \qquad (10.11)$$

und

$$I = \frac{1}{2}\,\frac{L}{Z_0} \int_0^l \mathrm{e}^{-\gamma|x-\xi|}\,i(\xi, 0)\,d\xi - \frac{1}{2}\,\frac{C}{\gamma}\,\frac{d}{dx} \int_0^l \mathrm{e}^{-\gamma|x-\xi|}\,v(\xi, 0)\,d\xi. \qquad (10.12)$$

Es ist leicht nachzuprüfen, daß der Ausdruck (10.11) in der Tat der Gl. (10.3) genügt und daß der Ausdruck (10.12) die Gl. (10.4) befriedigt. Ausführen der Differentiation im letzten Gliede der Gl. (10.11) gibt

$$\frac{d}{dx}\int_0^l e^{-\gamma|x-\xi|}\,i(\xi,0)\,d\xi =$$

$$=\frac{d}{dx}\left\{\int_0^x e^{-\gamma(x-\xi)}\,i(\xi,0)\,d\xi+\int_x^l e^{\gamma(x-\xi)}\,i(\xi,0)\,d\xi\right\}=$$

$$=-\gamma\int_0^x e^{-\gamma(x-\xi)}\,i(\xi,0)\,d\xi+\gamma\int_x^l e^{\gamma(x-\xi)}\,i(\xi,0)\,d\xi .$$

Das Resultat können wir schreiben in der Form

$$V=\int_0^x e^{-\gamma(x-\xi)}\,F(\xi)\,d\xi+\int_x^l e^{\gamma(x-\xi)}\,G(\xi)\,d\xi , \tag{10.13}$$

wo

$$F(\xi)=\frac{1}{2}L\,i(\xi,0)+\frac{1}{2}C\,Z_0\,v(\xi,0) \tag{10.14}$$

und

$$G(\xi)=-\frac{1}{2}L\,i(\xi,0)+\frac{1}{2}C\,Z_0\,v(\xi,0) . \tag{10.15}$$

In ähnlicher Weise wird der Strom, welcher der totalen Partikularlösung entspricht,

$$I=\frac{1}{Z_0}\int_0^x e^{-\gamma(x-\xi)}\,F(\xi)\,d\xi-\frac{1}{Z_0}\int_x^l e^{\gamma(x-\xi)}\,G(\xi)\,d\xi . \tag{10.16}$$

Die allgemeine Lösung unserer Differentialgleichungen (10.1) und (10.2) ist daher gegeben durch

$$V(x;p)=A\,e^{-\gamma x}+B\,e^{\gamma x}+e^{-\gamma x}\int_0^x e^{\gamma\xi}F(\xi)\,d\xi+e^{\gamma x}\int_x^l e^{-\gamma\xi}G(\xi)\,d\xi \tag{10.17}$$

und

$$I(x;p)Z_0=A\,e^{-\gamma x}-B\,e^{\gamma x}+e^{-\gamma x}\int_0^x e^{\gamma\xi}F(\xi)\,d\xi-e^{\gamma x}\int_x^l e^{-\gamma\xi}G(\xi)\,d\xi . \tag{10.18}$$

Aus den Randbedingungen für $x=0$ und $x=l$, nämlich

$$V(0;p)+I(0;p)Z_1(p)=E(p) , \tag{10.19}$$

$$V(l;p)-I(l;p)Z_2(p)=0 , \tag{10.20}$$

ergeben sich die folgenden Gleichungen zur Bestimmung von A und B

$$A - r_1 B = \frac{Z_0}{Z_1 + Z_0}\, E(p) + r_1 \int_0^l e^{-\gamma\xi}\, G(\xi)\, d\xi\,, \qquad (10.21)$$

$$- A\, r_2\, e^{-2\gamma l} + B = r_2\, e^{-2\gamma l} \int_0^l e^{\gamma\xi}\, F(\xi)\, d\xi\,, \qquad (10.22)$$

wo

$$r_1 = r_1(p) = \frac{Z_1 - Z_0}{Z_1 + Z_0} \qquad (10.23)$$

und

$$r_2 = r_2(p) = \frac{Z_2 - Z_0}{Z_2 + Z_0}\,. \qquad (10.24)$$

Aus Gl. (10.21) und Gl. (10.22) wird nach einiger Rechnung erhalten

$$A = \frac{1}{N} \left\{ \frac{Z_0}{Z_1 + Z_0}\, E(p) + r_1 \int_0^l e^{-\gamma\xi}\, G(\xi)\, d\xi + r_1 r_2\, e^{-2\gamma l} \int_0^l e^{\gamma\xi}\, F(\xi)\, d\xi \right\}$$

$$(10.25)$$

und

$$B = \frac{r_2\, e^{-2\gamma l}}{N} \left\{ \frac{Z_0}{Z_1 + Z_0}\, E(p) + r_1 \int_0^l e^{-\gamma\xi}\, G(\xi)\, d\xi + \int_0^l e^{\gamma\xi}\, F(\xi)\, d\xi \right\},$$

$$(10.26)$$

mit

$$N = N(p) = 1 - r_1 r_2\, e^{-2\gamma l}\,. \qquad (10.27)$$

Die Ausdrücke (10.25) und (10.26) für A bzw. B müssen jetzt in die Formeln (10.17) und (10.18) für $V(x; p)$ bzw. $I(x; p)$ eingesetzt werden. Dieses Ergebnis kann noch in einer einfacheren Form geschrieben werden wenn wir die folgende Herleitung anwenden

$$e^{-\gamma x} \int_0^x e^{\gamma\xi}\, F(\xi)\, d\xi + \frac{r_1 r_2\, e^{-\gamma(2l+x)}}{N} \int_0^l e^{\gamma\xi}\, F(\xi)\, d\xi =$$

$$= \frac{e^{-\gamma x}}{N} \int_0^x e^{\gamma\xi}\, F(\xi)\, d\xi + \frac{r_1 r_2\, e^{-\gamma(2l+x)}}{N} \int_x^l e^{\gamma\xi}\, F(\xi)\, d\xi\,. \qquad (10.28)$$

Eine ähnliche Ableitung gilt für die Integrale, die $G(\xi)$ enthalten. In dieser Weise gelangen wir zu der endgültigen Antwort

$$V(x; p) = \frac{Z_0}{Z_1 + Z_0}\, E(p)\, \frac{e^{-\gamma x} + r_2\, e^{-\gamma(2l-x)}}{N} +$$

$$+ \frac{e^{-\gamma x} + r_2\, e^{-\gamma(2l-x)}}{N} \int_0^x [e^{\gamma\xi}\, F(\xi) + r_1\, e^{-\gamma\xi}\, G(\xi)]\, d\xi +$$

$$+ \frac{r_1\, e^{-\gamma x} + e^{\gamma x}}{N} \int_x^l [r_2\, e^{-\gamma(2l-\xi)}\, F(\xi) + e^{-\gamma\xi}\, G(\xi)]\, d\xi \qquad (10.29)$$

6*

und

$$I(x;p)\, Z_0 = \frac{Z_0}{Z_1 + Z_0}\, E(p)\, \frac{\mathrm{e}^{-\gamma x} - r_2\, \mathrm{e}^{-\gamma(2l-x)}}{N} +$$

$$+ \frac{\mathrm{e}^{-\gamma x} - r_2\, \mathrm{e}^{-\gamma(2l-x)}}{N} \int\limits_0^x \left[\mathrm{e}^{\gamma\xi}\, F(\xi) + r_1\, \mathrm{e}^{-\gamma\xi}\, G(\xi)\right] d\xi +$$

$$+ \frac{r_1\, \mathrm{e}^{-\gamma x} - \mathrm{e}^{\gamma x}}{N} \int\limits_x^l \left[r_2\, \mathrm{e}^{-\gamma(2l-\xi)}\, F(\xi) + \mathrm{e}^{-\gamma\xi}\, G(\xi)\right] d\xi . \tag{10.30}$$

Diese Formeln geben also die Spannung und den Strom im p-Bereich auf der Leitung unter Berücksichtigung einer gegebenen Verteilung der Anfangsspannung und des Anfangsstromes. Die Transformation zum t-Bereich ist im allgemeinen nicht durchzuführen, sondern nur möglich, wenn $Z_1(p)$ und $Z_2(p)$ explizit gegeben sind. Einige Beispiele für den Fall, daß die Anfangsspannung und der Anfangsstrom verschwinden, findet man schon in den Paragraphen 3–8. In § 11 und § 12 werden wir noch den Ausgleichsvorgang zufolge einer Anfangsspannung bzw. eines Anfangsstromes in Einzelheiten behandeln.

§ 11. Gegebene Anfangsspannung auf einem Leitungsstück, für welches $r_1 = r_2 = 1$

Für $t = 0$ sei auf dem Leitungsstück $0 < x < l$ eine Anfangsspannung $v(x, 0) = \varphi(x)$ vorgeschrieben, während der Anfangsstrom $i(x, 0) = 0$ ist. Die beiden Leitungsenden seien offen, also $r_1 = r_2 = 1$ (s. Abb. 71). Gefragt wird nach der Spannungs- und Stromverteilung längs der Leitung für $t > 0$. Aus Gl. (10.29) und Gl. (10.30) erhalten wir mit $E(p) = 0$, $Z_1(p) = \infty$, $Z_2(p) = \infty$, also $r_1 = r_2 = 1$:

Abb. 71. Leitungsstück mit gegebener Anfangsspannungsverteilung; $r_1 = r_2 = 1$

$$V(x;p) = \frac{C\, Z_0}{2}\, \frac{\mathrm{e}^{-\gamma x} + \mathrm{e}^{-\gamma(2l-x)}}{1 - \mathrm{e}^{-2\gamma l}} \int\limits_0^x \left[\mathrm{e}^{\gamma\xi} + \mathrm{e}^{-\gamma\xi}\right] \varphi(\xi)\, d\xi +$$

$$+ \frac{C\, Z_0}{2}\, \frac{\mathrm{e}^{-\gamma x} + \mathrm{e}^{\gamma x}}{1 - \mathrm{e}^{-2\gamma l}} \int\limits_x^l \left[\mathrm{e}^{-\gamma(2l-\xi)} + \mathrm{e}^{-\gamma\xi}\right] \varphi(\xi)\, d\xi \tag{11.1}$$

und

$$I(x;p) = \frac{C}{2}\, \frac{\mathrm{e}^{-\gamma x} - \mathrm{e}^{-\gamma(2l-x)}}{1 - \mathrm{e}^{-2\gamma l}} \int\limits_0^x \left[\mathrm{e}^{\gamma\xi} + \mathrm{e}^{-\gamma\xi}\right] \varphi(\xi)\, d\xi +$$

$$+ \frac{C}{2}\, \frac{\mathrm{e}^{-\gamma x} - \mathrm{e}^{\gamma x}}{1 - \mathrm{e}^{-2\gamma l}} \int\limits_x^l \left[\mathrm{e}^{-\gamma(2l-\xi)} + \mathrm{e}^{-\gamma\xi}\right] \varphi(\xi)\, d\xi . \tag{11.2}$$

In den hier vorkommenden Integralen ist die Funktion $\varphi(\xi)$ definiert im Intervall $0 \leq \xi \leq l$. Wir werden nun zeigen, daß wir einen unmittelbar zu interpretierenden Ausdruck für $V(x;p)$ und $I(x;p)$ erhalten werden, wenn aus der Funktion $\varphi(\xi)$ in geeigneter Weise durch Spiegelungen gegen $x = 0$ und $x = l$ eine Funktion $\Phi(\xi)$ konstruiert wird. Dazu betrachten wir die Glieder der rechten Seite von Gl. (11.1), welche den Faktor $\exp(-\gamma x)$ enthalten, und schreiben diese in der Form

$$\frac{C Z_0}{2(1 - e^{-2\gamma l})} \left\{ \int_x^{l+x} e^{-\gamma \eta} \varphi(\eta - x)\, d\eta - \int_x^0 e^{-\gamma \eta} \varphi(x - \eta)\, d\eta - \right.$$

$$\left. - \int_{2l}^{l+x} e^{-\gamma \eta} \varphi(x + 2l - \eta)\, d\eta \right\} = \tag{11.3}$$

$$= \frac{C Z_0}{2(1 - e^{-2\gamma l})} \int_0^{2l} e^{-\gamma \eta} \Phi(x - \eta)\, d\eta,$$

wenn

$$\Phi(\eta) = \varphi(\eta) \qquad (0 \leq \eta \leq l), \tag{11.4}$$

und $\Phi(\eta)$ außerhalb dieses Intervalls so fortgesetzt wird, daß für alle η

$$\Phi(\eta) = \Phi(-\eta) = \Phi(\eta + 2l). \tag{11.5}$$

Hieraus ist ersichtlich, daß die Funktion $\Phi(\eta)$ periodisch ist in η mit der Periode $2l$ (Abb. 72). Weiterhin ist

$$\frac{1}{1 - e^{-2\gamma l}} = \sum_{n=0}^{\infty} e^{-2n\gamma l}. \tag{11.6}$$

Abb. 72. Die fortgesetzte Spannungsverteilung $\Phi(\eta)$

Wegen der genannten Periodizität der Funktion $\Phi(\eta)$ können wir daher schreiben

$$\frac{C Z_0}{2} \frac{1}{1 - e^{-2\gamma l}} \int_0^{2l} e^{-\gamma \eta} \Phi(x - \eta)\, d\eta = \frac{C Z_0}{2} \int_0^{\infty} e^{-\gamma \eta} \Phi(x - \eta)\, d\eta. \tag{11.7}$$

In ähnlicher Weise sind die Glieder der rechten Seite von Gl. (11.1), die den Faktor $\exp(\gamma x)$ enthalten, wiederum mit Hilfe der Funktion $\Phi(\eta)$ umzuformen. So erhält man

$$V(x;p) = C Z_0 \int_0^{\infty} e^{-\gamma \eta} \left[\frac{1}{2} \Phi(x - \eta) + \frac{1}{2} \Phi(x + \eta) \right] d\eta. \tag{11.8}$$

Ebenso ist

$$I(x;p) = C \int_0^{\infty} e^{-\gamma \eta} \left[\frac{1}{2} \Phi(x - \eta) - \frac{1}{2} \Phi(x + \eta) \right] d\eta. \tag{11.9}$$

Die Transformation dieser Ausdrücke zum t-Bereich werden wir ausführen in den drei folgenden Fällen: (a) verlustfreies Leitungsstück, (b) verzerrungsfreies Leitungsstück, (c) verlustbehaftetes Leitungsstück.

a) *Verlustfreies Leitungsstück.* Wenn die Leitung verlustfrei ist, also $R = 0$, $G = 0$, gilt

$$\gamma = \frac{p}{w}, \tag{11.10}$$

$$Z_0 = \left(\frac{L}{C}\right)^{1/2}, \tag{11.11}$$

mit

$$w = (L\,C)^{-1/2}. \tag{11.12}$$

Gl. (11.8) gibt dann, mit $\eta/w = \tau$,

$$V(x;p) = \int\limits_0^\infty e^{-p\tau}\left[\frac{1}{2}\,\Phi(x - w\tau) + \frac{1}{2}\,\Phi(x + w\tau)\right] d\tau. \tag{11.13}$$

Da die rechte Seite von Gl. (11.13) die Form einer Laplace-Transformation hat und wir voraussetzen, daß die Transformation sowohl zum p-Bereich als auch zum t-Bereich eindeutig ist, finden wir für $v(x, t)$ unmittelbar

$$v(x, t) = \frac{1}{2}\,\Phi(x - w\,t) + \frac{1}{2}\,\Phi(x + w\,t). \tag{11.14}$$

Ebenso folgt aus Gl. (11.9)

$$i(x, t) = \left(\frac{C}{L}\right)^{1/2}\left[\frac{1}{2}\,\Phi(x - w\,t) - \frac{1}{2}\,\Phi(x + w\,t)\right]. \tag{11.15}$$

Das erste Glied der rechten Seite von Gl. (11.14) und Gl. (11.15) stellt eine in der positiven x-Richtung fortschreitende, das zweite Glied eine in der negativen x-Richtung rückläufige Welle dar.

Wir bemerken, daß mittels der Beziehungen (11.5) aus Gl. (11.15) folgt, daß zu den Zeitpunkten $t = 0, l/w, 2l/w, \ldots$ der Strom gleich null ist. Es ist einleuchtend, daß die Fortsetzung der Funktion $\varphi(\eta)$, aus welcher $\Phi(\eta)$ entstanden ist, Anlaß gibt zu einem System von laufenden Spannungswellen, die sowohl am Ende als am Anfang des Leitungsstücks unter Beibehaltung des Vorzeichens reflektiert werden. Die Stromwellen dagegen werden sowohl am Ende als auch am Anfang des Leitungsstücks mit Vorzeichenwechsel reflektiert. Für eine ähnliche Betrachtung siehe § 6.

b) *Verzerrungsfreies Leitungsstück.* Wenn die Leitung verzerrungsfrei ist, also $R/L = G/C = \alpha$, gilt

$$\gamma = \frac{p + \alpha}{w}, \tag{11.16}$$

$$Z_0 = \left(\frac{L}{C}\right)^{1/2}, \tag{11.17}$$

mit

$$w = (L\,C)^{-1/2}. \tag{11.18}$$

Gl. (11.8) gibt dann, mit $\eta/w = \tau$,

$$V(x;\, p) = \int\limits_0^\infty e^{-(p+\alpha)\tau}\left[\frac{1}{2}\,\Phi(x - w\,\tau) + \frac{1}{2}\,\Phi(x + w\,\tau)\right] d\tau\,. \qquad (11.19)$$

Anwendung des Verschiebungssatzes führt zu

$$v(x,\, t) = e^{-\alpha t}\left[\frac{1}{2}\,\Phi(x - w\,t) + \frac{1}{2}\,\Phi(x + w\,t)\right]. \qquad (11.20)$$

Ebenso folgt aus Gl. (11.9)

$$i(x,\, t) = \left(\frac{C}{L}\right)^{1/2} e^{-\alpha t}\left[\frac{1}{2}\,\Phi(x - w\,t) - \frac{1}{2}\,\Phi(x + w\,t)\right]. \qquad (11.21)$$

Wir erhalten daher ein System von Wanderwellen, das ähnlich dem unter (a) auftretenden ist; jetzt tritt aber eine Dämpfung mit dem Dämpfungsexponenten α auf.

c) *Verlustbehaftetes Leitungsstück.* Im allgemeinen Falle einer verlustbehafteten Leitung vereinfachen sich die Gleichungen (11.8) und (11.9) nicht. Damit wir die Transformation zum t-Bereich ausführen können, führen wir die Konstanten ϱ und σ ein:

$$\varrho = \frac{1}{2}\left(\frac{R}{L} + \frac{G}{C}\right), \qquad (11.22)$$

$$\sigma = \frac{1}{2}\left(\frac{R}{L} - \frac{G}{C}\right), \qquad (11.23)$$

wo ϱ der Dämpfungskoeffizient und σ der Verzerrungskoeffizient ist. Hiermit wird

$$\gamma = \frac{1}{w}\,[(p + \varrho)^2 - \sigma^2]^{1/2} \qquad (11.24)$$

und

$$Z_0 = \frac{w\,(p\,L + R)}{[(p + \varrho)^2 - \sigma^2]^{1/2}}\,. \qquad (11.25)$$

Ebenso wie in § 5 benutzen wir die Korrespondenz

$$\frac{\exp\left[-(p^2 - \sigma^2)^{1/2}\,\dfrac{\eta}{w}\right]}{(p^2 - \sigma^2)^{1/2}} \leftrightarrow I_0\big[\sigma\,(t^2 - \eta^2/w^2)^{1/2}\big]\,H\,(t - \eta/w)\,, \qquad (11.26)$$

wo I_0 die modifizierte BESSELsche Funktion erster Art und nullter Ordnung ist. Unter Benutzung von Gl. (11.26) finden wir aus Gl. (11.8) die Spannung $v(x,\, t)$ längs des Leitungsstücks

$$v(x,\, t) = \left(\frac{C}{L}\right)^{1/2}\left(R + L\,\frac{\partial}{\partial t}\right)\left\{e^{-\varrho t}\int\limits_0^{wt} I_0\big[\sigma\,(t^2 - \eta^2/w^2)^{1/2}\big]\cdot\right.$$

$$\left.\cdot\left[\frac{1}{2}\,\Phi(x - \eta) + \frac{1}{2}\,\Phi(x + \eta)\right] d\eta\right\}. \qquad (11.27)$$

Der Strom $i(x, t)$ im t-Bereich wird am einfachsten gefunden durch Anwendung der Formel [vgl. Gl. (2.1)]

$$I = -\frac{1}{pL + R} \frac{dV}{dx}.$$

(11.28)

Mit Hilfe von Gl. (11.8) wird daher

$$I(x; p) = -C \frac{d}{dx} \int_0^\infty \frac{e^{-\gamma\eta}}{\gamma} \left[\frac{1}{2} \Phi(x - \eta) + \frac{1}{2} \Phi(x + \eta)\right] d\eta.$$

(11.29)

Transformieren zum t-Bereich gibt also

$$i(x, t) = -C \frac{\partial}{\partial x} \left\{ e^{-\varrho t} \int_0^{wt} I_0[\sigma(t^2 - \eta^2/w^2)^{1/2}] \cdot \right.$$

$$\left. \cdot \left[\frac{1}{2} \Phi(x - \eta) + \frac{1}{2} \Phi(x + \eta)\right] d\eta \right\}.$$

(11.30)

Da die Funktion $\Phi(x)$ im allgemeinen nicht stetig zu sein braucht, kann die Differentiation nach x nicht ohne weiteres unter dem Integralzeichen ausgeführt werden.

Aus physikalischen Gründen erwarten wir, daß so lange $G \neq 0$ ist, die Spannung $v(x, t)$ nach null geht für $t \to \infty$, aber daß im Falle $G = 0$ die Spannung $v(x, t)$ sich dem mittleren Wert der Anfangsspannung

$$\frac{1}{l} \int_0^l \varphi(\xi) \, d\xi = a_0$$

(11.31)

annähert. Am einfachsten läßt sich dies nachprüfen durch Anwendung der Beziehung [vgl. Kap. II, Gl. (2.12)]

$$\lim_{p \to 0} p \, V(x; p) = v(x, \infty).$$

(11.32)

Den Limes im p-Bereich bestimmen wir unter Benutzung des Ausdrucks (11.1) für $V(x; p)$. Falls nun $G \neq 0$, ist $\lim_{p \to 0} V(x; p)$ beschränkt und also $\lim_{p \to 0} p \, V(x; p) = 0$. Wenn aber $G = 0$, gilt $\gamma \to 0$ für $p \to 0$; durch Potenzreihenentwicklung der Exponentialfunktion in Gl. (11.1) sehen wir dann, daß

$$\lim_{p \to 0} p \, V(x; p) = \frac{1}{l} \int_0^l \varphi(\xi) \, d\xi.$$

(11.33)

Hiermit ist unsere Behauptung bewiesen. Die hier gegebene Rechnung liefert uns zwar den Endwert der Spannung für $t \to \infty$, zeigt aber nicht, in welcher Weise die Spannung sich ihrem Endwert annähert. Dies läßt sich jedoch berechnen, wenn für $\varphi(\xi)$ ihre Darstellung in der Form einer FOURIERschen Reihe benutzt wird. Diese Darstellung schreiben wir als

$$\Phi(\eta) = \sum_{n=0}^{\infty} a_n \cos\left(\frac{n\pi\eta}{l}\right), \tag{11.34}$$

mit

$$a_0 = \frac{1}{l} \int_0^l \varphi(\xi)\, d\xi \tag{11.35}$$

und

$$a_n = \frac{2}{l} \int_0^l \varphi(\xi) \cos\left(\frac{n\pi\xi}{l}\right) d\xi \qquad (n = 1, 2, \ldots), \tag{11.36}$$

wobei die Symmetrie- und Periodizitätseigenschaften (11.5) berücksichtigt sind. Einsetzen in Gl. (11.8) gibt

$$V(x;p) = \frac{1}{2} C Z_0 \int_0^{\infty} e^{-\gamma\eta} \left[\sum_{n=0}^{\infty} a_n \left\{\cos\frac{n\pi(x-\eta)}{l} + \cos\frac{n\pi(x+\eta)}{l}\right\}\right] d\eta$$

$$= C Z_0 \int_0^{\infty} e^{-\gamma\eta} \left[\sum_{n=0}^{\infty} a_n \cos\left(\frac{n\pi x}{l}\right) \cos\left(\frac{n\pi\eta}{l}\right)\right] d\eta$$

$$= C Z_0 \sum_{n=0}^{\infty} a_n \frac{\gamma}{\gamma^2 + \left(\dfrac{n\pi}{l}\right)^2} \cos\left(\frac{n\pi x}{l}\right). \tag{11.37}$$

Einführen der Konstanten ϱ und σ, welche gegeben sind durch Gl. (11.22) und Gl. (11.23), gibt

$$V(x;p) = \sum_{n=0}^{\infty} a_n \frac{p + \varrho + \sigma}{(p+\varrho)^2 + \left(\dfrac{n\pi w}{l}\right)^2 - \sigma^2} \cos\left(\frac{n\pi x}{l}\right). \tag{11.38}$$

Wir setzen voraus, daß

$$\left(\frac{n\pi w}{l}\right)^2 - \sigma^2 < 0 \qquad (n = 0, 1, 2, \ldots, N) \tag{11.39}$$

und

$$\left(\frac{n\pi w}{l}\right)^2 - \sigma^2 \geqq 0 \qquad (n = N+1, N+2, \ldots). \tag{11.40}$$

Die Transformation zum t-Bereich liefert dann, mit den bekannten Korrespondenzen,

$$v(x,t) = \mathrm{e}^{-\varrho t}\left[a_0\,\mathrm{e}^{\sigma t} + \sum_{n=1}^{N} a_n\left\{\cosh\left(\left[\sigma^2 - \left(\frac{n\pi w}{l}\right)^2\right]^{1/2} t\right) + \right.\right.$$

$$\left. + \frac{\sigma}{[\sigma^2 - (n\pi w/l)^2]^{1/2}}\sinh\left(\left[\sigma^2 - \left(\frac{n\pi w}{l}\right)^2\right]^{1/2} t\right)\right\} +$$

$$+ \sum_{n=N+1}^{\infty} a_n\left\{\cos\left(\left[\left(\frac{n\pi w}{l}\right)^2 - \sigma^2\right]^{1/2} t\right) + \right.$$

$$\left.\left. + \frac{\sigma}{[(n\pi w/l)^2 - \sigma^2]^{1/2}}\sin\left(\left[\left(\frac{n\pi w}{l}\right)^2 - \sigma^2\right]^{1/2} t\right)\right\}\right] H(t). \qquad (11.41)$$

Dieses Ergebnis zeigt, daß falls $G \neq 0$, also $\varrho > \sigma$, die Spannung $v(x,t)$ für $t \to 0$ nach null geht. Für $G = 0$ dagegen, ist $\varrho = \sigma$; in diesem Falle nähern sich alle Glieder der Summationen dem Wert null und der Endwert der Spannung wird gleich a_0.

§ 12. Gegebene Anfangsspannung auf einem Leitungsstück, für welches $r_1 = -1$ und $r_2 = 1$

Für $t = 0$ sei auf dem Leitungsstück $0 < x < l$ eine Anfangsspannung $v(x,0) = \varphi(x)$ vorgeschrieben, während der Anfangsstrom $i(x,0) = 0$ ist. Der Anfang $(x = 0)$ der Leitung sei kurzgeschlossen und das Ende $(x = l)$ sei offen (siehe Abb. 73). Gefragt wird nach der Spannungs- und Stromverteilung längs der Leitung für $t > 0$. Aus Gl. (10.29) und Gl. (10.30) erhalten wir, mit $E(p) = 0$, $Z_1(p) = 0$, $Z_2(p) = \infty$, also $r_1 = -1$, $r_2 = 1$:

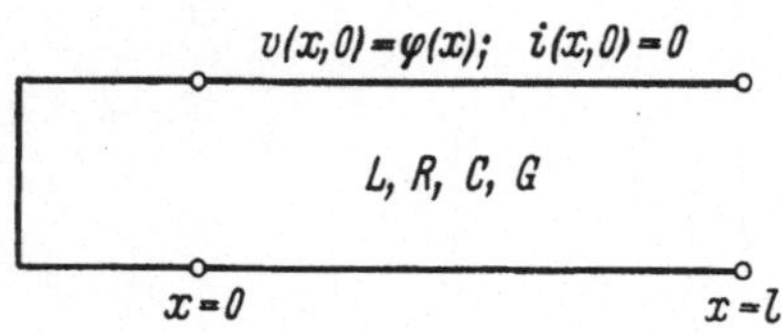

Abb. 73. Leitungsstück mit gegebener Anfangsspannungsverteilung; $r_1 = -1$ und $r_2 = 1$

$$V(x;p) = \frac{CZ_0}{2}\,\frac{\mathrm{e}^{-\gamma x} + \mathrm{e}^{-\gamma(2l-x)}}{1 + \mathrm{e}^{-2\gamma l}}\int_0^x [\mathrm{e}^{\gamma\xi} - \mathrm{e}^{-\gamma\xi}]\,\varphi(\xi)\,d\xi +$$

$$+ \frac{CZ_0}{2}\,\frac{-\mathrm{e}^{-\gamma x} + \mathrm{e}^{\gamma x}}{1 + \mathrm{e}^{-2\gamma l}}\int_x^l [\mathrm{e}^{-\gamma(2l-\xi)} + \mathrm{e}^{-\gamma\xi}]\,\varphi(\xi)\,d\xi \qquad (12.1)$$

und

$$I(x;p) = \frac{C}{2}\,\frac{\mathrm{e}^{-\gamma x} - \mathrm{e}^{-\gamma(2l-x)}}{1 + \mathrm{e}^{-2\gamma l}}\int_0^x [\mathrm{e}^{\gamma\xi} + \mathrm{e}^{-\gamma\xi}]\,\varphi(\xi)\,d\xi -$$

$$- \frac{C}{2}\,\frac{-\mathrm{e}^{-\gamma x} + \mathrm{e}^{\gamma x}}{1 + \mathrm{e}^{-2\gamma l}}\int_x^l [\mathrm{e}^{-\gamma(2l-\xi)} + \mathrm{e}^{-\gamma\xi}]\,\varphi(\xi)\,d\xi. \qquad (12.2)$$

In den hier vorkommenden Integralen ist die Funktion $\varphi(\xi)$ definiert im Intervall $0 \leq \xi \leq l$. Wir werden nun zeigen, daß ein unmittelbar zu interpretierender Ausdruck für $V(x; p)$ und $I(x; p)$ erhalten werden kann, wenn aus der Funktion $\varphi(\xi)$ in geeigneter Weise durch Spiegelungen gegen $x = 0$ und $x = l$ eine Funktion $\Phi(\xi)$ konstruiert wird. Dazu betrachten wir die Glieder der rechten Seite von Gl. (12.1) welche den Faktor $\exp(-\gamma x)$ enthalten, und schreiben diese in der Form

$$\frac{C Z_0}{2} \frac{e^{-\gamma x}}{1 - e^{-4\gamma l}} (1 - e^{-2\gamma l}) \left\{ -\int_0^l e^{-\gamma \xi} \varphi(\xi)\, d\xi + \int_0^x e^{\gamma \xi} \varphi(\xi)\, d\xi - \right.$$

$$\left. -\int_x^l e^{-\gamma(2l-\xi)} \varphi(\xi)\, d\xi \right\} =$$

$$= \frac{\frac{1}{2} C Z_0}{1 - e^{-4\gamma l}} \left\{ -\int_x^{l+x} e^{-\gamma \eta} \varphi(\eta - x)\, d\eta + \int_{2l+x}^{3l+x} e^{-\gamma \eta} \varphi(\eta - x - 2l)\, d\eta - \right.$$

$$-\int_x^0 e^{-\gamma \eta} \varphi(x - \eta)\, d\eta + \int_{2l+x}^{2l} e^{-\gamma \eta} \varphi(-\eta + x + 2l)\, d\eta +$$

$$\left. +\int_{2l}^{l+x} e^{-\gamma \eta} \varphi(2l + x - \eta)\, d\eta - \int_{4l}^{3l+x} e^{-\gamma \eta} \varphi(4l + x - \eta)\, d\eta \right\} =$$

$$= \frac{\frac{1}{2} C Z_0}{1 - e^{-4\gamma l}} \int_0^{4l} e^{-\gamma \eta} \Phi(x - \eta)\, d\eta \tag{12.3}$$

wenn

$$\Phi(\eta) = \varphi(\eta) \qquad (0 < \eta < l) \tag{12.4}$$

und $\Phi(\eta)$ außerhalb dieses Intervalls so fortgesetzt wird, daß für alle η

$$\Phi(\eta) = -\Phi(-\eta) = -\Phi(2l + \eta). \tag{12.5}$$

Hieraus ist ersichtlich, daß die Funktion $\Phi(\eta)$ periodisch ist in η mit der Periode $4l$ (Abb. 74). Weiterhin ist

$$\frac{1}{1 - e^{-4\gamma l}} = \sum_{n=0}^{\infty} e^{-4n\gamma l}. \tag{12.6}$$

Abb. 74. Die fortgesetzte Spannungsverteilung $\Phi(\eta)$

Wegen der genannten Periodizität der Funktion $\Phi(\eta)$ können wir daher schreiben

$$\frac{\frac{1}{2} C Z_0}{1-\mathrm{e}^{-4\gamma l}} \int_0^{4l} \mathrm{e}^{-\gamma \eta} \Phi(x-\eta)\, d\eta = \frac{1}{2} C Z_0 \int_0^\infty \mathrm{e}^{-\gamma \eta} \Phi(x-\eta)\, d\eta . \qquad (12.7)$$

In ähnlicher Weise sind die Glieder der rechten Seite von Gl. (12.1), welche den Faktor $\exp(\gamma x)$ enthalten, umzuformen, wiederum mit Hilfe derselben Funktion $\Phi(\eta)$. So erhält man

$$V(x;p) = C Z_0 \int_0^\infty \mathrm{e}^{-\gamma \eta} \left[\frac{1}{2} \Phi(x-\eta) + \frac{1}{2} \Phi(x+\eta) \right] d\eta . \qquad (12.8)$$

Ebenso ist

$$I(x;p) = C \int_0^\infty \mathrm{e}^{-\gamma \eta} \left[\frac{1}{2} \Phi(x-\eta) - \frac{1}{2} \Phi(x+\eta) \right] d\eta . \qquad (12.9)$$

Diese letzte Gleichung kann man entweder direkt erhalten aus Gl. (12.2) oder aus Gl. (2.1) unter Benutzung von Gl. (12.8) und partieller Integration.

Die Transformation dieser Ausdrücke zum t-Bereich werden wir ausführen in den drei folgenden Fällen: (a) verlustfreies Leitungsstück, (b) verzerrungsfreies Leitungsstück, (c) verlustbehaftetes Leitungsstück. Weil das Verfahren mit der in § 11 gegebenen Methode völlig identisch ist, geben wir nur die Endergebnisse.

a) *Verlustfreies Leitungsstück.* Dann ist [vgl. Gl. (11.14) und Gl. (11.15)]

$$v(x, t) = \frac{1}{2} \Phi(x - w t) + \frac{1}{2} \Phi(x + w t) \qquad (12.10)$$

und

$$i(x, t) = \left(\frac{C}{L} \right)^{1/2} \left[\frac{1}{2} \Phi(x - w t) - \frac{1}{2} \Phi(x + w t) \right], \qquad (12.11)$$

wo

$$w = (L C)^{-1/2}. \qquad (12.12)$$

Das erste Glied der rechten Seite von Gl. (12.10) und Gl. (12.11) stellt eine in der positiven x-Richtung fortschreitende Welle dar, das zweite Glied eine in der negativen x-Richtung rückläufige. Wir bemerken, daß infolge der Beziehungen (12.5) zu den Zeitpunkten $t = l/w, 3l/w, 5l/w, \dots$ die Spannung null ist und zu den Zeitpunkten $t = 0, 2l/w, 4l/w, \dots$ der Strom null ist.

Es ist einleuchtend, daß die Fortsetzung der Funktion $\varphi(\eta)$, aus welcher $\Phi(\eta)$ entstanden ist, Anlaß gibt zu einem System von laufenden Spannungswellen, die am Ende des Leitungsstücks unter Beibehaltung des Vorzeichens und am Anfang des Leitungsstücks unter Vorzeichen-wechsel reflektiert werden. Die Stromwellen dagegen werden am Ende der Leitung mit Vorzeichenwechsel und am Anfang der Leitung unter Beibehaltung des Vorzeichens reflektiert. Für eine ähnliche Betrachtung siehe § 6.

b) *Verzerrungsfreies Leitungsstück.* Dann ist [vgl. Gl. (11.20) und Gl. (11.21)]

$$v(x, t) = e^{-\alpha t} \left[\frac{1}{2} \Phi(x - w t) + \frac{1}{2} \Phi(x + w t) \right] \tag{12.13}$$

und

$$i(x, t) = \left(\frac{C}{L} \right)^{1/2} e^{-\alpha t} \left[\frac{1}{2} \Phi(x - w t) - \frac{1}{2} \Phi(x + w t) \right], \tag{12.14}$$

wo

$$\alpha = \frac{R}{L} = \frac{G}{C} \tag{12.15}$$

und

$$w = (L C)^{-1/2}. \tag{12.16}$$

Wir erhalten daher ein System von Wanderwellen, daß ähnlich ist wie das unter (a) auftretende; jetzt tritt aber eine Dämpfung auf mit dem Dämpfungsexponenten α.

c) *Verlustbehaftetes Leitungsstück.* Dann ist [vgl. Gl. (11.27) und Gl (11.30)]

$$v(x, t) = \left(\frac{C}{L} \right)^{1/2} \left(R + L \frac{\partial}{\partial t} \right) \cdot$$

$$\cdot \left\{ e^{-\varrho t} \int_0^{w t} I_0 [\sigma (t^2 - \eta^2/w^2)^{1/2}] \left[\frac{1}{2} \Phi(x - \eta) + \frac{1}{2} \Phi(x + \eta) \right] d\eta \right\}$$

$$\tag{12.17}$$

und

$$i(x, t) =$$

$$= -C \frac{\partial}{\partial x} \left\{ e^{-\varrho t} \int_0^{w t} I_0 [\sigma (t^2 - \eta^2/w^2)^{1/2}] \left[\frac{1}{2} \Phi(x - \eta) + \frac{1}{2} \Phi(x + \eta) \right] d\eta \right\},$$

$$\tag{12.18}$$

wo

$$\varrho = \frac{1}{2} \left(\frac{R}{L} + \frac{G}{C} \right), \tag{12.19}$$

$$\sigma = \frac{1}{2} \left(\frac{R}{L} - \frac{G}{C} \right) \tag{12.20}$$

und

$$w = (L C)^{-1/2}. \tag{12.21}$$

Da die Funktion $\Phi(x)$ im allgemeinen nicht stetig zu sein braucht, kann die Differentiation nach x in Gl. (12.18) nicht ohne weiteres unter dem Integralzeichen ausgeführt werden.

Aus physikalischen Gründen erwarten wir, daß, wegen des Kurzschlusses bei $x = 0$, die Spannung $v(x, t)$ für $t \to \infty$ nach null geht, ob $G = 0$ oder $G > 0$. Dies sieht man unmittelbar, wenn die Beziehung (11.32) benutzt wird, da $V(x; p)$, gegeben durch (12.1), für $p \to 0$ beschränkt bleibt für $G \geqq 0$. Auch die Darstellung von $\Phi(\eta)$ in der Form einer FOURIERschen Reihe liefert $v(x, \infty) = 0$, da in diesem Falle, wegen der Symmetrieeigenschaften (12.5), der mittlere Wert von $\Phi(\eta)$ gleich null ist.

§ 13. Reflexion eines Spannungsimpulses an einer Längsunregelmäßigkeit in einer verlustfreien Leitung

In einer unendlich langen, verlustfreien Leitung befinde sich an der Stelle $x = l$ eine konzentrierte Längsimpedanz, bestehend aus einer Reihenschaltung einer Induktivität und eines Widerstandes (Abb. 75).

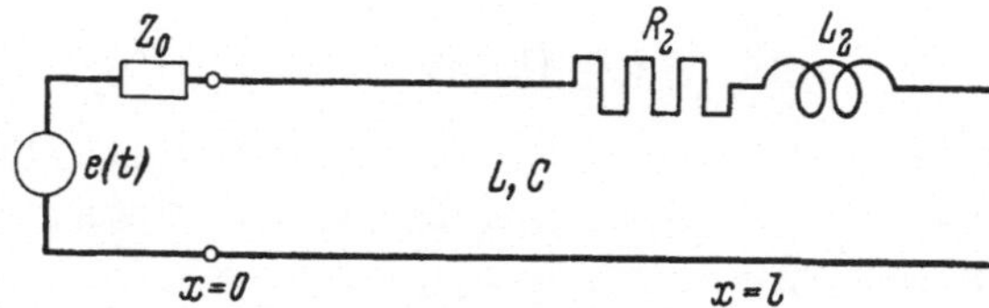

Abb. 75. Längsunregelmäßigkeit in einer verlustfreien, unendlich langen Leitung

Diese Impedanz ist ein Ersatzbild für eine Längsunregelmäßigkeit in der Leitung. Um diese Unregelmäßigkeit zu lokalisieren wird an der Stelle $x = 0$ ein Generator angeschlossen, dessen EMK die Form eines Rechteckimpulses endlicher Breite hat und dessen innerer Widerstand dem Wellenwiderstand Z_0 der Leitung gleich ist. Die EMK des Generators sei (Abb. 76)

$$e(t) = E[H(t) - H(t - \varDelta)]. \quad (13.1)$$

Wir fragen nach der Spannung am Anfang der Leitung. Da das Leitungsstück $l < x < \infty$ unendlich lang ist, hat dessen Eingangsimpedanz den Wert Z_0 (vgl. § 3). Für die Berechnung der Spannung an der Stelle $x = 0$ können wir uns daher die Leitung an der Stelle $x = l$ abgeschlossen denken mit einer Schaltung, deren Impedanz im p-Bereich

$$Z_2(p) = p L_2 + R_2 + Z_0 \quad (13.2)$$

ist. Wir setzen voraus, daß zur Zeit $t = 0$ keine Ströme und Spannungen bestehen. Die transformierte Spannung auf der Leitung hat dann die Form [vgl. Gl. (6.2)]

$$V(x; p) = A\, \mathrm{e}^{-p x/w} + B\, \mathrm{e}^{p x/w}, \quad (13.3)$$

wo

$$w = (L\,C)^{-1/2}. \tag{13.4}$$

Der Strom im p-Bereich ist gegeben durch [vgl. Gl. (6.4)]

$$I(x;p) = \frac{1}{Z_0} \left[A\,\mathrm{e}^{-px/w} - B\,\mathrm{e}^{px/w} \right], \tag{13.5}$$

wo

$$Z_0 = \left(\frac{L}{C} \right)^{1/2}. \tag{13.6}$$

Die Konstanten A und B werden bestimmt aus den Randbedingungen

$$V(0;p) = E(p) - I(0;p)\,Z_0, \tag{13.7}$$

$$V(l;p) = I(l;p)\,Z_2(p). \tag{13.8}$$

Nach einfacher Rechnung ergibt sich

$$A = \frac{1}{2}\,E(p), \tag{13.9}$$

$$B = \frac{1}{2}\,E(p)\,r_2\,\mathrm{e}^{-2pl/w}, \tag{13.10}$$

mit

$$r_2 = r_2(p) = \frac{Z_2 - Z_0}{Z_2 + Z_0}. \tag{13.11}$$

Die Spannung am Anfang der Leitung ist also gegeben durch

$$V(0;p) = \frac{1}{2}\,E(p)\,(1 + r_2\,\mathrm{e}^{-2pl/w}). \tag{13.12}$$

Hierin ist

$$E(p) = \frac{E}{p}\,(1 - \mathrm{e}^{-p\varDelta}); \tag{13.13}$$

wir setzen voraus, daß $\varDelta < 2\,l/w$. Gl. (13.12) wird in der folgenden Form geschrieben

$$V(0;p) = \frac{1}{2}\,E(p) + \frac{1}{2}\,\frac{E}{R_2 + 2Z_0}\,(1 - \mathrm{e}^{-p\varDelta}) \left(\frac{R_2}{p} + \frac{2Z_0}{p + \alpha} \right) \mathrm{e}^{-2pl/w}, \tag{13.14}$$

wo

$$\alpha = \frac{R_2 + 2Z_0}{L_2}. \tag{13.15}$$

Die Spannung $v(0, t)$ im t-Bereich wird daher

$$v(0, t) = \frac{1}{2}\,E\,[H(t) - H(t - \varDelta)] +$$

$$+ \frac{1}{2}\,\frac{E}{R_2 + 2Z_0}\,(R_2 + 2Z_0\,\mathrm{e}^{-\alpha(t - 2l/w)})\,H(t - 2l/w) - \tag{13.16}$$

$$- \frac{1}{2}\,\frac{E}{R_2 + 2Z_0}\,(R_2 + 2Z_0\,\mathrm{e}^{-\alpha(t - 2l/w - \varDelta)})\,H(t - 2l/w - \varDelta).$$

Eine Skizze des Verlaufs dieser Spannung ist gegeben in Abb. 77. Die Form des reflektierten Impulses ist charakteristisch für die Art der Längsunregelmäßigkeit; sie kann daher benutzt werden zur Bestimmung der Größen R_2 und L_2.

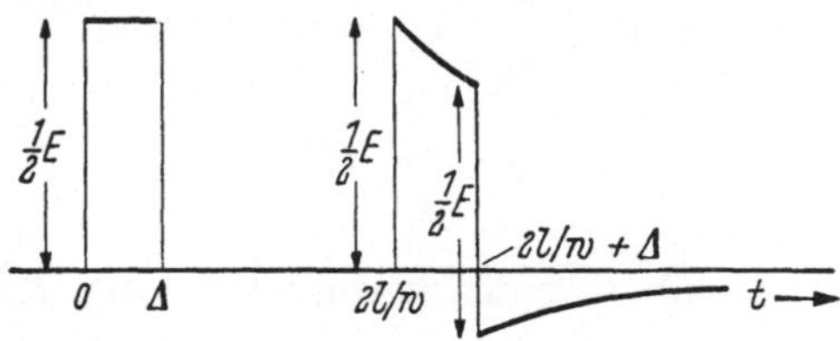

Abb. 77. Spannungsverlauf am Anfang einer Leitung infolge der Reflexion eines Rechteckimpulses an einer Längsunregelmäßigkeit

§ 14. Reflexion eines Spannungsimpulses an einer Querunregelmäßigkeit in einer verlustfreien Leitung

In einer unendlich langen, verlustfreien Leitung befinde sich an der Stelle $x = l$ eine konzentrierte Querimpedanz, bestehend aus einer

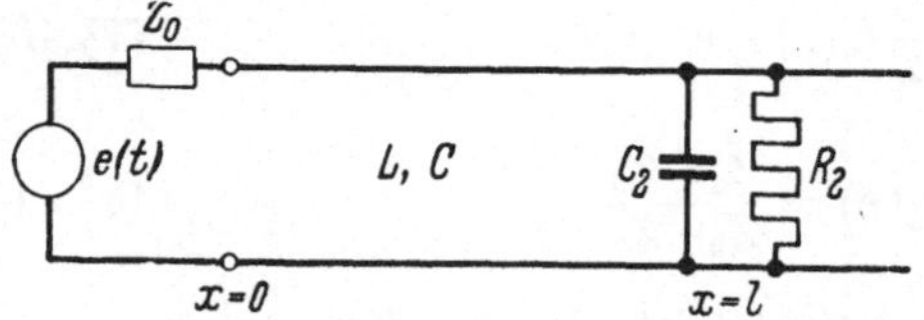

Abb. 78. Querunregelmäßigkeit in einer verlustfreien, unendlich langen Leitung

Parallelschaltung einer Kapazität und eines Widerstandes (Abb. 78). Diese Impedanz ist ein Ersatzbild für eine Querunregelmäßigkeit in der Leitung. Um diese Unregelmäßigkeit zu lokalisieren wird an der Stelle $x = 0$ ein Generator angeschlossen, dessen EMK die Form eines Rechteckimpulses endlicher Breite hat und dessen innerer Widerstand dem Wellenwiderstand Z_0 der Leitung gleich ist. Die EMK des Generators sei (vgl. Abb. 76)

$$e(t) = E\left[H(t) - H(t - \Delta)\right]. \tag{14.1}$$

Wir fragen nach der Spannung am Anfang der Leitung. Da das Leitungsstück $l < x < \infty$ unendlich lang ist, hat dessen Eingangsimpedanz den Wert Z_0 (vgl. § 3). Für die Berechnung der Spannung an der Stelle $x = 0$ können wir uns daher die Leitung an der Stelle $x = l$ abgeschlossen denken mit einer Schaltung, deren Impedanz im p-Bereich

$$Z_2(p) = \frac{Z_0 R_2}{R_2 + Z_0 + p\, C_2 Z_0 R_2} \tag{14.2}$$

ist. Wir setzen voraus, daß zur Zeit $t = 0$ keine Ströme und Spannungen bestehen. Ähnlich § 13 ergibt sich für die Spannung im p-Bereich an der Stelle $x = 0$ [vgl. Gl. (13.12)]

$$V(0; p) = \frac{1}{2} E(p)\left(1 + r_2 e^{-2pl/w}\right), \tag{14.3}$$

wo

$$r_2 = r_2(p) = \frac{Z_2 - Z_0}{Z_2 + Z_0}, \tag{14.4}$$

$$w = (L C)^{-1/2} \tag{14.5}$$

und

$$E(p) = \frac{E}{p} (1 - e^{-p \Delta}). \tag{14.6}$$

Wir nehmen an, daß $\Delta < 2\,l/w$. Gl. (14.3) wird nun in der folgenden Form geschrieben

$$V(0;p) = \frac{1}{2} E(p) - \frac{1}{2} \frac{E}{2 R_2 + Z_0} (1 - e^{-p \Delta}) \left(\frac{Z_0}{p} + \frac{2 R_2}{p + \alpha} \right) e^{-2pl/w}, \tag{14.7}$$

wo

$$\alpha = \frac{Z_0 + 2 R_2}{R_2 C_2 Z_0}. \tag{14.8}$$

Die Spannung $v(0, t)$ im t-Bereich wird daher

$$v(0, t) = \frac{1}{2} E [H(t) - H(t - \Delta)] -$$

$$- \frac{1}{2} \frac{E}{2 R_2 + Z_0} (Z_0 + 2 R_2 e^{-\alpha(t - 2l/w)}) H(t - 2l/w) + \tag{14.9}$$

$$+ \frac{1}{2} \frac{E}{2 R_2 + Z_0} (Z_0 + 2 R_2 e^{-\alpha(t - 2l/w - \Delta)}) H(t - 2l/w - \Delta).$$

Eine Skizze des Verlaufs dieser Spannung ist gegeben in Abb. 79. Die Form des reflektierten Impulses ist charakteristisch für die Art der Querunregelmäßigkeit; sie kann daher zur Bestimmung der Größen R_2 und C_2 benutzt werden.

Wenn wir den vom Generator gelieferten Impuls positiv rechnen, ist der reflektierte Impuls in erster Instanz positiv für eine Längsunregelmäßigkeit und negativ für eine Querunregelmäßigkeit (vgl. Abb. 77 und Abb. 79).

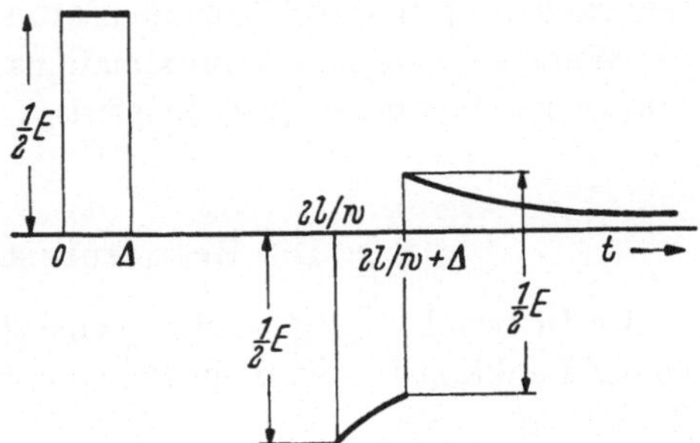

Abb. 79. Spannungsverlauf am Anfang einer Leitung infolge der Reflexion eines Rechteckimpulses an einer Querunregelmäßigkeit

Kapitel V

Eindeutigkeit der Transformation zum t-Bereich

§ 1. Einführung

In den vorhergehenden Kapiteln ist die Funktion $f(t)$ im t-Bereich aus der erhaltenen Funktion $F(p)$ im p-Bereich bestimmt, ohne Beweis, daß die so gewonnene Funktion $f(t)$ eindeutig durch $F(p)$ festgelegt ist. In diesem Kapitel werden wir dieses Problem eingehend untersuchen. Es geht dabei um den Beweis, daß, falls $F(p) = 0$ ist in einer rechten Halbebene Re $p > p_0$, die Funktion $f(t)$, die mit $F(p)$ durch die CARSON-sche Integralgleichung

$$F(p) = \int\limits_0^\infty e^{-pt} f(t)\, dt \qquad (1.1)$$

zusammenhängt, auch verschwindet, wenn wir uns auf eine gewisse Klasse von Funktionen $f(t)$ beschränken. Dies wird behauptet in dem LERCHschen Satz (§ 5), der mittels des WEIERSTRASZschen Approximationssatzes (§ 3) und des Momentensatzes (§ 4) bewiesen wird. Der Beweis des WEIERSTRASZschen Approximationssatzes wird mit Hilfe der BERNSTEINschen Polynome (§ 2) geliefert.

§ 2. Die Bernsteinschen Polynome

Im Intervall $0 \leq x \leq 1$ sei $f(x)$ eine stetige Funktion der Variablen x. Dieser Funktion $f(x)$ wird ein Polynom n-ten Grades zugefügt durch die Beziehung

$$P_n\{f(x)\} = \sum_{k=0}^{n} f\left(\frac{k}{n}\right) \frac{n!}{k!\,(n-k)!}\, x^k (1-x)^{n-k}. \qquad (2.1)$$

Dieses Polynom wird das zu $f(x)$ gehörende n-te BERNSTEINsche Polynom genannt (NATANSON [1]). Insbesondere werden wir für den Beweis des WEIERSTRASZschen Approximationssatzes die BERNSTEINschen Polynome $P_n\{1\}$, $P_n\{x\}$ und $P_n\{x^2\}$ brauchen. Für $P_n\{1\}$ wird gefunden

$$P_n\{1\} = \sum_{k=0}^{n} \frac{n!}{k!\,(n-k)!}\, x^k (1-x)^{n-k} = 1^n = 1 \qquad (2.2)$$

auf Grund der NEWTONschen Binomialentwicklung.

Für $P_n\{x\}$ finden wir

$$P_n\{x\} = \sum_{k=0}^{n} \frac{k}{n}\, \frac{n!}{k!\,(n-k)!}\, x^k (1-x)^{n-k} =$$

$$= \sum_{k=1}^{n} \frac{(n-1)!}{(k-1)!\,(n-k)!}\, x^k (1-x)^{n-k} =$$

$$= x \sum_{p=0}^{n-1} \frac{(n-1)!}{p!\,(n-p-1)!}\, x^p (1-x)^{n-p-1} =$$

$$= x \cdot 1^{n-1} = x\,, \tag{2.3}$$

wiederum mit Hilfe der NEWTONsche Binomialentwicklung.

Für $P_n\{x^2\}$ erhalten wir

$$P_n\{x^2\} = \sum_{k=0}^{n} \frac{k^2}{n^2}\, \frac{n!}{k!\,(n-k)!}\, x^k (1-x)^{n-k} =$$

$$= \sum_{k=0}^{n} \frac{k(k-1)+k}{n^2}\, \frac{n!}{k!\,(n-k)!}\, x^k (1-x)^{n-k} =$$

$$= \frac{n-1}{n} \sum_{k=2}^{n} \frac{(n-2)!}{(k-2)!\,(n-k)!}\, x^k (1-x)^{n-k} +$$

$$+ \frac{1}{n} \sum_{k=1}^{n} \frac{(n-1)!}{(k-1)!\,(n-k)!}\, x^k (1-x)^{n-k} =$$

$$= \frac{n-1}{n}\, x^2 \cdot 1^{n-2} + \frac{1}{n}\, x \cdot 1^{n-1} = \frac{n-1}{n}\, x^2 + \frac{1}{n}\, x\,. \tag{2.4}$$

Aus Gl. (2.2), (2.3) und (2.4) finden wir zum Schluß

$$\sum_{k=0}^{n} \left(\frac{k}{n} - x\right)^2 \frac{n!}{k!\,(n-k)!}\, x^k (1-x)^{n-k} =$$

$$= P_n\{x^2\} - 2x\, P_n\{x\} + x^2 P_n\{1\} = \frac{1}{n}\, x(1-x)\,. \tag{2.5}$$

Dieses Ergebnis werden wir in § 3 benutzen.

§ 3. Der Weierstraszsche Approximationssatz

Sei $f(x)$ eine stetige Funktion der Variablen x im Intervall $0 \leq x \leq 1$. Der Approximationssatz von WEIERSTRASZ (NATANSON [2]) sagt nun, daß die Funktion $f(x)$ gleichmäßig durch Polynome approximiert werden kann, d. h. daß im Polynome

$$P(x) = \sum_{k=0}^{n} a_k x^k \tag{3.1}$$

a_k und n so gewählt werden können, daß

$$|f(x) - P(x)| < \varepsilon \qquad (\varepsilon > 0) \tag{3.2}$$

für alle x im Bereich $0 \leq x \leq 1$, wo n von ε abhängig ist.

Als Approximationspolynome werden die in § 2 betrachteten, zu $f(x)$ gehörenden, BERNSTEINschen Polynome benutzt. Da $f(x)$ stetig ist, gibt es eine Zahl M, für die

$$|f(x)| \leqq M \qquad (0 \leqq x \leqq 1) \tag{3.3}$$

und eine Zahl $\varepsilon > 0$, für die

$$|f(x_1) - f(x_2)| \leqq \frac{1}{2}\varepsilon, \tag{3.4}$$

falls $|x_1 - x_2| < \delta$. Nun ist

$$|f(x) - P_n\{f(x)\}| \leqq \sum_{k=0}^{n}\left|f(x) - f\left(\frac{k}{n}\right)\right| \frac{n!}{k!\,(n-k)!}\, x^k (1-x)^{n-k}. \tag{3.5}$$

Die Summation auf der rechten Seite von (3.5) wird in zwei Teile gespalten: erstens eine Summation über diejenigen Werte von k, für welche $|k/n - x| \leqq \delta$; zweitens eine Summation über diejenigen Werte von k, für welche $|k/n - x| > \delta$ ist. Die erste Summe sei S', die zweite Summe S''. Mit Hilfe der Beziehung (3.4) sehen wir dann, daß

$$S' \leqq \frac{1}{2}\varepsilon \sum_{k=0}^{n} \frac{n!}{k!\,(n-k)!}\, x^k (1-x)^{n-k} = \frac{1}{2}\varepsilon. \tag{3.6}$$

Weiterhin gilt für S'', unter Benutzung der Beziehung (3.3) und

$$\left(\frac{k}{n} - x\right)^2 > \delta^2, \tag{3.7}$$

die Relation

$$S'' \leqq \frac{2M}{\delta^2} \sum_{k=0}^{n} \left(\frac{k}{n} - x\right)^2 \frac{n!}{k!\,(n-k)!}\, x^k (1-x)^{n-k} =$$

$$= \frac{2M}{\delta^2}\, \frac{1}{n}\, x(1-x) \leqq \frac{M}{2\delta^2 n}. \tag{3.8}$$

Wenn deshalb $n \geqq M/\varepsilon\delta^2$ gewählt wird, ist

$$S'' \leqq \frac{1}{2}\varepsilon \tag{3.9}$$

und schließlich

$$|f(x) - P_n\{f(x)\}| \leqq S' + S'' \leqq \varepsilon. \tag{3.10}$$

Hiermit ist der WEIERSTRASZsche Approximationssatz bewiesen. Dieser Satz gilt auch für ein willkürliches Intervall $a \leqq y \leqq b$, was aus dem obigen Beweis folgt, wenn man $x = (y - a)/(b - a)$ setzt.

§ 4. Der Momentensatz

Es sei $\alpha(t)$ eine stetige Funktion der Variablen t im Intervall $0 \leqq t \leqq 1$. Wir definieren das n-te Moment (DOETSCH [1]) der Funktion $\alpha(t)$ in dem Intervall $0 \leqq t \leqq 1$ durch den Ausdruck

$$M_n = \int_0^1 t^n \alpha(t)\, dt \qquad (n = 0, 1, 2, \ldots). \tag{4.1}$$

Wir werden nun beweisen, daß $\alpha(t)$ im Intervall $0 \leq t \leq 1$ für $M_n = 0$ bei $n = 0, 1, 2, \ldots$ identisch verschwindet, falls $\alpha(t)$ in diesem Intervall stetig ist. Der Beweis wird geliefert mit Hilfe des WEIERSTRASZschen Approximationssatzes, welcher besagt, daß bei gegebenem $\varepsilon > 0$ ein Polynom $P_n\{\alpha(t)\}$ so zu bestimmen ist, daß

$$|\alpha(t) - P_n\{\alpha(t)\}| \leq \varepsilon \tag{4.2}$$

für passend gewählte n. Da

$$\int_0^1 t^n \alpha(t)\, dt = 0 \qquad (n = 0, 1, 2, \ldots), \tag{4.3}$$

gilt

$$\int_0^1 \alpha(t) P_n\{\alpha(t)\}\, dt = 0. \tag{4.4}$$

Daher haben wir

$$\int_0^1 [\alpha(t)]^2\, dt = \int_0^1 \alpha(t) [\alpha(t) - P_n\{\alpha(t)\}]\, dt. \tag{4.5}$$

Benutzung der Beziehung (4.2) gibt

$$\int_0^1 [\alpha(t)]^2\, dt \leq \varepsilon \int_0^1 |\alpha(t)|\, dt. \tag{4.6}$$

Da $\alpha(t)$ stetig ist, können wir eine endliche Zahl A finden, so daß

$$\int_0^1 |\alpha(t)|\, dt \leq A. \tag{4.7}$$

Deshalb ist

$$\int_0^1 [\alpha(t)]^2\, dt \leq \varepsilon A. \tag{4.8}$$

Da die rechte Seite der Ungleichung (4.8) beliebig klein gemacht werden kann, bedeutet dies, daß $\alpha(t)$ im Intervall $0 \leq t \leq 1$ identisch verschwindet. Die Funktion $\alpha(t)$ ist daher unter den gemachten Voraussetzungen ($\alpha(t)$ gleichmäßig stetig) eindeutig durch ihre Momente bestimmt.

§ 5. Der Lerchsche Eindeutigkeitssatz

Sei

$$F(p) = \int_0^\infty e^{-pt} f(t)\, dt. \tag{5.1}$$

Vorausgesetzt wird, daß $F(p_0 + nl) = 0$ für $n = 0, 1, 2, \ldots$ d. h. $F(p)$ verschwindet in einer Folge aequidistanter Punkte $p_0, p_0 + l, p_0 + 2l, \ldots$, wo l eine reelle Zahl ist. Wir werden nun zeigen (der LERCHsche Satz), daß in diesem Falle $f(t)$ für $0 \leqq t < \infty$ identisch verschwindet, falls wir uns auf solche Funktionen $f(t)$ beschränken, für welche

$$\alpha(t) = \int\limits_0^t \mathrm{e}^{-p_0 u} f(u)\, d u \tag{5.2}$$

eine stetige Funktion von t ist im Intervalle $0 \leqq t < \infty$ (DOETSCH [2]). Wir bemerken, daß u. a. eine endliche Anzahl Sprünge endlicher Größe in jedem endlichen Intervall in der Funktion $f(t)$ zugelassen sind. Der Beweis wird geliefert mit Hilfe des Momentensatzes (§ 4). Aus Gl. (5.2) folgt, daß $\alpha(0) = 0$. Weiterhin sieht man aus

$$F(p_0 + n\, l) = 0 \qquad (n = 0,\, 1,\, 2,\, \ldots)\,, \tag{5.3}$$

daß $\alpha(\infty) = F(p_0) = 0$ und

$$F(p_0 + n\, l) = \int\limits_0^\infty \mathrm{e}^{-p_0 t - n l t} f(t)\, dt =$$

$$= [\alpha(t)\, \mathrm{e}^{-n l t}]_0^\infty + n\, l \int\limits_0^\infty \mathrm{e}^{-n l t} \alpha(t)\, dt =$$

$$= n\, l \int\limits_0^\infty \mathrm{e}^{-n l t} \alpha(t)\, dt = 0 \qquad (n = 1,\, 2,\, 3,\, \ldots)\,, \tag{5.4}$$

oder

$$n\, l \int\limits_0^\infty \mathrm{e}^{-n l t} \alpha(t)\, dt = n \int\limits_0^1 v^{n-1} \alpha\!\left(\frac{1}{l} \ln \frac{1}{v}\right) dv = 0 \qquad (n = 1,\, 2,\, 3,\, \ldots)\,. \tag{5.5}$$

Alle Momente der Funktion $\alpha\!\left(\frac{1}{l} \ln \frac{1}{v}\right)$ verschwinden daher. Da nach den Voraussetzungen $\alpha(t)$ stetig ist, verschwindet $\alpha(t)$ identisch im Intervall $0 \leqq t < \infty$. Da weiterhin $\exp(-p_0 u) \not\equiv 0$ und eine stetige Funktion von u ist, folgt aus Gl. (5.2), daß $f(u)$ identisch verschwindet im Intervall $0 \leqq u \leqq t$, wo t willkürlich ist. Hiermit ist der LERCHsche Satz bewiesen.

Wir können auch sagen, daß eine Funktion $f(t)$ welche die obengenannten Bedingungen erfüllt, eindeutig bestimmt ist durch die Werte von $F(p)$ in $p = p_0 + n l$ $(n = 0, 1, 2, \ldots)$. Sind nämlich $f_1(t)$ und $f_2(t)$ zwei Funktionen, für welche die korrespondierenden Funktionen $F_1(p)$ und $F_2(p)$ der Relation

$$F_1(p_0 + n\, l) = F_2(p_0 + nl) \tag{5.6}$$

genügen, so gilt für die mit der Differenz $f(t) = f_1(t) - f_2(t)$ korrespondierende Funktion $F(p) = F_1(p) - F_2(p)$ die Bedingung (5.3). Der LERCHsche Satz besagt dann, daß $f(t)$ identisch verschwindet, also $f_1(t) = f_2(t)$, womit die Eindeutigkeit bewiesen ist.

Ein Spezialfall der Bedingung (5.3) ist $F(p) = 0$ für reelle Werte von p, $p > p_0$. Weiterhin kann man aus dem LERCHschen Satze schließen, daß Funktionen $F(p)$, welche der Relation (5.3) genügen, niemals entstehen können als Laplace-Transformierte einer Funktion $f(t)\,H(t)$.

Kapitel VI

Das komplexe Umkehrintegral

§ 1. Einführung

In Kap. V ist gezeigt, daß die Funktion $f(t)$ eindeutig bestimmt ist durch die CARSONsche Integralgleichung, wenn $F(p)$ bekannt vorausgesetzt ist, falls wir uns beschränken auf eine gewisse Klasse von Funktionen $f(t)$. Es zeigte sich dabei, daß die Funktion $F(p)$ dazu nur für die Werte $p = p_0 + nl$, $(n = 0, 1, 2, \ldots)$ wobei l reell ist, bekannt zu sein braucht. Eine explizite Formel, welche $f(t)$ in direkter Weise in $F(p)$ ausdrückt, ist aber noch nicht gegeben. Im vorliegenden Kapitel beschäftigen wir uns mit der Ableitung einer solchen Formel; wir erhalten sie in der Form eines Integrals in der komplexen p-Ebene. Dazu benötigen wir also die Funktion $F(p)$ für komplexe Werte der Variablen p.

Aus

$$F(p) = \int_0^\infty e^{-pt} f(t)\, dt \tag{1.1}$$

sehen wir, daß, wenn das Integral für einen komplexen Wert $p = p_0$ absolut konvergent ist, das Integral auch absolut konvergiert für p-Werte mit $\operatorname{Re} p > \operatorname{Re} p_0$. Der Konvergenzbereich ist also eine rechte Halbebene in der komplexen p-Ebene (s. Abb. 80). Nach bekannten Sätzen der Analysis ist $F(p)$ in dieser Halbebene eine analytische Funktion der Veränderlichen p. Die möglichen Singularitäten von $F(p)$ befinden sich also im Bereich $\operatorname{Re} p \leq \operatorname{Re} p_0$. Es wird sich zeigen, daß die in Betracht kommenden Funktionen $F(p)$ in jedem endlichen Teil der komplexen p-Ebene nur isolierte singulare Stellen haben, und zwar meistens nur Pole und Verzweigungspunkte.

Wir erinnern daran, daß eine Funktion $F(p)$ der komplexen Veränderlichen p für $p = p_0$ einen Pol n-ter Ordnung hat, wenn

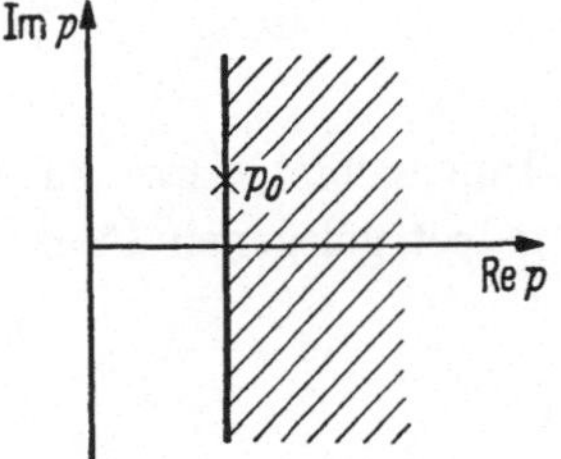

Abb. 80. Bereich der absoluten Konvergenz des CARSONschen Integrals

in der Umgebung von $p = p_0$ eine Reihenentwicklung gilt der Art

$$F(p) = \frac{a_{-n}}{(p-p_0)^n} + \frac{a_{-n+1}}{(p-p_0)^{n-1}} + \cdots + \frac{a_{-1}}{p-p_0} + \sum_{k=0}^{\infty} a_k (p-p_0)^k, \tag{1.2}$$

wo der Koeffizient a_{-1} das Residuum der Funktion $F(p)$ in $p = p_0$ heißt und $a_{-n} \neq 0$ vorausgesetzt ist.

Weiterhin hat die Funktion $F(p)$ für $p = p_0$ einen algebraischen Verzweigungspunkt n-ter Ordnung, wenn $F(p)$ in der Umgebung von $p = p_0$ eine Reihenentwicklung der folgenden Form hat

$$F(p) = \sum_k a_k (p-p_0)^{k/n}, \tag{1.3}$$

wo k und n ganze Zahlen sind und nur endlich viele negative Werte von k auftreten. Außer diesen algebraischen Verzweigungspunkten kennt man noch den logarithmischen Verzweigungspunkt. Sei $p = p_0$ eine solche Stelle, so gilt in ihrer Umgebung

$$F(p) = G(p) \ln (p - p_0), \tag{1.4}$$

wo $G(p)$ in der Umgebung von $p = p_0$ analytisch ist.

§ 2. Die Cauchyschen Integralformeln und der Residuensatz

Im folgenden werden wir häufig einige Sätze aus der Funktionentheorie brauchen. Zuerst nennen wir den CAUCHYSCHEN Integralsatz, auch wohl bezeichnet als der Hauptsatz der Funktionentheorie.

Sei $F(p)$ in einem Gebiet D analytisch, so gilt, wenn C einen geschlossenen, ganz in D liegenden Weg bedeutet, dessen Innengebiet ganz zu D gehört,

$$\oint_C F(p)\, dp = 0. \tag{2.1}$$

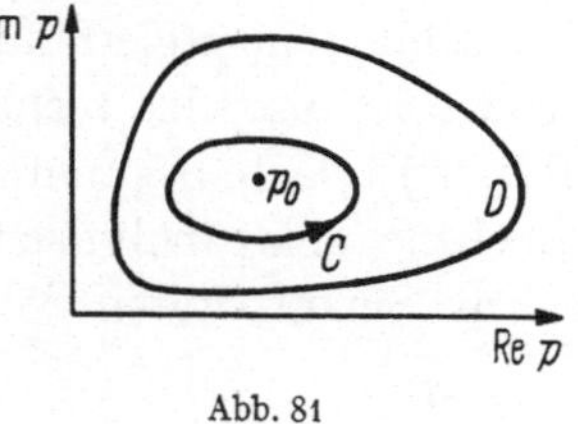

Abb. 81

Die wichtigste Folgerung aus diesem Satz ist die CAUCHYSCHE Integralformel.

Sei $F(p)$ in einem Gebiet D analytisch und sei C ein geschlossener, doppelpunktfreier, positiv orientierter Weg, dessen Innengebiet ganz zu D gehört, so gilt für jeden, in diesem Innengebiet gelegenen Punkt p_0

$$F(p_0) = \frac{1}{2\pi j} \oint_C \frac{F(p)}{p - p_0}\, dp. \tag{2.2}$$

Hierin ist die positive Orientierung in üblicher Weise definiert (s. Abb. 81).

Neben der Hauptformel (2.2) gelten unter denselben Voraussetzungen wie oben die Formeln für die Ableitungen von $F(p)$

$$\left(\frac{d^n F}{d p^n}\right)_{p=p_0} = \frac{n!}{2\pi j} \oint_C \frac{F(p)}{(p-p_0)^{n+1}}\, d p. \tag{2.3}$$

Zum Schluß geben wir den Residuensatz.

Sei $F(p)$ eine Funktion, die in einem Gebiet D analytisch ist mit Ausnahme von einer endlichen Anzahl isolierter singularer Stellen $p = p_1$, $p_2, \ldots, p_m$, in welchen Punkten die Funktion $F(p)$ Pole hat der Ordnung $\alpha_1, \alpha_2, \ldots, \alpha_m$. Sei weiterhin C ein geschlossener, doppelpunktfreier, ganz in D liegender Weg, dessen Imnnengebiet ganz zu D gehört und die obengenannten singulären Stellen enthält, so gilt

$$\frac{1}{2\pi j} \oint_C F(p)\, d p = \sum_{n=1}^{m} (\text{Residuum von } F(p) \text{ in } p = p_n). \tag{2.4}$$

Das Residuum von $F(p)$ in $p = p_n$ ist definitionsgemäß der Koeffizient von $(p - p_n)^{-1}$ in der Reihenentwicklung der Form (1.2) in der Umgebung von $p = p_n$.

§ 3. Der Jordansche Hilfssatz

In § 1 haben wir schon gesehen, daß bei Funktionen $F(p)$, welche durch Laplace-Transformation einer Funktion $f(t)$, die nur für $t > 0$ von null verschieden ist, entstehen, der Regularitätsbereich eine rechte Halbebene ist. Später werden wir zeigen, daß für die Bestimmung von $f(t)$ aus $F(p)$ gewisse unendliche Integrale auftreten, wobei der Integrationsweg ganz in der obengenannten Halbebene liegt. Da in den in § 2 erwähnten Sätzen immer die Rede ist von endlichen Gebieten und ganz darin gelegenen endlichen Integrationswegen, können wir nur mittels eines Grenzübergangs zu unendlichen Integralen geraten. Zu diesem Zwecke werden wir des öfteren den sogenannten JORDANschen Hilfssatz benutzen, dessen Formulierung wir hiernach geben.

Sei Γ_1 der Kreisbogen (Abb. 82)

$$p = c + r\, e^{j\theta}$$

$$(r > 0, \theta_1 \leq \theta \leq \theta_2), \tag{3.1}$$

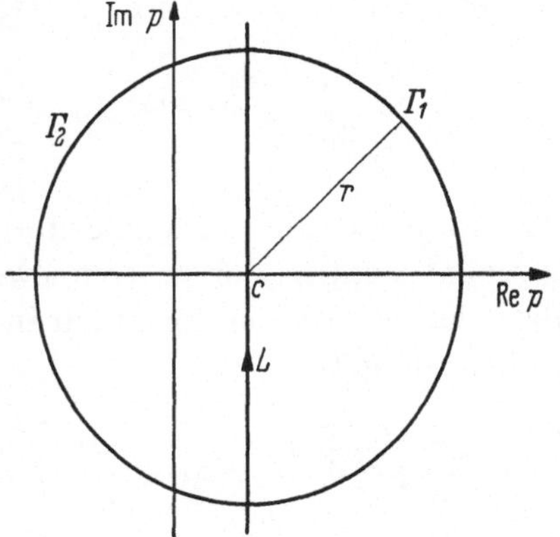

Abb. 82. Der Verlauf der Integrationswege L, Γ_1 und Γ_2

wo c eine willkürliche reelle Konstante ist und $-\pi/2 \leq \theta_1 < \theta_2 \leq \pi/2$. Im Gebiet $r \geq r_0 > 0$, $\theta_1 \leq \theta \leq \theta_2$, sei $F(p)$ analytisch, während in diesem Gebiet

$$|F(p)| \longrightarrow 0 \text{ für } r \longrightarrow \infty, \tag{3.2}$$

gleichmäßig in θ. Dann gilt (JORDANscher Hilfssatz), wenn $t < 0$,

$$\left|\frac{1}{2\pi j}\int_{\Gamma_1} e^{pt} F(p)\, dp\right| \longrightarrow 0 \qquad (r \longrightarrow \infty,\ t < 0). \tag{3.3}$$

Für den Beweis beachten wir, daß für irgendein komplexes Integral gilt

$$\left|\int_C G(p)\, dp\right| \leq \int_C |G(p)|\, ds, \tag{3.4}$$

wo s die Bogenlänge angibt. Aus der Bedingung (3.2) folgt, daß es zu jedem $\varepsilon > 0$ einen Wert R gibt, so daß

$$|F(c + r\, e^{j\theta})| < \varepsilon \qquad \text{für } r > R. \tag{3.5}$$

Mit Hilfe von (3.4) können wir dann schreiben

$$\left|\frac{1}{2\pi j}\int_{\Gamma_1} e^{pt} F(p)\, dp\right| =$$

$$= \left|\frac{1}{2\pi j}\int_{\theta_1}^{\theta_2} \exp\left[ct + rt\cos\theta + jrt\sin\theta\right] F(c + r\, e^{j\theta})\, r\, e^{j\theta}\, d\theta\right| <$$

$$< \frac{\varepsilon}{2\pi} e^{ct} \int_{\theta_1}^{\theta_2} e^{rt\cos\theta}\, r\, d\theta. \tag{3.6}$$

Nun ist aber

$$\cos\theta \geq 1 - \frac{2}{\pi}|\theta| \tag{3.7}$$

für jedes θ im *geschlossenen* Intervall $-\pi/2 \leq \theta \leq \pi/2$. Also

$$\left|\frac{1}{2\pi j}\int_{\Gamma_1} e^{pt} F(p)\, dp\right| < \frac{\varepsilon\, e^{(r+c)t}}{2\pi} \int_{\theta_1}^{\theta_2} e^{-\frac{2}{\pi} rt|\theta|}\, r\, d\theta. \tag{3.8}$$

Das Integral auf der rechten Seite von (3.8) kann in elementarer Weise bestimmt werden. Für unseren Zweck genügt es aber, dieses Integral abzuschätzen. Da der Integrand im ganzen Intervall $-\pi/2 \leq \theta \leq \pi/2$ positiv ist, gilt

$$\frac{e^{rt}}{2\pi}\int_{\theta_1}^{\theta_2} e^{-\frac{2}{\pi} rt|\theta|}\, r\, d\theta \leq \frac{e^{rt}}{2\pi}\int_{-\pi/2}^{\pi/2} e^{-\frac{2}{\pi} rt|\theta|}\, r\, d\theta = \frac{e^{rt}}{\pi}\int_{0}^{\pi/2} e^{-\frac{2}{\pi} rt\theta}\, r\, d\theta =$$

$$= \frac{1}{2t}\left(e^{rt} - 1\right). \tag{3.9}$$

Hieraus ergibt sich, daß

$$\left| \frac{1}{2\pi j} \int\limits_{\Gamma_1} e^{pt} F(p)\, dp \right| < \frac{\varepsilon}{2t} e^{ct} (e^{rt} - 1)\,. \tag{3.10}$$

Da ε beliebig klein gemacht werden kann durch eine hinreichend große Wahl von R, verschwindet die rechte Seite von (3.10) im Limes $r \to \infty$ so lange $t < 0$.

In ähnlicher Weise kann man zeigen daß, wenn $t > 0$,

$$\left| \frac{1}{2\pi j} \int\limits_{\Gamma_2} e^{pt} F(p)\, dp \right| \to 0 \qquad (r \to \infty,\ t > 0)\,, \tag{3.11}$$

falls Γ_2 der Kreisbogen (Abb. 82)

$$p = c + r\, e^{j\theta} \qquad (r > 0,\ \theta_1 \leqq \theta \leqq \theta_2) \tag{3.12}$$

ist, mit $\pi/2 \leqq \theta_1 < \theta_2 \leqq 3\pi/2$, und $F(p)$ analytisch ist im Gebiet $r \geqq r_0 > 0$, $\theta_1 \leqq \theta \leqq \theta_2$, während in diesem Gebiet

$$|F(p)| \to 0 \quad \text{für } r \to \infty\,, \tag{3.13}$$

gleichmäßig in θ.

Zum Schluß betrachten wir noch den speziellen Wert $t = 0$; dann ist $\exp(pt) = 1$. Die Bedingungen (3.2) und (3.13) sind dann aber nicht genügend, um im Limes $r \to \infty$ die Konvergenz des Integrals auf der linken Seite von (3.3) und (3.11) zu gewährleisten. In diesem Falle muß mindestens $|p F(p)| \to 0$ für $r \to \infty$ gelten.

§ 4. Der Fouriersche Umkehrsatz

Zur Formulierung des FOURIERschen Umkehrsatzes betrachten wir zuerst den Elementarfall der HEAVISIDEschen Sprungfunktion. Den Ausgangspunkt unserer Betrachtungen finden wir in der Beziehung (WAGNER [1])

$$H(t) = \frac{1}{2\pi j} \int\limits_{c-j\infty}^{c+j\infty} e^{pt} \frac{1}{p}\, dp \qquad (c > 0)\,. \tag{4.1}$$

Zum Beweis dieser Formel benutzen wir den JORDANschen Hilfssatz im Zusammenhang mit dem Residuensatz. Der Integrand in Gl. (4.1) hat einen Pol erster Ordnung bei $p = 0$ (Abb. 82). Da $c > 0$, ist der Integrand daher analytisch in der Halbebene Re $p \geqq c$. Sei nun L der gerade Integrationsweg $p = c + j\omega$, $-r < \omega < r$, und Γ_1 der Kreisbogen $p = c + r e^{j\theta}$, $-\pi/2 \leqq \theta \leqq \pi/2$. Weiterhin bezeichnen wir die Totalkurve $L + \Gamma_1$ mit C_1. Da der Integrand im Inneren von C_1 analytisch ist, gilt nach dem CAUCHYschen Integralsatz

$$\frac{1}{2\pi j} \oint\limits_{C_1} e^{pt} \frac{1}{p}\, dp = 0\,. \tag{4.2}$$

Der JORDANsche Hilfssatz sagt aber, daß für $t < 0$ und $r \to \infty$

$$\left| \frac{1}{2\pi j} \int_{\Gamma_1} e^{pt} \frac{1}{p} \, dp \right| \to 0 \qquad (r \to \infty, \, t < 0). \tag{4.3}$$

Hieraus ergibt sich durch den Grenzübergang $r \to \infty$, daß

$$\frac{1}{2\pi j} \int_{c-j\infty}^{c+j\infty} e^{pt} \frac{1}{p} \, dp = 0 \qquad (t < 0). \tag{4.4}$$

In ähnlicher Weise sei Γ_2 der Kreisbogen $p = c + re^{j\theta}, \pi/2 \leq \theta \leq 3\pi/2$, mit $r > c$. Die Totalkurve $L + \Gamma_2$ bezeichnen wir mit C_2. Nach dem Residuensatz ist

$$\frac{1}{2\pi j} \oint_{C_2} e^{pt} \frac{1}{p} \, dp = \left(\text{Residuum von } \frac{e^{pt}}{p} \text{ in } p = 0 \right) = 1. \tag{4.5}$$

Der JORDANsche Hilfssatz sagt aber, daß für $t > 0$ und $r \to \infty$

$$\left| \frac{1}{2\pi j} \int_{\Gamma_2} e^{pt} \frac{1}{p} \, dp \right| \to 0 \qquad (r \to \infty, \, t > 0). \tag{4.6}$$

Hieraus ergibt sich durch den Grenzübergang $r \to \infty$, daß

$$\frac{1}{2\pi j} \int_{c-j\infty}^{c+j\infty} e^{pt} \frac{1}{p} \, dp = 1 \qquad (t > 0). \tag{4.7}$$

Aus Gl. (4.4) und Gl. (4.7) schließt man

$$\frac{1}{2\pi j} \int_{c-j\infty}^{c+j\infty} e^{pt} \frac{1}{p} \, dp = H(t) \qquad (c > 0), \tag{4.8}$$

womit unsere Behauptung bewiesen ist. Eine unmittelbare Folgerung dieser Gleichung ist die Beziehung

$$\frac{1}{2\pi j} \int_{c-j\infty}^{c+j\infty} e^{p(t-t_0)} \frac{1}{p} \, dp = H(t - t_0) \qquad (c > 0). \tag{4.9}$$

Mit Hilfe der obenstehenden Darstellung der HEAVISIDESchen Sprungfunktion wird es uns gelingen, eine ähnliche Darstellung für die Funktion $\delta(t - t_0, \Delta)$ zu finden, welche wir wie folgt erklären (Abb. 83)

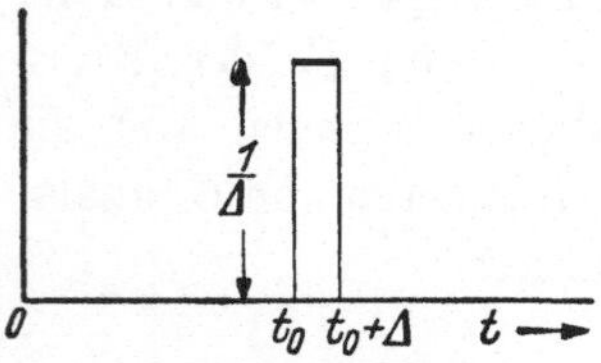

Abb. 83. Der Verlauf der Funktion $\delta(t-t_0, \Delta)$

$$\delta(t - t_0, \Delta) = \begin{cases} 0 & (-\infty < t < t_0), \\ \dfrac{1}{\Delta} & (t_0 < t < t_0 + \Delta). \\ 0 & (t_0 + \Delta < t < \infty). \end{cases} \tag{4.10}$$

Dies können wir wie folgt zusammenstellen aus zwei HEAVISIDEschen Sprungfunktionen,

$$\delta(t - t_0, \Delta) = \frac{1}{\Delta}\left[H(t - t_0) - H(t - t_0 - \Delta)\right]. \tag{4.11}$$

Setzt man auf der rechten Seite von Gl. (4.11) die Darstellung (4.9) ein, so erhält man

$$\delta(t - t_0, \Delta) = \frac{1}{2\pi j} \int\limits_{c-j\infty}^{c+j\infty} e^{p(t-t_0)} \frac{1 - e^{-p\Delta}}{p\Delta}\, dp. \tag{4.12}$$

Da der Integrand in jedem endlichen Bereich der komplexen p-Ebene analytisch ist, kann c willkürlich gewählt werden (braucht hier also nicht positiv zu sein). Für den Beweis des FOURIERschen Umkehrsatzes benötigen wir eine von Gl. (4.12) verschiedene Darstellung der Funktion $\delta(t - t_0, \Delta)$. Um diese zu gewinnen beachten wir, daß aus Gl. (4.9) folgt

$$H(t_0 - t) = \frac{1}{2\pi j} \int\limits_{c-j\infty}^{c+j\infty} e^{p(t_0 - t)} \frac{1}{p}\, dp$$

$$(c > 0). \tag{4.13}$$

Abb. 84. Das Zusammensetzen von $\delta(t - t_0, \Delta)$ aus zwei HEAVISIDEschen Sprungfunktionen

Die Funktion $\delta(t - t_0, \Delta)$, wie vorgeschrieben in Gl. (4.10), kann auch in folgender Weise zusammengesetzt werden aus zwei HEAVISIDEschen Sprungfunktionen (Abb. 84)

$$\delta(t - t_0, \Delta) = \frac{1}{\Delta}\left[H(t_0 + \Delta - t) - H(t_0 - t)\right]. \tag{4.14}$$

Hieraus ergibt sich

$$\delta(t - t_0, \Delta) = \frac{1}{2\pi j} \int\limits_{c-j\infty}^{c+j\infty} e^{p(t_0 - t)} \frac{e^{p\Delta} - 1}{p\Delta}\, dp. \tag{4.15}$$

Ebenso wie in Gl. (4.12) kann c in Gl. (4.15) willkürlich sein.

Es sei nun $f(t)$ eine im Intervall $a \leqq t \leqq b$ stetige Funktion der reellen Variablen t. Die Darstellung (4.15) liefert dann

$$\int\limits_a^b f(t)\, \delta(t - t_0, \Delta)\, dt = \int\limits_a^b f(t)\, dt \frac{1}{2\pi j} \int\limits_{c-j\infty}^{c+j\infty} e^{-p(t-t_0)} \frac{e^{p\Delta} - 1}{p\Delta}\, dp. \tag{4.16}$$

Mit der Definition (4.10) von $\delta(t - t_0, \Delta)$ kann man für die linke Seite der Gleichung (4.16) schreiben

$$\int\limits_a^b f(t)\, \delta(t - t_0, \Delta)\, dt = \frac{1}{\Delta} \int\limits_{t_0}^{t_0 + \Delta} f(t)\, dt \qquad (a \leqq t_0,\ t_0 + \Delta \leqq b). \tag{4.17}$$

Nach dem ersten Mittelwertsatz ist aber, da $f(t)$ im Intervall $a \leqq t \leqq b$ stetig ist,

$$\frac{1}{\varDelta} \int\limits_{t_0}^{t_0+\varDelta} f(t)\, dt = f(t_0 + \theta \varDelta) \qquad (0 \leqq \theta \leqq 1)\,. \tag{4.18}$$

Unter der Voraussetzung, daß die Integrationsfolge auf der rechten Seite von Gl. (4.16) vertauscht werden kann, erhält man also, mit $0 \leqq \theta \leqq 1$,

$$f(t_0 + \theta \varDelta) = \frac{1}{2\pi j} \int\limits_{c-j\infty}^{c+j\infty} e^{p t_0} \frac{e^{p \varDelta} - 1}{p \varDelta}\, dp \int\limits_a^b e^{-p t} f(t)\, dt\,. \tag{4.19}$$

Im allgemeinen muß der Integrationsweg in der komplexen p-Ebene in dem Bereich liegen, wo das innere Integral der rechten Seite von Gl. (4.19) eine analytische Funktion von p ist. Solange a und b beschränkt sind, ist das genannte Integral überall in der p-Ebene analytisch und ist c deshalb willkürlich.

Im Limes $\varDelta \to 0$ gilt, da $f(t)$ im Intervall $a \leqq t \leqq b$ stetig ist,

$$f(t_0 + \theta \varDelta) \to f(t_0)\,, \tag{4.20}$$

während

$$\frac{e^{p \varDelta} - 1}{p \varDelta} \to 1\,. \tag{4.21}$$

Führt man diesen Grenzübergang in Gl. (4.19) aus, so erhält man

$$f(t_0) = \frac{1}{2\pi j} \int\limits_{c-j\infty}^{c+j\infty} e^{p t_0}\, dp \int\limits_a^b e^{-p t} f(t)\, dt \qquad (a \leqq t_0 \leqq b)\,. \tag{4.22}$$

Weiterhin ist deutlich, daß aus der Definition (4.10) von $\delta(t - t_0, \varDelta)$ folgt

$$\int\limits_a^b f(t)\, \delta(t - t_0, \varDelta)\, dt = 0 \qquad (t_0 + \varDelta < a \text{ oder } b < t_0)\,. \tag{4.23}$$

Wir sehen daher aus Gl. (4.16), daß im Limes $\varDelta \to 0$ die rechte Seite von Gl. (4.22) gleich null ist, wenn entweder $t_0 < a$ oder $b < t_0$. Mit einer unwesentlichen Änderung in der Bezeichnung der Variablen ist das Resultat in der folgenden Form zu schreiben

$$f(t)\, [H(t - a) - H(t - b)] = \frac{1}{2\pi j} \int\limits_{c-j\infty}^{c+j\infty} e^{p t}\, dp \int\limits_a^b e^{-p \tau} f(\tau)\, d\tau\,. \tag{4.24}$$

Gl. (4.24) ist die FOURIERsche Umkehrformel in komplexer Gestalt für eine, im Intervall $a \leqq t \leqq b$ stetige Funktion $f(t)$ (SCHOUTEN [3]).

Eine Erweiterung für den Fall einer Funktion $f(t)$, die in jedem endlichen Intervall nur eine endliche Anzahl Sprünge endlicher Größe hat, werden wir jetzt geben. Zur Untersuchung dieses Falls genügt es, eine Funktion $f(t)$ zu betrachten, die im Intervall $a \leq t \leq b$ an der Stelle $t = t_1$ einen endlichen Sprung zeigt. Die Funktion $f(t)$ setzen wir zusammen aus einer stetigen Funktion $g(t)$ und einer Sprungfunktion der Höhe $f(t_1 + 0) - f(t_1 - 0)$, also (Abb. 85)

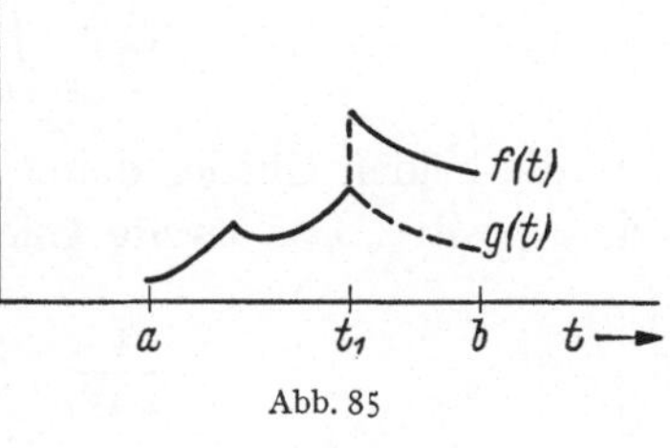

Abb. 85

$$f(t) = g(t) + [f(t_1 + 0) - f(t_1 - 0)] H(t - t_1), \tag{4.25}$$

wo

$$f(t_1 + 0) = \lim_{\varepsilon \to 0} f(t_1 + \varepsilon) \qquad (\varepsilon > 0) \tag{4.26}$$

und

$$f(t_1 - 0) = \lim_{\varepsilon \to 0} f(t_1 - \varepsilon) \qquad (\varepsilon > 0). \tag{4.27}$$

Es ist ersichtlich, daß für $g(t)$ die FOURIERsche Umkehrformel (4.24) gilt. Es bleibt uns jetzt übrig, zu untersuchen, was die rechte Seite von Gl. (4.24) liefert, falls man sie auf das zweite Glied der Gl. (4.25) anwendet. Eine elementare Rechnung ergibt

$$\int_a^b e^{-p\tau} [f(t_1 + 0) - f(t_1 - 0)] H(\tau - t_1) \, d\tau =$$

$$= [f(t_1 + 0) - f(t_1 - 0)] \frac{e^{-pt_1} - e^{-pb}}{p}. \tag{4.28}$$

Unter Benutzung dieses Resultats findet man

$$\frac{1}{2\pi j} \int_{c-j\infty}^{c+j\infty} e^{pt} \, dp \int_a^b e^{-p\tau} [f(t_1 + 0) - f(t_1 - 0)] H(\tau - t_1) \, d\tau =$$

$$= [f(t_1 + 0) - f(t_1 - 0)] \frac{1}{2\pi j} \int_{c-j\infty}^{c+j\infty} \frac{e^{p(t-t_1)} - e^{p(t-b)}}{p} \, dp, \tag{4.29}$$

wo die Wahl von c in Gl. (4.29) noch immer willkürlich ist. Nun gilt [vgl. Gl. (4.15)]

$$\frac{1}{2\pi j} \int_{c-j\infty}^{c+j\infty} \frac{e^{p(t-t_1)} - e^{p(t-b)}}{p} \, dp = \begin{cases} 0 & (t < t_1), \\ 1 & (t_1 < t \leq b). \end{cases} \tag{4.30}$$

Für jeden Wert der Variablen t mit Ausnahme von $t = t_1$ ergibt also die rechte Seite von Gl. (4.24) wiederum den Funktionswert $f(t)$. Wir müssen jetzt noch den Wert $t = t_1$ betrachten. Das Integral auf der rechten Seite von Gl. (4.29) wird dann

$$\frac{1}{2\pi j} \int_{c-j\infty}^{c+j\infty} \frac{1 - e^{p(t_1 - b)}}{p}\, dp.$$

Um die beiden Glieder dieses Integrals getrennt zu berechnen, wählen wir c positiv. Das zweite Glied gibt [vgl. Gl. (4.9)]

$$\frac{1}{2\pi j} \int_{c-j\infty}^{c+j\infty} \frac{e^{p(t_1 - b)}}{p}\, dp = 0, \tag{4.31}$$

da $t_1 < b$ ist. Das erste Glied hat ohne weiteres keine Bedeutung, da das Integral divergent ist. Es ist nun möglich, diesem Integral einen gewissen Wert beizumessen, wenn wir es als CAUCHYSCHEN Hauptwert definieren, d. h.

$$\frac{1}{2\pi j} \int_{c-j\infty}^{c+j\infty} \frac{1}{p}\, dp = \lim_{\Omega \to \infty} \frac{1}{2\pi j} \int_{c-j\Omega}^{c+j\Omega} \frac{1}{p}\, dp = \lim_{\Omega \to \infty} \frac{1}{2\pi j} \left[\ln p\right]_{c-j\Omega}^{c+j\Omega}, \tag{4.32}$$

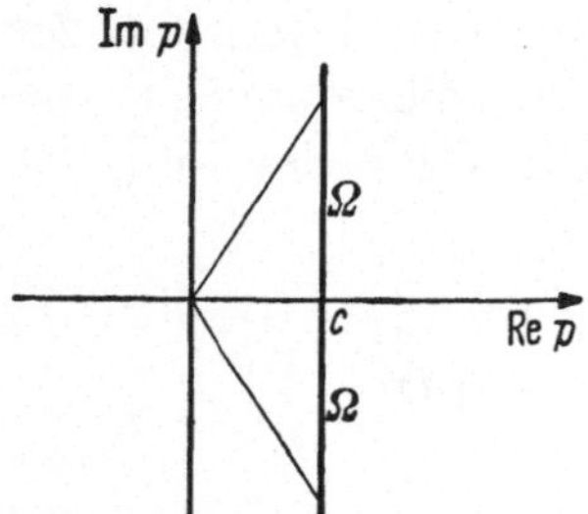

Abb. 86. Der Integrationsweg in der p-Ebene

wo $\ln p$ den Hauptwert des natürlichen Logarithmus bedeutet: $|\ln p| = \ln |p|$, $-\pi < \arg(\ln p) < \pi$. Auswertung der rechten Seite von Gl. (4.32) führt zu (Abb. 86)

$$\lim_{\Omega \to \infty} \frac{1}{2\pi j} \int_{c-j\Omega}^{c+j\Omega} \frac{1}{p}\, dp = \frac{1}{2}. \tag{4.33}$$

Da weiterhin definitionsgemäß (Abb. 85)

$$g(t_1) = f(t_1 - 0) \tag{4.34}$$

liefert die Kombination der erhaltenen Resultate

$$\lim_{\Omega \to \infty} \frac{1}{2\pi j} \int_{c-j\Omega}^{c+j\Omega} e^{pt}\, dp \int_a^b e^{-p\tau} f(\tau)\, d\tau = \tag{4.35}$$

$$= \frac{1}{2}\left[f(t + 0) + f(t - 0)\right]\left[H(t - a) - H(t - b)\right].$$

Für jeden Wert von t, wo $f(t)$ stetig ist, kann man in den Integrationsgrenzen Ω durch ∞ ersetzen und wird $\frac{1}{2}[f(t + 0) + f(t - 0)]$ ohne weiteres $f(t)$.

Bisher waren a und b, mit $a < b$, beliebige reelle Zahlen. Zwei Spezialfälle sind aber von besonderem Interesse: *die einseitige Laplace-Transformation*, für welche $a = 0$ und $b \to \infty$ und *die zweiseitige Laplace-Transformation*, für welche $a \to -\infty$ und $b \to \infty$.

Aus Gl. (4.35) folgt für die einseitige Laplace-Transformation

$$\frac{1}{2}\left[f(t+0)+f(t-0)\right]H(t)=\lim_{\Omega\to\infty}\frac{1}{2\,\pi j}\int_{c-j\Omega}^{c+j\Omega}\mathrm{e}^{pt}d\,p\int_{0}^{\infty}\mathrm{e}^{-p\tau}f(\tau)\,d\tau\,.$$

$$(4.36)$$

In Gl. (4.36) soll c in der Halbebene gelegen sein, wo das Integral nach τ eine analytische Funktion von p ist. Wir bemerken, daß das Integral nach τ genau die Form hat, die wir in Kapitel II benutzt haben um die Transformierte $F(p)$ der Funktion $f(t)$ zu bestimmen.

Für die zweiseitige Laplace-Transformation folgt aus Gl. (4.35)

$$\frac{1}{2}[f(t+0)+f(t-0)]=\lim_{\Omega\to\infty}\frac{1}{2\,\pi j}\int_{c-j\Omega}^{c+j\Omega}\mathrm{e}^{pt}d\,p\int_{-\infty}^{\infty}\mathrm{e}^{-p\tau}f(\tau)\,d\tau\,. \qquad (4.37)$$

In Gl. (4.37) soll c in dem zur imaginären Achse parallelen Streifen liegen, wo das Integral nach τ eine analytische Funktion von p ist. Die spezielle Wahl $p=j\omega$, wo ω reell ist, führt in diesem Falle zu dem FOURIERschen Doppelintegral. Die zweiseitige Laplace-Transformation ist daher aufzufassen als eine Verallgemeinerung der Fourier-Transformation. Ebenso wie im Falle der einseitigen Laplace-Transformation kann eine Transformierte $F(p)$ der Funktion $f(t)$ definiert werden durch

$$F(p)=\int_{-\infty}^{\infty}\mathrm{e}^{-pt}f(t)\,dt\,. \qquad (4.38)$$

Die einseitige Laplace-Transformation entsteht aus Gl. (4.38), falls wir uns beschränken auf Funktionen $f(t)$, die für $t<0$ identisch verschwinden.

§ 5. Transformationsregeln

Die in Kap. II, § 2 behandelten Transformationsregeln der einseitigen Laplace-Transformation können wir auch ableiten mit Hilfe der Beziehung (4.36). Wir schreiben dazu

$$f(t)\,H(t)=\frac{1}{2\,\pi j}\int_{c-j\infty}^{c+j\infty}\mathrm{e}^{pt}F(p)\,dp\,, \qquad (5.1)$$

wo

$$F(p)=\int_{0}^{\infty}\mathrm{e}^{-p\tau}f(\tau)\,d\tau\,. \qquad (5.2)$$

An den Stellen, wo $f(t)$ einen endlichen Sprung zeigt, ist das Integral in Gl. (5.1) zu ersetzen durch den CAUCHYSCHEN Hauptwert, wie angedeutet in Gl. (4.36); an einer solchen Stelle liefert es dann bekanntlich den Wert $\frac{1}{2}[f(t+0)+f(t-0)]$. Der Integrationsweg $\mathrm{Re}\,p=c$ soll in der rechten Halbebene liegen, wo $F(p)$, definiert durch Gl. (5.2), eine analytische Funktion von p ist. Zum Beweis der hiernachfolgenden Transformationsregeln gehen wir aus von Gl. (5.1).

a) *Linearitätssatz.* Wenn $F(p) \leftrightarrow f(t)H(t)$ und $G(p) \leftrightarrow g(t)H(t)$, gilt

$$a F(p) + b G(p) \leftrightarrow [a f(t) + b g(t)] H(t), \qquad (5.3)$$

mit willkürlichen komplexen Zahlen a und b. Der Beweis folgt unmittelbar aus Gl. (5.1).

b) *Ähnlichkeitssatz.* Wenn $F(p) \leftrightarrow f(t)H(t)$ haben wir

$$F\left(\frac{p}{a}\right) \leftrightarrow a f(a t) H(t), \qquad (5.4)$$

für reelles a. Zum Beweis beachten wir, daß

$$\frac{1}{2\pi j} \int_{c-j\infty}^{c+j\infty} e^{pt} F\left(\frac{p}{a}\right) dp = \frac{a}{2\pi j} \int_{c/a-j\infty}^{c/a+j\infty} e^{qat} F(q) \, dq = a f(a t) H(t).$$

c) *Dämpfungssatz.* Wenn $F(p) \leftrightarrow f(t)H(t)$, gilt

$$F(p+\alpha) \leftrightarrow e^{-\alpha t} f(t) H(t), \qquad (5.5)$$

für jedes komplexe α. Man zeigt dies wie folgt,

$$\frac{1}{2\pi j} \int_{c-j\infty}^{c+j\infty} e^{pt} F(p+\alpha) \, dp = \frac{1}{2\pi j} \int_{c+\alpha-j\infty}^{c+\alpha+j\infty} e^{(q-\alpha)t} F(q) \, dq = e^{-\alpha t} f(t) H(t).$$

d) *Verschiebungssatz.* Wenn $F(p) \leftrightarrow f(t)H(t)$, gilt

$$e^{-pT} F(p) \leftrightarrow f(t-T) H(t-T). \qquad (5.6)$$

Mit Gl. (5.1) erhalten wir

$$\frac{1}{2\pi j} \int_{c-j\infty}^{c+j\infty} e^{p(t-T)} F(p) \, dp = f(t-T) H(t-T),$$

auf Grund des JORDANschen Hilfssatzes [vgl. Gl. (4.3) und Gl. (4.6)].

e) *Faltungssatz.* Wenn $F(p) \leftrightarrow f(t)H(t)$ und $G(p) \leftrightarrow g(t)H(t)$, gilt

$$F(p) G(p) \leftrightarrow \int_0^t f(t-\tau) g(\tau) \, d\tau. \qquad (5.7)$$

Zum Beweis beachten wir, daß, mit Gl. (5.1) und Gl. (5.2),

$$\frac{1}{2\pi j} \int_{c-j\infty}^{c+j\infty} e^{pt} F(p) G(p) \, dp = \frac{1}{2\pi j} \int_{c-j\infty}^{c+j\infty} e^{pt} F(p) \int_0^\infty e^{-p\tau} g(\tau) \, d\tau =$$

$$= \int_0^\infty g(\tau) \, d\tau \, \frac{1}{2\pi j} \int_{c-j\infty}^{c+j\infty} e^{p(t-\tau)} F(p) \, dp.$$

Mit dem Verschiebungssatz (5.6) ergibt sich hieraus

$$\frac{1}{2\pi j}\int_{c-j\infty}^{c+j\infty} e^{pt}\,F(p)\,G(p)\,dp = \int_0^\infty g(\tau)\,f(t-\tau)\,H(t-\tau)\,d\tau =$$

$$= \int_0^t f(t-\tau)\,g(\tau)\,d\tau\,.$$

f) *Differentiation im t-Bereich.* Wenn $F(p) \leftrightarrow f(t)\,H(t)$ und $f(t)$ stückweise stetig differenzierbar ist im Intervall $0 < t < \infty$, gilt

$$pF(p) \leftrightarrow \frac{df}{dt}\,H(t) + f(0)\,\delta(t)\,. \tag{5.8}$$

Man beachte, daß

$$\frac{1}{2\pi j}\int_{c-j\infty}^{c+j\infty} e^{pt}\,p\,F(p)\,dp = \frac{d}{dt}\left[\frac{1}{2\pi j}\int_{c-j\infty}^{c+j\infty} e^{pt}\,F(p)\,dp\right] =$$

$$= \frac{d}{dt}\,[f(t)\,H(t)] = \frac{df}{dt}\,H(t) + f(0)\,\delta(t)\,. \tag{5.9}$$

g) *Integration im t-Bereich.* Wenn $F(p) \leftrightarrow f(t)\,H(t)$, gilt

$$\frac{1}{p}\,F(p) \leftrightarrow \int_0^t f(\tau)\,d\tau\,. \tag{5.10}$$

Zum Beweis beachten wir, daß

$$\int_0^t e^{p\tau}\,d\tau = \frac{1}{p}\,(e^{pt}-1)\,.$$

Unter Benutzung dieser Beziehung erhalten wir

$$\frac{1}{2\pi j}\int_{c-j\infty}^{c+j\infty} e^{pt}\frac{1}{p}\,F(p)\,dp = \frac{1}{2\pi j}\int_{c-j\infty}^{c+j\infty}\left\{\int_0^t e^{p\tau}\,d\tau\right\}F(p)\,dp +$$

$$+ \frac{1}{2\pi j}\int_{c-j\infty}^{c+j\infty}\frac{1}{p}\,F(p)\,dp =$$

$$= \int_0^t d\tau\,\frac{1}{2\pi j}\int_{c-j\infty}^{c+j\infty} e^{p\tau}\,F(p)\,dp = \int_0^t f(\tau)\,d\tau\,,$$

da

$$\int_{c-j\infty}^{c+j\infty}\frac{1}{p}\,F(p)\,dp = 0\,,$$

falls $c > 0$. Diese letzte Behauptung folgt unmittelbar durch Anwendung des CAUCHYschen Integralsatzes auf einen geschlossenen Integrationsweg, der zusammengesetzt ist aus der Strecke $p = c + j\omega$, $-R \leqq \omega \leqq R$, und dem Kreisbogen $p = c + Re^{j\theta}$, $-\pi/2 \leqq \theta \leqq \pi/2$, mit $c > 0$. Innerhalb dieses Integrationsweges ist $p^{-1}F(p)$ analytisch, während nach den Voraussetzungen $F(c + Re^{j\theta}) \to 0$ wenn $R \to \infty$. Der Beitrag des Kreisbogens zu dem Integral verschwindet daher im Limes $R \to \infty$, womit die Behauptung bewiesen ist.

h) *Differentiation im p-Bereich.* Wenn $F(p) \leftrightarrow f(t)H(t)$, gilt

$$\frac{dF}{dp} \leftrightarrow -t\,f(t)\,H(t)\,. \tag{5.11}$$

Ausführung der Transformation von $\dfrac{dF}{dp}$ ergibt

$$\frac{1}{2\pi j}\int\limits_{c-j\infty}^{c+j\infty} e^{pt}\frac{dF}{dp}\,dp = \frac{1}{2\pi j}\left[e^{pt}F(p)\right]_{c-j\infty}^{c+j\infty} - \frac{t}{2\pi j}\int\limits_{c-j\infty}^{c+j\infty} e^{pt}F(p)\,dp =$$

$$= -t\,f(t)\,H(t)\,,$$

wo wir benutzt haben, daß

$$\lim_{\Omega\to\pm\infty} e^{(c+j\Omega)t}F(c+j\Omega) = 0\,,$$

da $\exp[(c + j\Omega)t]$ beschränkt bleibt und nach der Voraussetzungen $F(c + j\Omega) \to 0$ wenn $\Omega \to \pm\infty$.

i) *Integration im p-Bereich.* Wenn $F(p) \leftrightarrow f(t)H(t)$, gilt

$$\int\limits_{p}^{\infty} F(s)\,ds \leftrightarrow \frac{1}{t}f(t)H(t)\,, \tag{5.12}$$

wo der Integrationsweg in der s-Ebene nach unendlich geht in derjenigen Halbebene, wo $F(s)$ analytisch ist. Unter diesen Bedingungen ist das Integral vom Integrationsweg unabhängig.

Zum Beweis beachten wir, daß

$$\frac{1}{2\pi j}\int\limits_{c-j\infty}^{c+j\infty} e^{pt}\left\{\int\limits_{p}^{\infty} F(s)\,ds\right\}dp =$$

$$= \frac{1}{2\pi j}\left[\frac{1}{t}e^{pt}\int\limits_{p}^{\infty} F(s)\,ds\right]_{c-j\infty}^{c+j\infty} +$$

$$+ \frac{1}{t}\frac{1}{2\pi j}\int\limits_{c-j\infty}^{c+j\infty} e^{pt}F(p)\,dp =$$

$$= \frac{1}{t}f(t)H(t)\,,$$

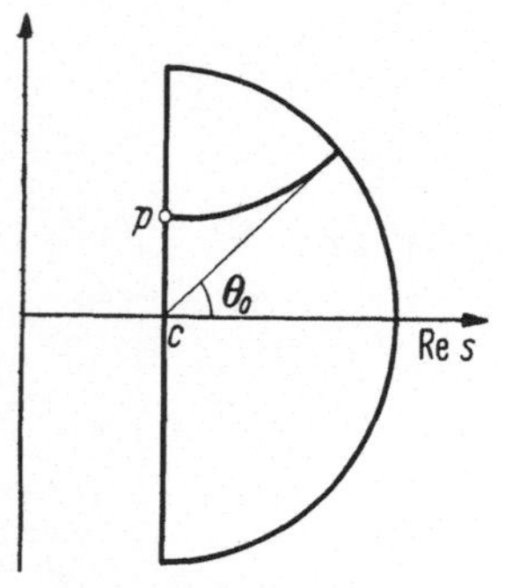

Abb. 87. Der Integrationsweg in der s-Ebene

wo wir benutzt haben, daß

$$\frac{1}{2\pi j}\left[\frac{1}{t}\,e^{pt}\int_{p}^{\infty}F(s)\,ds\right]_{c-j\infty}^{c+j\infty}=0\,. \tag{5.13}$$

Das Letzte ist der Fall, wenn in der betrachteten Halbebene in allen Richtungen $|\,pF(p)\,|\to 0$ für $|\,p\,|\to\infty$. Wenn nämlich die obere Grenze der Integration nach s gegeben ist durch $\lim_{R\to\infty}(c+Re^{j\theta_0})$, mit $-\pi/2\leqq$ $\leqq\theta_0\leqq\pi/2$ (Abb. 87), so erhalten wir für die linke Seite von Gl. (5.13)

$$\left|\frac{1}{2\pi j}\left[\frac{1}{t}\,e^{pt}\int_{p}^{\infty\exp(j\theta_0)}F(s)\,ds\right]_{c-j\infty}^{c+j\infty}\right|=$$

$$=\lim_{R\to\infty}\frac{e^{ct}}{2\pi t}\,R\left|e^{jRt}\int_{\theta_0}^{\pi/2}F(c+Re^{j\theta})e^{j\theta}\,d\theta+e^{-jRt}\int_{-\pi/2}^{\theta_0}F(c+Re^{j\theta})e^{j\theta}\,d\theta\right|\leqq$$

$$\leqq\lim_{R\to\infty}\frac{e^{ct}}{2\pi t}\,R\int_{-\pi/2}^{\pi/2}|F(c+Re^{j\theta})|\,d\theta=0\,,$$

weil

$$\lim_{R\to\infty}R\,|F(c+Re^{j\theta})|=0$$

nach unseren Voraussetzungen.

§ 6. Verifikation einiger einfacher Korrespondenzen

Durch Auswertung des Integrals in Gl. (5.1) können wir jetzt die in Kap. II, § 3 behandelten Korrespondenzen nachprüfen.

a) *Die Heavisidesche Funktion $H(t)$.* Hierfür ergibt sich

$$\frac{1}{p}\leftrightarrow H(t)\qquad(\mathrm{Re}\,p>0)\,. \tag{6.1}$$

Dieses Resultat ist schon in Gl. (4.8) auf S. 108 erhalten.

b) *Die Diracsche Deltafunktion $\delta(t)$.* Hierfür ergibt sich

$$1\leftrightarrow\delta(t)\,, \tag{6.2}$$

für jeden Wert der Variablen p. Wenn wir schreiben (Abb. 88)

$$\delta(t,\,\Delta)=\frac{1}{\Delta}\,[H(t)-H(t-\Delta)]\,, \tag{6.3}$$

so erhalten wir, mit Gl. (4.9),

$$\delta(t,\,\Delta)=\frac{1}{2\pi j}\int_{c-j\infty}^{c+j\infty}e^{pt}\,\frac{1-e^{-p\Delta}}{p\,\Delta}\,dp\,, \tag{6.4}$$

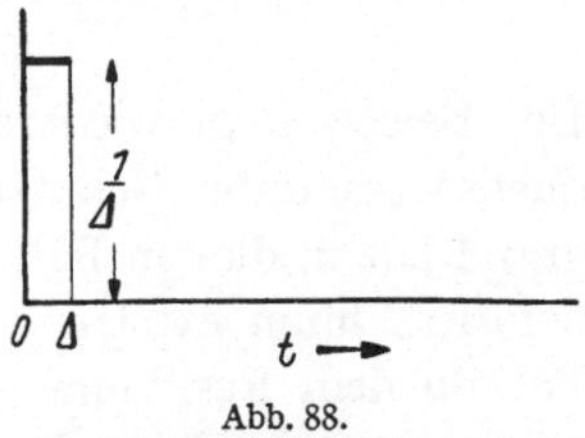

Abb. 88.
Der Verlauf der Funktion $\delta(t,\,\Delta)$

wo c willkürlich ist. Setzen wir $\Delta = 0$, so erhalten wir

$$\delta(t) = \frac{1}{2\pi j} \int\limits_{c-j\infty}^{c+j\infty} e^{pt}\, dp\,, \tag{6.5}$$

wo das Integral divergent ist. Wenn die Integration aber als eine Summation aufgefaßt wird (TITCHMARSH [1]) ähnlich wie die CESÀROsche Summierung einer Reihe, so liefert dieses Verfahren immer den Wert null für $t \neq 0$ und unendlich für $t = 0$.

c) *Potenzen von t.* Sei n eine nichtnegative ganze Zahl. Dann ist

$$\frac{1}{p^{n+1}} \leftrightarrow \frac{t^n}{n!} H(t) \qquad (n = 0,\, 1,\, 2,\, \ldots;\ \operatorname{Re} p > 0)\,. \tag{6.6}$$

Zum Beweis gehen wir aus von Gl. (5.1). Auf Grund des JORDANschen Hilfssatzes ist

$$\frac{1}{2\pi j} \int\limits_{c-j\infty}^{c+j\infty} e^{pt}\, \frac{1}{p^{n+1}}\, dp = \frac{1}{2\pi j} \oint\limits_{C} e^{pt}\, \frac{1}{p^{n+1}}\, dp\,, \tag{6.7}$$

wo C ein geschlossener, doppelpunktfreier Weg ist, dessen Inneres den Ursprung enthält. Anwendung des Residuensatzes [Gl. (2.3)] gibt

$$\frac{1}{2\pi j} \oint\limits_{C} e^{pt}\, \frac{1}{p^{n+1}}\, dp = \frac{t^n}{n!}\,. \tag{6.8}$$

Hiermit ist der Beweis der Korrespondenz (6.6) geliefert. Die Verallgemeinerung zu komplexen Werten von n werden wir später behandeln.

d) *Die Exponentialfunktion.* Hierfür ergibt sich für komplexe α

$$\frac{1}{p-\alpha} \leftrightarrow e^{\alpha t} H(t) \qquad (\operatorname{Re} p > \operatorname{Re} \alpha)\,. \tag{6.9}$$

Da der Integrand in Gl. (5.1) in diesem Falle einen einfachen Pol an der Stelle $p = \alpha$ hat, gibt Anwendung des Residuensatzes in Zusammenhang mit dem JORDANschen Hilfssatz unmittelbar das Resultat (6.9).

e) *Die Sinusfunktion.* Hierfür ergibt sich mit reeller Kreisfrequenz ω

$$\frac{\omega}{p^2 + \omega^2} \leftrightarrow \sin(\omega t)\, H(t) \qquad (\operatorname{Re} p > 0)\,. \tag{6.10}$$

Der Beweis folgt wiederum aus Gl. (5.1) durch Anwendung des Residuensatzes unter Benutzung des JORDANschen Hilfssatzes. Der Integrand hat in diesem Falle an der Stelle $p = j\omega$ einen einfachen Pol mit dem Residuum $\exp[j\omega t]/2j$ und an der Stelle $p = -j\omega$ einen einfachen Pol mit dem Residuum $-\exp[-j\omega t]/2j$. Die Summe beider Residuen gibt die rechte Seite der Korrespondenz (6.10).

f) *Die Kosinusfunktion.* Ähnlich (6.10) erhalten wir

$$\frac{p}{p^2 + \omega^2} \leftrightarrow \cos(\omega t)\, H(t) \qquad (\operatorname{Re} p > 0)\,. \tag{6.11}$$

g) *Die hyperbolische Sinusfunktion.* Hierfür ergibt sich für reelles α

$$\frac{\alpha}{p^2 - \alpha^2} \leftrightarrow \sinh(\alpha t)\, H(t) \qquad (\operatorname{Re} p > |\alpha|)\,. \tag{6.12}$$

Der Integrand in Gl. (5.1) hat in diesem Falle an der Stelle $p = \alpha$ einen einfachen Pol mit dem Residuum $\exp[\alpha t]/2$ und an der Stelle $p = -\alpha$ einen einfachen Pol mit dem Residuum $-\exp[-\alpha t]/2$. Da auch hier der JORDANsche Hilfssatz angewendet werden kann, ist die rechte Seite der Korrespondenz (6.12) gleich der Summe der beiden obengenannten Residuen.

h) *Die hyperbolische Kosinusfunktion.* Ähnlich (6.12) erhalten wir

$$\frac{p}{p^2 - \alpha^2} \leftrightarrow \cosh(\alpha t)\, H(t) \qquad (\operatorname{Re} p > |\alpha|)\,. \tag{6.13}$$

Die in Kap. II, § 3 gegebenen Korrespondenzen sind hiermit erschöpft.

§ 7. Erweiterung des Heavisideschen Entwicklungssatzes für Pole k-ter Ordnung

Ebenso wie in Kap. II, § 5 untersuchen wir die Funktion im t-Bereich, die zu einer Funktion im p-Bereich der Form $G(p)/Z(p)$ gehört. Wir setzen voraus, daß $G(p)$ und $Z(p)$ ganze rationale Funktionen in p sind vom Grade m bzw. n, mit $m < n$ ferner daß $G(p)$ und $Z(p)$ keine gemeinsamen Nullstellen haben. Die in Kap. II, § 5 gemachte Beschränkung, daß $Z(p)$ nur einfache Nullstellen habe, lassen wir jetzt fallen. Seien $p = p_k (k = 1, 2, \ldots, N)$ die Nullstellen von $Z(p)$ und α_k deren Ordnung. Unter diesen Voraussetzungen kann die folgende Partialbruchzerlegung erhalten werden

$$F(p) = \frac{G(p)}{Z(p)} = \sum_{k=1}^{N} \sum_{i=1}^{\alpha_k} \frac{A_{k,i}}{(p - p_k)^i}\,. \tag{7.1}$$

Da aus dem Dämpfungssatz Gl. (5.5) und der Korrespondenz (6.6) folgt

$$\frac{1}{(p - p_k)^i} \leftrightarrow \frac{e^{p_k t}\, t^{i-1}}{(i-1)!}\, H(t) \qquad (\operatorname{Re} p > \max(\operatorname{Re} p_1, \operatorname{Re} p_2, \ldots, \operatorname{Re} p_k))\,, \tag{7.2}$$

haben wir im t-Bereich

$$f(t) = \sum_{k=1}^{N} e^{p_k t} \sum_{i=1}^{\alpha_k} \frac{A_{k,i}\, t^{i-1}}{(i-1)!}\, H(t)\,. \tag{7.3}$$

Diese Formel ist eine Erweiterung des in Kap. II, Gl. (5.3) gegebenen HEAVISIDEschen Entwicklungssatzes. Die Koeffizienten $A_{k,i}$ der Partialbruchzerlegung sind oft in einfacher Weise direkt zu erhalten.

Ferner ist der HEAVISIDEsche Entwicklungssatz zu erweitern für
den Fall, daß die Anzahl der Pole der Funktion $F(p)$ nicht mehr endlich
ist. Unter gewissen Voraussetzungen über das Verhalten von $F(p)$ ist
die zu $F(p)$ korrespondierende Funktion $f(t)$ durch Anwendung des
CAUCHYschen Integralsatzes zu erhalten. Mit der Anwendung des
JORDANschen Hilfssatzes muß man aber Vorsicht üben, da die Funktion $F(p)$ im allgemeinen nicht bezüglich aller Richtungen im Unendlichen nach null geht. Wir verzichten hier auf eine allgemeine Behandlung dieses Problems und beschränken uns auf den Fall, daß $F(p)$
eine unendliche Folge äquidistanter, einfacher Nullstellen auf der
imaginären Achse hat. Diesem wichtigen Falle begegnen wir bei der
Transformation von zeitlich periodischen Funktionen. Im nächsten
Paragraphen gehen wir auf dieses Problem näher ein.

§ 8. Der Heavisidesche Entwicklungssatz
für eine unendliche Folge Pole erster Ordnung

In Kap. III, § 2 haben wir eine Funktion $F(p)$ erhalten, welche auf
der imaginären Achse eine unendliche Reihe äquidistanter Pole erster
Ordnung zeigt. Die Anwendung des HEAVISIDEschen Entwicklungssatzes war in jenem Falle nicht ohne weiteres gestattet. Da die Anzahl
der Pole nicht endlich war, erhielten wir eine Partialbruchzerlegung
mit unendlich vielen Gliedern. Es fragt sich, ob die Funktion $F(p)$ in
der Tat durch diese Zerlegung richtig wiedergegeben wird und ob gliedweise Transformation gestattet ist. Bei der Behandlung dieses Problems
mittels Integration in der komplexen p-Ebene [Gl. (5.1)] treten diese
Schwierigkeiten nicht auf.

Die Funktionen $F(p)$, welche wir hier betrachten, seien von der
Form

$$F(p) = \frac{G(p)\, \mathrm{e}^{-p\Delta}}{Z(p)\,(1 - \mathrm{e}^{-pT})}, \tag{8.1}$$

wo $G(p)$ eine rationale und $Z(p)$ eine ganze rationale Funktion in p
ist und $0 \leq \Delta \leq T$. Diese Gestalt von $F(p)$ umfaßt die in Kap. III
behandelten Fälle. Solche Funktionen $F(p)$ entstehen aus der Berechnung
eines Einschaltvorgangs in einem verlustbehafteten Stromkreise; die
endliche Anzahl der Nullstellen von $Z(p)$ liegen deshalb in der linken
Halbebene Re $p < 0$. Dabei genügen die Funktionen $G(p)$ und $Z(p)$ der
Beziehung

$$\left| \frac{G(p)}{Z(p)} \right| \to 0 \qquad \text{für} \qquad p \to \infty, \tag{8.2}$$

bezüglich aller Richtungen in der p-Ebene. Das Integral in Gl. (5.1)
berechnen wir wiederum mit Hilfe des CAUCHYschen Integralsatzes,
nachdem wir den JORDANschen Hilfssatz benutzt haben. Durch das

Auftreten des Faktors $1 - \exp(-pT)$ im Nenner von Gl. (8.1) genügt $F(p)$ nicht ohne weiteres den Bedingungen zur Anwendung des JORDAN-schen Hilfssatzes. Außer den Polen zufolge der Nullstellen von $Z(p)$ hat $F(p)$ einfache Pole an den Stellen $p = 2\pi kj/T$ $(k = 0, \pm 1, \pm 2, \ldots)$.   Die Verteilung der singularen Stellen von $F(p)$ ist in Abb. 89 angedeutet. Die Funktion $f(t)$ ist nach Gl. (5.1) gegeben durch

$$f(t) = \frac{1}{2\pi j} \int\limits_{c-j\infty}^{c+j\infty} e^{pt}\, \frac{G(p)\, e^{-p\Delta}}{Z(p)\,(1 - e^{-pT})}\, dp$$

$$(\operatorname{Re} c > 0). \qquad (8.3)$$

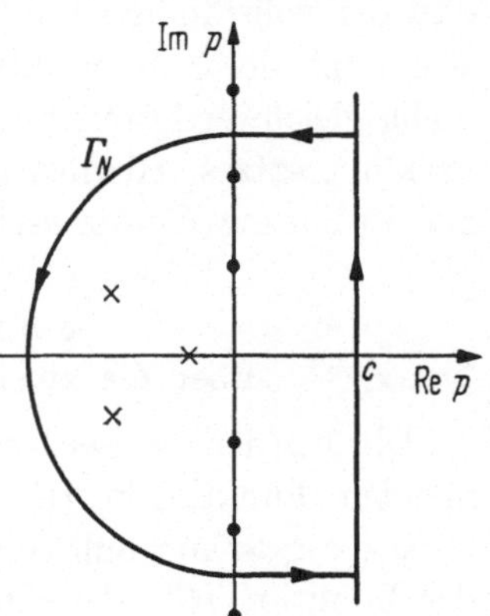

Abb. 89. Verteilung
der singularen Stellen von $F(p)$

Da in der rechten Halbebene $|F(p)| \to 0$ für $|p| \to \infty$, ist der JORDANsche Hilfssatz anzuwenden, was zur Folge hat, daß $f(t) = 0$ für $t < 0$. Zur Berechnung von $f(t)$ für $t > 0$ konstruieren wir die Kurve Γ_N, welche zusammengesetzt ist (vgl. Abb. 89) aus dem Kreisbogen

$$p = R_N\, e^{j\Theta} \qquad (\pi/2 \leq \theta \leq 3\,\pi/2), \qquad (8.4)$$

wo

$$R_N = \left(N + \frac{1}{2}\right)\frac{2\,\pi}{T}, \qquad (8.5)$$

und den beiden geradlinigen Strecken

$$p = x \pm j\, R_N \qquad (0 \leq x \leq c). \qquad (8.6)$$

Dieser Integrationsweg kreuzt die imaginäre Achse mitten zwischen zwei aufeinanderfolgenden Polen. Es ist nun leicht einzusehen, daß längs dieser Kurve Γ_N

$$\left| \frac{1}{2\pi j} \int\limits_{\Gamma_N} e^{pt}\, \frac{G(p)\, e^{-p\Delta}}{Z(p)\,(1 - e^{-pT})}\, dp \right| \to 0 \quad \text{für} \quad N \to \infty \qquad (t > 0), \qquad (8.7)$$

da auf dieser Kurve $e^{-p\Delta}[1 - \exp(-pT)]^{-1}$ beschränkt bleibt (weil $0 \leq \Delta \leq T$) und weiterhin nach (8.2) $|G(p)/Z(p)| \to 0$ für $|p| \to \infty$. Wenn wir *deshalb* unseren Integrationsweg $p = c \pm j\Omega$ $(-R_N \leq \Omega \leq R_N)$ ergänzen mit dem Weg Γ_N und den Gesamtweg C_N nennen, ist

$$\frac{1}{2\pi j} \oint\limits_{C_N} e^{pt}\, \frac{G(p)\, e^{-p\Delta}}{Z(p)\,(1 - e^{-pT})}\, dp = f_N(t), \qquad (8.8)$$

wo $f_N(t)$ gleich der Summe der Residuen aller innerhalb C_N gelegenen Pole ist. In diesem Sinne kann man schließlich schreiben

$$f(t) = \left[\lim_{N \to \infty} f_N(t)\right] H(t). \qquad (8.9)$$

Wir bemerken, daß bei den Anwendungen die Funktion $F(p)$ fast immer eine Summe ist von Gliedern der Form (8.1) mit verschiedenen Werten von Δ (eventuell einschließlich null). Wir kommen so zu dem Ergebnis, daß die vollständige Funktion $f(t)$ errechnet werden kann durch Bestimmung der Summe aller Residuen der Funktion $F(p)\,\mathrm{e}^{pt}$. Dies ist völlig gleichwertig mit formeller Anwendung des HEAVISIDEschen Entwicklungssatzes. Hiermit ist auch das in Kap. III benutzte Verfahren zur Erhaltung FOURIERscher Reihen gerechtfertigt.

<h3 style="text-align:center">§ 9. Einige Bemerkungen
über die zweiseitige Laplace-Transformation</h3>

Die bei der zweiseitigen Laplace-Transformation in Betracht kommenden Funktionen $f(t)$ sind im allgemeinen im ganzen Intervall $-\infty < t < \infty$ von null verschieden. Die zweiseitige Transformierte $F(p)$ der Funktion $f(t)$ ist definiert durch [vgl. Gl. (4.38)]

$$F(p) = \int\limits_{-\infty}^{\infty} \mathrm{e}^{-pt} f(t)\,dt. \tag{9.1}$$

Wir beschränken uns bei dieser Transformation auf eine Klasse von Funktionen $f(t)$, die stückweise stetig sind und in jedem endlichen Zeitintervall nur eine endliche Anzahl Sprünge beschränkter Größe haben. Für $t \to \infty$ soll gelten $|f(t)| < A \exp(\alpha t)$ mit $A > 0$ und α reell, für $t \to -\infty$ soll gelten $|f(t)| < B \exp(\beta t)$ mit $B > 0$ und β reell. Das Integral in Gl. (9.1) definiert dann eine Funktion $F(p)$ der komplexen Variablen p in dem zur imaginären Achse parallelen Streifen $\alpha < \mathrm{Re}\,p < \beta$. Dieser Streifen existiert deshalb nur dann, wenn $\alpha < \beta$. Wenn wir $F(p)$ in irgendeiner Weise erhalten haben, können wir $f(t)$ bestimmen durch Auswertung des komplexen Umkehrintegrals [vgl. Gl. (4.37)]

$$f(t) = \frac{1}{2\pi j} \int\limits_{c-j\infty}^{c+j\infty} \mathrm{e}^{pt} F(p)\,dp. \tag{9.2}$$

An den Stellen wo $f(t)$ einen endlichen Sprung zeigt, ist das Integral in Gl. (9.2) zu ersetzen durch den CAUCHYschen Hauptwert, wie angedeutet in Gl. (4.37); an einer solchen Stelle liefert es dann bekanntlich den Wert $\tfrac{1}{2}[f(t+0) + f(t-0)]$. Der Integrationsweg in Gl. (9.2), $\mathrm{Re}\,p = c$, soll in dem Streifen $\alpha < c < \beta$ liegen, wo $F(p)$, definiert durch Gl. (9.1), eine analytische Funktion von p ist.

Für eine ausführliche Darstellung der Eigenschaften der zweiseitigen Laplace-Transformation sei der Leser auf das Buch von VAN DER POL und BREMMER [1], das auch viele Anwendungen enthält, hingewiesen. Wir bemerken, daß diese Transformation sich von der komplexen Fourier-Transformation nur dadurch unterscheidet, daß man in Gl. (9.1) und Gl. (9.2) die Variable p durch $j\omega$ ersetzt und den Integrationsweg in der komplexen Ebene dementsprechend parallel zur reellen Achse nimmt.

Der Vollständigkeit halber erwähnen wir hiernach die Transformationsregeln für die zweiseitige Laplace-Transformation. Zur Herleitung dieser Regeln kann man entweder Gl. (9.1) oder Gl. (9.2) benutzen ebenso wie für die einseitige Laplace-Transformation. Dort, wo die Beweise völlig ähnlich sind wie in Kap. II, § 2 oder Kap. VI, § 5 lassen wir diese fort.

a) *Linearitätssatz.* Wenn $F(p) \leftrightarrow f(t)$ und $G(p) \leftrightarrow g(t)$ so gilt

$$a F(p) + b G(p) \leftrightarrow a f(t) + b g(t),\tag{9.3}$$

mit willkürlichen komplexen Zahlen a und b.

b) *Ähnlichkeitssatz.* Wenn $F(p) \leftrightarrow f(t)$ so gilt

$$F\left(\frac{p}{a}\right) \leftrightarrow a f(a t)\tag{9.4}$$

für reelles a.

c) *Dämpfungssatz.* Wenn $F(p) \leftrightarrow f(t)$ so gilt

$$F(p + \alpha) \leftrightarrow e^{-\alpha t} f(t)\tag{9.5}$$

für jedes komplexe α.

d) *Verschiebungssatz.* Wenn $F(p) \leftrightarrow f(t)$ so gilt

$$e^{-pT} F(p) \leftrightarrow f(t - T).\tag{9.6}$$

Zum Beweis beachten wir, daß

$$\int_{-\infty}^{\infty} e^{-pt} f(t - T)\, dt = \int_{-\infty}^{\infty} e^{-p(\tau+T)} f(\tau)\, d\tau = e^{-pT} \int_{-\infty}^{\infty} e^{-p\tau} f(\tau)\, d\tau.$$

e) *Faltungssatz.* Wenn $F(p) \leftrightarrow f(t)$ und $G(p) \leftrightarrow g(t)$ so gilt

$$F(p) G(p) \leftrightarrow \int_{-\infty}^{\infty} f(t - \tau) g(\tau)\, d\tau.\tag{9.7}$$

Man beachte, daß

$$F(p) G(p) = F(p) \int_{-\infty}^{\infty} e^{-p\tau} g(\tau)\, d\tau.$$

Anwendung des Verschiebungssatzes (9.6) auf $F(p)\, e^{-p\tau}$ führt dann zu dem Resultat (9.7).

f) *Differentiation im t-Bereich.* Sei $f(t)$ eine stückweise stetig differenzierbare Funktion und $F(p) \leftrightarrow f(t)$, so gilt

$$p F(p) \leftrightarrow \frac{df}{dt}.\tag{9.8}$$

Man zeigt dies, wie folgt

$$p\,F(p) = -\int\limits_{-\infty}^{\infty} \frac{d\,\mathrm{e}^{-pt}}{d\,t}\,f(t)\,d\,t = \int\limits_{-\infty}^{\infty} \mathrm{e}^{-pt}\frac{df}{dt}\,d\,t\,. \tag{9.9}$$

g) *Differentiation im p-Bereich.* Wenn $F(p) \leftrightarrow f(t)$ so, gilt

$$\frac{d\,F}{d\,p} \leftrightarrow -t\,f(t) \tag{9.10}$$

und im allgemeinen

$$\frac{d^n\,F}{d\,p^n} \leftrightarrow (-)^n t^n f(t)\,; \tag{9.11}$$

dies gilt selbstverständlich nur, wenn die Definitionsintegrale konvergent sind.

Die Regeln für Integration im t-Bereich bzw. im p-Bereich sind komplizierter als die entsprechenden Regeln für die einseitige Laplace-Transformation, weshalb wir diese Regeln hier nicht aufführen.

Zur Illustration geben wir die zweiseitige Laplace-Transformation der Funktion

$$f(t) = \mathrm{e}^{-\alpha|t|} \qquad (-\infty < t < \infty)\,, \tag{9.12}$$

wo $\mathrm{Re}\,\alpha > 0$.

Auswertung des Integrals (9.1) gibt

$$F(p) = \int\limits_{-\infty}^{0} \mathrm{e}^{-pt+\alpha t}\,dt + \int\limits_{0}^{\infty} \mathrm{e}^{-pt-\alpha t}\,d\,t$$

oder

$$F(p) = \frac{-2\,\alpha}{p^2 - \alpha^2} \qquad (-\mathrm{Re}\,\alpha < \mathrm{Re}\,p < \mathrm{Re}\,\alpha)\,. \tag{9.13}$$

§ 10. Der Ersatz von p durch eine Funktion $\varphi(p)$

In mehreren Anwendungen wird es vorteilhaft sein, eine Transformationsregel zur Verfügung zu haben, welche bei einer gegebenen Korrespondenz $F(p) \leftrightarrow f(t)$ die zu $F\{\varphi(p)\}$ gehörende Funktion im t-Bereich gibt, wo $\varphi(p)$ eine gegebene Funktion von p ist. Wie wir weiter unten zeigen werden, kann diese Aufgabe nur für einige spezielle Funktionen $\varphi(p)$ gelöst werden (VAN DER POL [3], SCHOUTEN [4]). Wir geben diese Regel für die zweiseitige Laplace-Transformation, sie kann ohne weiteres übertragen werden auf den Fall der einseitigen Laplace-Transformation.

Es sei

$$F(p) = \int\limits_{-\infty}^{\infty} \mathrm{e}^{-ps} f(s)\,ds\,. \tag{10.1}$$

Wenn in Gl. (10.1) die Variable p ersetzt wird durch die Funktion $\varphi(p)$, erhalten wir

$$F\{\varphi(p)\} = \int\limits_{-\infty}^{\infty} e^{-s\varphi(p)} f(s)\, ds\,. \tag{10.2}$$

Diese Beziehung gilt nur in demjenigen Gebiet der p-Ebene, wo die zugehörigen Funktionswerte von $\varphi(p)$ im Konvergenzstreifen des Integrals in Gl. (10.1) liegen. Wir nehmen nun an, daß die Korrespondenz $\exp[-s\varphi(p)] \leftrightarrow \psi(t, s)$ besteht, d. h. daß das Integral

$$\psi(t, s) = \frac{1}{2\pi j} \int\limits_{c-j\infty}^{c+j\infty} e^{pt} e^{-s\varphi(p)}\, dp$$

konvergent ist. Es gilt dann auch

$$e^{-s\varphi(p)} = \int\limits_{-\infty}^{\infty} e^{-pt} \psi(t, s)\, dt\,. \tag{10.3}$$

Setzen wir Gl. (10.3) auf der rechten Seite von Gl. (10.2) ein, so erhalten wir

$$F\{\varphi(p)\} = \int\limits_{-\infty}^{\infty} e^{-pt}\, dt \int\limits_{-\infty}^{\infty} \psi(t, s) f(s)\, ds\,, \tag{10.4}$$

wo vorausgesetzt ist, daß die Integrationsfolge vertauscht werden darf. Anwendung des Umkehrsatzes (4.24) gibt nun

$$F\{\varphi(p)\} \leftrightarrow \int\limits_{-\infty}^{\infty} \psi(t, s) f(s)\, ds\,. \tag{10.5}$$

Falls die Funktion $f(s)$ für $s < 0$ identisch verschwindet, erhält man diese Regel für die einseitige Laplace-Transformation, wenn in Gl. (10.5) die untere Integrationsgrenze durch null ersetzt wird.

In Kap. IX, § 5, 6 und 7 spielt der Sonderfall, daß $f(s)$ für $s < 0$ verschwindet und $\varphi(p) = 1/p$, eine wichtige Rolle. Deshalb werden wir die entsprechende Form von Gl. (10.5) an dieser Stelle explizite geben. Dazu benutzen wir die Formel

$$e^{-s/p} = p \int\limits_{0}^{\infty} e^{-pt} J_0\big(2(st)^{1/2}\big)\, dt\,, \tag{10.6}$$

welche aus der in Kap. VII, Gl. (6.21) anzugebenden Korrespondenz durch Anwendung des Ähnlichkeitssatzes folgt. Partielle Integration liefert

$$e^{-s/p} = 1 - \int\limits_{0}^{\infty} e^{-pt} \left(\frac{s}{t}\right)^{1/2} J_1\big(2(st)^{1/2}\big)\, dt\,, \tag{10.7}$$

wo wir

$$\frac{dJ_0(z)}{dz} = -J_1(z) \tag{10.8}$$

gesetzt haben. Wir können also schreiben

$$\mathrm{e}^{-s/p} = \int\limits_{-\infty}^{\infty} \mathrm{e}^{-pt}\left[\delta(t) - \left(\frac{s}{t}\right)^{1/2} J_1(2(st)^{1/2})\, H(t)\right] dt. \tag{10.9}$$

Die in Gl. (10.3) vorkommende Funktion $\psi(t, s)$ ist daher

$$\psi(t, s) = \delta(t) - \left(\frac{s}{t}\right)^{1/2} J_1(2(st)^{1/2})\, H(t). \tag{10.10}$$

Einsetzen dieses Ausdrucks in Gl. (10.5) gibt, weil $f(s) \equiv 0$ für $s < 0$,

$$F\left(\frac{1}{p}\right) \leftrightarrow \left[\int\limits_0^{\infty} f(s)\, ds\right] \delta(t) - \left[\int\limits_0^{\infty} \left(\frac{s}{t}\right)^{1/2} J_1(2(st)^{1/2})\, f(s)\, ds\right] H(t). \tag{10.11}$$

Wir bemerken, daß

$$\int\limits_0^{\infty} f(s)\, ds = \lim_{p \to 0} \int\limits_0^{\infty} \mathrm{e}^{-ps} f(s)\, ds =: F(0). \tag{10.12}$$

Hiermit wird (10.11)

$$F\left(\frac{1}{p}\right) \leftrightarrow F(0)\, \delta(t) - \left[\int\limits_0^{\infty} \left(\frac{s}{t}\right)^{1/2} J_1(2(st)^{1/2})\, f(s)\, ds\right] H(t). \tag{10.13}$$

Kapitel VII

Weiterer Ausbau der Theorie
und das Transformieren einiger spezieller Funktionen

§ 1. Einführung

In diesem Kapitel werden wir einige etwas kompliziertere Probleme behandeln. An erster Stelle beschäftigen wir uns mit der Frage nach der Verallgemeinerung der Korrespondenz $p^{-n-1} \leftrightarrow (t^n/n!)\, H(t)$ zu komplexen Werten von n, wobei auch Werte von n zugelassen sind, deren Realteil negativ ist. Dieses Problem ist von großem Interesse für die Theorie der asymptotischen Reihen. Weiterhin werden wir die für die in den nachfolgenden Kapiteln zu behandelnden Anwendungen benötigten Korrespondenzen ableiten, die uns zu einigen speziellen Funktionen im t-Bereich führen werden.

§ 2. Einige Bemerkungen über den Begriff der analytischen Fortsetzung

Das Prinzip der analytischen Fortsetzung beruht auf dem sogenannten Identitätssatz für analytische Funktionen einer komplexen Variablen p. Dieser Identitätssatz sagt: wenn zwei Funktionen der komplexen Veränderlichen p in einem Gebiet D analytisch sind und gleiche Werte haben in einer unendlichen Folge voneinander verschiedener, sich in einem gewissen Punkte p_0 häufender, Punkte, so sind die beiden Funktionen überall in D einander gleich. Zum Beweis benutzt man die Potenzreihendarstellung beider Funktionen und fordert die Identität dieser Potenz-

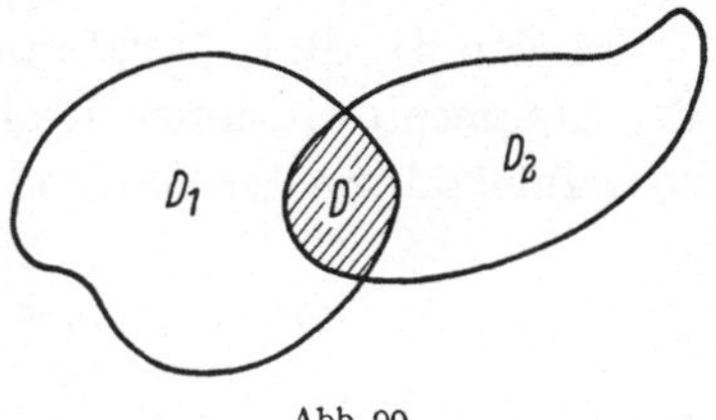

Abb. 90

reihen in jedem Punkte der obengenannten Folge (s. KNOPP [4]). Wir können auch sagen, daß eine analytische Funktion in ihrem ganzen Regularitätsgebiet bestimmt ist durch ihre Werte in einer Punktfolge obengenannter Art.

Es sei $F_1(p)$ eine im Gebiet D_1 analytische Funktion, ebenso sei $F_2(p)$ eine im Gebiet D_2 analytische Funktion (Abb. 90). Wir nehmen an, daß die Gebiete D_1 und D_2 ein gewisses Gebiet D gemeinsam haben und daß in einer, ganz in diesem gemeinsamen Teilgebiet gelegenen unendlichen, sich in einem gewissen Punkte p_0 häufenden, Punktfolge gilt: $F_1(p) = F_2(p)$. Auf Grund des Identitätssatzes ist die Funktion $F_2(p)$ im ganzen Gebiet D_2 eindeutig bestimmt durch ihre Werte in der genannten, in D gelegenen Punktfolge. Diese letzten Werte aber sind nach unseren Voraussetzungen identisch mit den dortigen Werten der Funktion $F_1(p)$. Mithin ist die Funktion $F_2(p)$ im ganzen Gebiet D_2 eindeutig bestimmt durch die Werte der Funktion $F_1(p)$ in einer, ganz in D gelegenen und sich in einem Punkte p_0 von D häufenden, Punktfolge. Dieselbe Aussage gilt, wenn die Funktionen $F_1(p)$ und $F_2(p)$ und mithin die Gebiete D_1 und D_2 untereinander vertauscht werden. Die geforderte Identität der Funktionen $F_1(p)$ und $F_2(p)$ in einer, sich häufenden, Punktfolge kann selbstverständlich auch ersetzt werden durch die Forderung, daß $F_1(p)$ und $F_2(p)$ identisch sind in einem in D gelegenen Gebiet oder auf einem in D gelegenen Linienstück.

Wenn nun die obenbeschriebene Lage der Gebiete D_1 und D_2 auftritt und es möglich ist, eine Funktion $F_2(p)$ zu bestimmen, die im Gebiet D_2 analytisch ist und in einer, im gemeinsamen Gebiet D gelegenen sich häufenden Punktfolge mit gegebenen Funktionswerten von $F_1(p)$ übereinstimmt, sagt man, daß die im Gebiet D_1 analytische Funktion $F_1(p)$ durch die Funktion $F_2(p)$ über das Gebiet D_1 hinaus in das Gebiet D_2

hinein analytisch fortgesetzt worden ist. Man nennt $F_2(p)$ eine analytische Fortsetzung von $F_1(p)$. In ähnlicher Weise ist $F_1(p)$ die analytische Fortsetzung von $F_2(p)$. Man sagt auch, daß $F_1(p)$ und $F_2(p)$ Elemente sind von einer und derselben Funktion $F(p)$ die in dem aus D_1 und D_2 gebildeten Gesamtgebiet analytisch ist.

§ 3. Einige Eigenschaften der Gammafunktion

In Kap. II, Gl. (3.5) haben wir die Funktion $\Gamma(\nu)$ für komplexe Werte des Argumentes ν, dessen Realteil positiv ist, definiert durch das Eulersche Integral zweiter Gattung

$$\Gamma(\nu) = \int_0^\infty e^{-u} u^{\nu-1} du \qquad (\mathrm{Re}\,\nu > 0). \tag{3.1}$$

Hierin ist

$$u^{\nu-1} = e^{(\nu-1)\ln u}, \tag{3.2}$$

wo $\ln u$ reell ist. Wir bemerken, daß in dem ganzen Integrationsbereich der Integrand auf der rechten Seite von Gl. (3.1) positiv ist für reelle $\nu > 0$, weshalb auch die Funktion $\Gamma(\nu)$ positiv ist. In den Sonderfällen $\nu = 1$, $2, \ldots$ kann das Integral (3.1) berechnet werden; man erhält dann $\Gamma(\nu) = (\nu - 1)!$ $(\nu = 1, 2, \ldots)$, mit $0! = 1$. Wenn man in Gl. (3.1) ν durch $\nu + 1$ ersetzt, erhält man

$$\Gamma(\nu + 1) = \int_0^\infty e^{-u} u^\nu du \qquad (\mathrm{Re}\,\nu > -1). \tag{3.3}$$

Partielle Integration gibt, wenn $\mathrm{Re}\,\nu > 0$,

$$\Gamma(\nu + 1) = \nu \int_0^\infty e^{-u} u^{\nu-1} du. \tag{3.4}$$

Falls also $\mathrm{Re}\,\nu > 0$ ist, dann erhält man die Funktionalgleichung der Gammafunktion

$$\Gamma(\nu + 1) = \nu\, \Gamma(\nu). \tag{3.5}$$

Da die linke Seite dieser Gleichung durch das Integral auf der rechten Seite von Gl. (3.3) definiert ist in der Halbebene $\mathrm{Re}\,\nu > -1$, findet man aus Gl. (3.3) und Gl. (3.5)

$$\Gamma(\nu) = \frac{1}{\nu}\, \Gamma(\nu + 1), \tag{3.6}$$

welche Gleichung die ursprünglich nur in der Halbebene $\mathrm{Re}\,\nu > 0$ definierte Funktion $\Gamma(\nu)$ mit Ausnahme des Punktes $\nu = 0$ analytisch fortsetzt in den umfassenderen Bereich $\mathrm{Re}\,\nu > -1$. Eine n-malige Anwendung dieses Prozesses gibt die analytische Fortsetzung der Funktion $\Gamma(\nu)$ in den Bereich $\mathrm{Re}\,\nu > -n$, mit Ausnahme der Stellen $\nu = 0$, $-1, -2, \ldots, -n+1$. So erhält man

$$\Gamma(\nu) = \frac{1}{\nu(\nu+1)\cdots(\nu+n-1)}\,\Gamma(\nu+n)$$
$$(\mathrm{Re}\,\nu > -n,\ \nu \neq 0, -1, -2, \ldots, -n+1). \qquad (3.7)$$

Aus dieser Gleichung ergibt sich, daß $\Gamma(\nu)$ einfache Pole, also $1/\Gamma(\nu)$ einfache Nullstellen, hat für $\nu = 0, -1, -2, \ldots$ Das Residuum in diesen Polen ist gegeben durch

$$\lim_{\nu\to -n}(\nu+n)\,\Gamma(\nu) = \lim_{\nu\to -n}\frac{\Gamma(\nu+n+1)}{\nu(\nu+1)\cdots(\nu+n-1)} = \frac{\Gamma(1)}{(-)^n n!} = \frac{(-)^n}{n!}. \qquad (3.8)$$

Eine unmittelbar durch Anwendung des Faltungssatzes zu beweisende Beziehung ist die Auswertung des sogenannten EULERschen Integrals erster Gattung

$$\int_0^1 u^{\mu-1}(1-u)^{\nu-1}\,du = B(\mu,\nu) \qquad (\mathrm{Re}\,\mu > 0,\ \mathrm{Re}\,\nu > 0), \qquad (3.9)$$

wo $B(\mu,\nu)$ die sogenannte Betafunktion der Argumente μ und ν ist. Wir werden zeigen, daß

$$B(\mu,\nu) = \frac{\Gamma(\mu)\,\Gamma(\nu)}{\Gamma(\mu+\nu)}. \qquad (3.10)$$

Zum Beweis gehen wir aus von der Korrespondenz (vgl. Kap. II, Gl. (3.6))

$$t^{\mu-1}H(t) \leftrightarrow \frac{\Gamma(\mu)}{p^\mu}, \qquad (3.11)$$

$$t^{\nu-1}H(t) \leftrightarrow \frac{\Gamma(\nu)}{p^\nu} \qquad (3.12)$$

und

$$t^{\mu+\nu-1}H(t) \leftrightarrow \frac{\Gamma(\mu+\nu)}{p^{\mu+\nu}}. \qquad (3.13)$$

Anwendung des Faltungssatzes [Kap. II, Gl. (2.5)] gibt

$$\frac{\Gamma(\mu)\,\Gamma(\nu)}{p^{\mu+\nu}} \leftrightarrow \int_0^t \tau^{\mu-1}(t-\tau)^{\nu-1}\,d\tau = t^{\mu+\nu-1}\left[\int_0^1 u^{\mu-1}(1-u)^{\nu-1}\,du\right]H(t) =$$
$$= t^{\mu+\nu-1}B(\mu,\nu)\,H(t). \qquad (3.14)$$

Durch direkt transformieren der linken Seite der Korrespondenz (3.14) findet man

$$\frac{t^{\mu+\nu-1}}{\Gamma(\mu+\nu)}\,\Gamma(\mu)\,\Gamma(\nu)\,H(t) = t^{\mu+\nu-1}B(\mu,\nu)\,H(t). \qquad (3.15)$$

Hieraus folgt Gl. (3.10) unmittelbar.

Obwohl mit Hilfe von Gl. (3.5) die Gammafunktion schrittweise analytisch fortgesetzt wird in Halbebenen, deren Grenzen immer weiter nach links verschoben werden können, wird es doch bequem sein, eine explizite Formel zur Verfügung zu haben, welche die Gammafunktion für alle Werte ihres komplexen Argumentes darstellt. Es wird sich zeigen, daß es eine solche Formel gibt für die Funktion $1/\Gamma(\nu)$. Um diesen Ausdruck zu gewinnen gehen wir aus von der aus Kap. VI, Gl. (4.36) folgenden Gleichung

$$t^{\nu-1} H(t) = \frac{1}{2\pi j} \int_{c-j\infty}^{c+j\infty} \mathrm{e}^{pt}\, dp \int_0^\infty \mathrm{e}^{-p\tau}\, \tau^{\nu-1}\, d\tau, \tag{3.16}$$

welche gilt für $\mathrm{Re}\,\nu > 0$ und wo $\tau^{\nu-1} = \exp\left[(\nu - 1 \ln \tau\right]$ mit $\ln \tau$ reell. Nun ist aber

$$\int_0^\infty \mathrm{e}^{-p\tau}\, \tau^{\nu-1}\, d\tau = \frac{\Gamma(\nu)}{p^\nu} \qquad (\mathrm{Re}\,\nu > 0, \quad \mathrm{Re}\,p > 0). \tag{3.17}$$

Um dies zu beweisen, setzen wir $p\tau = u$ und erhalten also

$$\int_0^\infty \mathrm{e}^{-p\tau}\, \tau^{\nu-1}\, d\tau = \frac{1}{p^\nu} \int_0^{\infty\,\exp[j\,\arg(p)]} \mathrm{e}^{-u}\, u^{\nu-1}\, du,$$

mit $-\pi/2 < \arg(p) < \pi/2$. Da der Integrand auf der rechten Seite im Unendlichen exponentiell verschwindet, kann man schreiben

$$\frac{1}{p^\nu} \int_0^{\infty\,\exp[j\,\arg(p)]} \mathrm{e}^{-u}\, u^{\nu-1}\, du = \frac{1}{p^\nu} \int_0^\infty \mathrm{e}^{-u}\, u^{\nu-1}\, du = \frac{\Gamma(\nu)}{p^\nu}, \tag{3.18}$$

wo $\Gamma(\nu)$ durch Gl. (3.1) definiert ist. Einsetzen des Ergebnisses (3.17) in Gl. (3.16) gibt

$$\frac{t^{\nu-1}}{\Gamma(\nu)} H(t) = \frac{1}{2\pi j} \int_{c-j\infty}^{c+j\infty} \mathrm{e}^{pt}\, p^{-\nu}\, dp \qquad (\mathrm{Re}\,\nu > 0,\ c > 0). \tag{3.19}$$

In diesem Integral ist unter $p^{-\nu}$ zu verstehen der Ausdruck

$$p^{-\nu} = \exp\left[-\nu \ln p\right], \tag{3.20}$$

wo für $\ln p$ der Hauptwert des Logarithmus genommen werden muß, d.h.

$$\ln p = \ln|p| + j\arg(p), \tag{3.21}$$

mit

$$-\pi < \arg(p) \leqq \pi. \tag{3.22}$$

Dies bedeutet, daß die Funktion $p^{-\nu}$ in der p-Ebene nur eindeutig ist, wenn diese Ebene längs der negativ-reellen Achse aufgeschnitten wird; die negativ-reelle Achse ist mithin Verzweigungsschnitt.

Insbesondere erhalten wir aus Gl. (3.19) für den Wert $t = 1$

$$\frac{1}{\Gamma(v)} = \frac{1}{2\pi j} \int\limits_{c-j\infty}^{c+j\infty} e^p \, p^{-v} \, dp ; \tag{3.23}$$

dieses Integral ist nur dann konvergent, wenn Re $v > 0$.

Auf Grund des CAUCHYSCHEN Integralsatzes kann der Integrationsweg Re $p = c$ ersetzt werden durch den Integrationsweg L (vgl. Abb. 91), da der Integrand auf der rechten Seite von Gl. (3.23) den Bedingungen des JORDANSCHEN Hilfssatzes genügt. So erhält man

$$\frac{1}{\Gamma(v)} = \frac{1}{2\pi j} \int\limits_{L} e^p \, p^{-v} \, dp . \tag{3.24}$$

Da das letzte Integral für alle komplexen Werte von v konvergiert, stellt es eine in der ganzen v-Ebene analytische Funktion von v dar. Hiermit ist daher die Funktion $1/\Gamma(v)$, die für Re $v > 0$ durch Gl. (3.23) gegeben ist, analytisch fortgesetzt in die ganze v-Ebene. Gleichung (3.24) ist die sogenannte HANKELSche Integraldarstellung der Funktion $1/\Gamma(v)$.

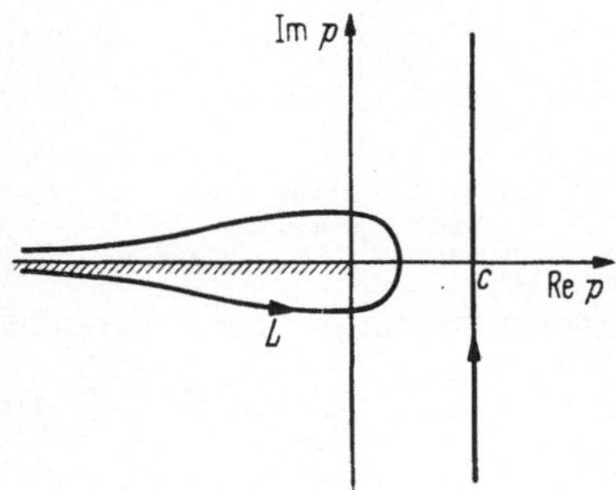

Abb. 91. Der Verlauf des Weges L in der p-Ebene

Da die HANKELSche Integraldarstellung für jedes komplexe v gilt, ist sie besonders geeignet, um die verschiedenen Eigenschaften der Gammafunktion herzuleiten. Zum Beispiel sieht man durch Anwendung des CAUCHYSCHEN Integralsatzes, daß für nichtpositives, ganzzahliges v

$$\frac{1}{\Gamma(n)} = 0 \qquad (n = 0, -1, -2, \ldots), \tag{3.25}$$

da die Funktion p^n innerhalb L analytisch ist. Weiterhin gilt für positives ganzzahliges v

$$\frac{1}{\Gamma(n)} = \frac{1}{(n-1)!} \qquad (n = 1, 2, \ldots). \tag{3.26}$$

Für diese Werte von v ist nämlich der Integrand überall analytisch außer im Punkte $p = 0$, wo er einen Pol n-ter Ordnung hat. Der Integrationsweg kann deshalb deformiert werden zu einem Kreise mit willkürlich kleinem Radius um $p = 0$; Potenzreihenentwicklung der Funktion exp (p) um $p = 0$ gibt mit Hilfe des Residuensatzes das Resultat (3.26).

Auch die Funktionalgleichung

$$\Gamma(v + 1) = v \, \Gamma(v) \tag{3.27}$$

ist in leichter Weise aus Gl. (3.24) durch partielle Integration zu gewinnen.

Für Re $\nu < 1$ bekommen wir noch eine wichtige Eigenschaft durch Spezialisierung des Integrationsweges in Gl. (3.24). Wir wählen für L den Weg, der sich zusammensetzt aus den beiden geradlinigen Strecken $-\infty < \mathrm{Re}\, p < -\delta$, $\arg(p) = -\pi$ und $-\infty < \mathrm{Re}\, p < -\delta$, $\arg(p) = \pi$ zusammen mit dem Kreise $|p| = \delta$ (siehe Abb. 92). Aus Gl. (3.24) erhalten wir dann

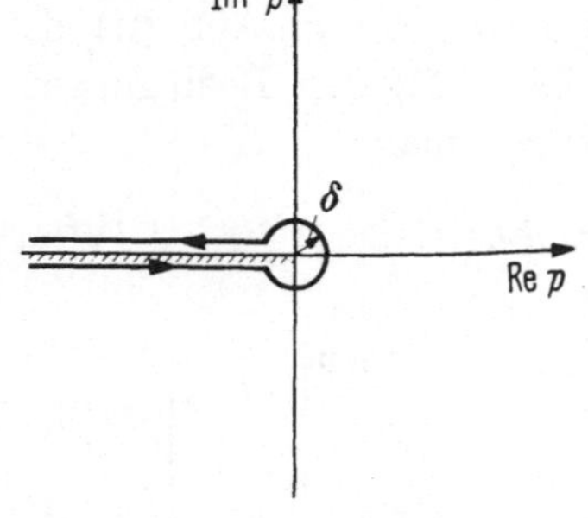

Abb. 92. Eine Spezialisierung des Integrationsweges

$$\frac{1}{\Gamma(\nu)} = \frac{\sin(\nu\pi)}{\pi} \int_0^\infty e^{-p}\, p^{-\nu}\, dp\,, \qquad (3.28)$$

da für Re $\nu < 1$ im Limes $\delta \to 0$ das Integral längs des Kreises verschwindet. Nun ist aber, falls Re $\nu < 1$

$$\int_0^\infty e^{-p} p^{-\nu}\, dp = \Gamma(1-\nu)\,. \qquad (3.29)$$

Daher gilt unter diesen Voraussetzungen

$$\frac{1}{\Gamma(\nu)} = \frac{\sin(\nu\pi)}{\pi}\,\Gamma(1-\nu) \qquad (\mathrm{Re}\,\nu < 1)\,. \qquad (3.30)$$

In ähnlicher Weise (durch Vertauschung von ν und $1-\nu$) kann man zeigen, daß

$$\frac{1}{\Gamma(1-\nu)} = \frac{\sin(\nu\pi)}{\pi}\,\Gamma(\nu) \qquad (\mathrm{Re}\,\nu > 0)\,. \qquad (3.31)$$

Deshalb ist für alle ν

$$\Gamma(\nu)\,\Gamma(1-\nu) = \frac{\pi}{\sin(\nu\pi)}\,. \qquad (3.32)$$

Aus dieser Beziehung ergibt sich für den speziellen Wert $\nu = \frac{1}{2}$

$$\left\{\Gamma\!\left(\frac{1}{2}\right)\right\}^2 = \pi\,. \qquad (3.33)$$

Da aber $\Gamma(\frac{1}{2}) > 0$ ist, folgt hieraus das wichtige Resultat

$$\Gamma\!\left(\frac{1}{2}\right) = \pi^{1/2}\,. \qquad (3.34)$$

§ 4. Eine Verallgemeinerung der Beziehung $p^{-\nu} \leftrightarrow [t^{\nu-1}/\Gamma(\nu)]\,H(t)$

In § 3 haben wir gezeigt, daß [Gl. (3.19)]

$$\frac{t^{\nu-1}}{\Gamma(\nu)}\,H(t) = \frac{1}{2\pi j} \int_{c-j\infty}^{c+j\infty} e^{pt}\, p^{-\nu}\, dp \qquad (\mathrm{Re}\,\nu > 0,\ c > 0)\,, \qquad (4.1)$$

wo t reell ist. Wir werden uns jetzt mit der Frage beschäftigen, ob und in welcher Weise Gl. (4.1) zu verallgemeinern ist, wenn ν nicht mehr der Bedingung Re $\nu > 0$ genügt. Wie wir in Kap. VIII sehen werden, tritt eine solche Situation auf, wenn wir eine Funktion $F(p)$ im p-Bereich entwickeln in eine Reihe nach (im allgemeinen nicht ganzzahligen) Potenzen von p. Das Integral in Gl. (4.1) ist selbstverständlich divergent wenn Re $\nu \leq 0$ und verliert also in diesem Falle seinen Sinn. Wenn wir aber statt des Integrationsweges Re $p = c$ den in § 3 eingeführten Integrationsweg L (Abb. 91) benutzen, so ist für jeden Wert der komplexen Zahl ν und reelles positives t

$$\frac{1}{2\pi j} \int_L e^{pt} p^{-\nu} dp = \frac{t^{\nu-1}}{\Gamma(\nu)} \qquad (t > 0). \qquad (4.2)$$

Gl. (4.2) ergibt sich unmittelbar aus Gl. (3.24) wenn für pt eine neue Integrationsvariable eingesetzt wird. Es ist nun die Frage, inwiefern Gl. (4.2) als eine Verallgemeinerung von Gl. (4.1) aufzufassen ist. Das im § 3 benutzte Verfahren zur analytischen Fortsetzung der Funktion $1/\Gamma(\nu)$ ist auch hier anzuwenden. Dazu bemerken wir, daß in Gl. (4.2) die Funktion $t^{\nu-1}/\Gamma(\nu)$ nur für reelle positive Werte von t aber für jedes komplexe ν durch die linke Seite dieser Gleichung definiert ist. Die in Gl. (4.1) auftretende Funktion $[t^{\nu-1}/\Gamma(\nu)] H(t)$ dagegen ist durch die rechte Seite dieser Gleichung für jeden reellen Wert von t aber nur für Re $\nu > 0$ erklärt. Obwohl daher die linke Seite in Gl. (4.2) nicht den Wert null gibt für $t < 0$, stellt sie für $t > 0$ die analytische Fortsetzung bezüglich ν der Funktion $t^{\nu-1}/\Gamma(\nu)$ dar wie definiert durch Gl. (4.1). Die Beweisführung verläuft in gleicher Weise wie in § 3.

Für die Handhabung des ganzen Formalismus der Operatorenrechnung ist die folgende Bemerkung wichtig: Bei den Anwendungen finden wir meistens Funktionen $F(p)$ solcher Art, daß die Anwendung des JORDANschen Lemmas gestattet ist und also der Integrationsweg Re $p = c$ zum Integrationsweg L deformiert werden kann. Läßt nun die Funktion $F(p)$ längs L eine Reihenentwicklung nach gebrochenen Potenzen von p zu, wobei gliedweise Integration gestattet ist, so haben wir den eben betrachteten Fall. Obwohl die in Gl. (4.2) gegebene Darstellung versagt für $t < 0$ und man also für Re $\nu \leq 0$ nicht mehr von einer Korrespondenz in dem von uns benutzten Sinne reden kann, gibt dies für die Anwendung des Formalismus keine Beschränkung.

Zum Schluß bemerken wir noch, daß auch die rechte Seite der Gleichung

$$\frac{\Gamma(\nu)}{p^\nu} = \int_0^\infty e^{-pt} t^{\nu-1} dt \qquad (\text{Re}\,\nu > 0,\ \text{Re}\,p > 0) \qquad (4.3)$$

bezüglich v analytisch fortgesetzt werden kann. Das Resultat dieser Fortsetzung kann man erhalten durch wiederholte formelle partielle Integration und Fortlassen der ausintegrierten Glieder (siehe HADAMARD [1]). Im Gebiet Re $p > 0$ kommt man ähnlich wie in § 3 zu der Funktion $\Gamma(v)/p^v$, wo das erhaltene Resultat definiert ist für jedes komplexe v.

§ 5. Das Fehlerintegral

Für reelle positive Werte der Variablen x ist das Fehlerintegral (Errorfunction) definiert durch

$$\operatorname{erf}(x) = \frac{2}{\pi^{1/2}} \int_0^x \mathrm{e}^{-u^2}\, du \qquad (x > 0)\,. \tag{5.1}$$

Setzt man in die rechte Seite dieser Gleichung die absolut und gleichmäßig konvergente Potenzreihenentwicklung

$$\mathrm{e}^{-u^2} = \sum_{n=0}^{\infty} (-)^n \frac{u^{2n}}{n!} \tag{5.2}$$

ein, so ergibt gliedweise Integration die Potenzreihenentwicklung der Funktion erf (x)

$$\operatorname{erf}(x) = \frac{2}{\pi^{1/2}} \sum_{n=0}^{\infty} (-)^n \frac{x^{2n+1}}{(2n+1)\, n!}\,. \tag{5.3}$$

Häufig wird neben dieser Funktion auch die Funktion

$$\operatorname{erfc}(x) = 1 - \operatorname{erf}(x) \qquad (x > 0) \tag{5.4}$$

benutzt. Da

$$\frac{2}{\pi^{1/2}} \int_0^{\infty} \mathrm{e}^{-u^2}\, du = 1\,, \tag{5.5}$$

folgt aus Gl. (5.1) und Gl. (5.4)

$$\operatorname{erfc}(x) = \frac{2}{\pi^{1/2}} \int_x^{\infty} \mathrm{e}^{-u^2}\, du \qquad (x > 0)\,. \tag{5.6}$$

Wir werden jetzt die Korrespondenz

$$\frac{\mathrm{e}^{-\alpha p^{1/2}}}{p} \leftrightarrow \left[1 - \operatorname{erf}\left(\frac{\alpha}{2\, t^{1/2}}\right)\right] H(t) \qquad (\operatorname{Re} p > 0) \tag{5.7}$$

beweisen. Dazu betrachten wir das Umkehrintegral

$$f(t)\, H(t) = \frac{1}{2\pi j} \int_{c-j\infty}^{c+j\infty} \mathrm{e}^{pt - \alpha p^{1/2}} \frac{dp}{p} \qquad (c > 0)\,. \tag{5.8}$$

Hierin ist für $p^{1/2}$ derjenige Zweig zu nehmen, für welchen Argument $-\pi/2 < \arg(p^{1/2}) < \pi/2$ gilt. Dies bedeutet, daß die p-Ebene längs der negativ-reellen Achse aufgeschnitten ist. Auf Grund des JORDANschen Hilfssatzes kann für $t > 0$ der Integrationsweg $\mathrm{Re}\, p = c$ ersetzt werden durch den Weg L (s. Abb. 93). Die Funktion $[\exp(-\alpha p^{1/2})]/p$ läßt auf L eine Reihenentwicklung zu nach aufsteigenden, gebrochenen Potenzen von p. Mit dem im vorigen Paragraphen entwickelten Formalismus können wir deshalb eine Darstellung der Funktion $f(t)$ gewinnen durch Benutzung der Gl. (4.2). Wir erhalten dann

$$f(t) = \frac{1}{2\pi j} \int_L e^{pt} \left[\sum_{k=0}^{\infty} (-1)^k \frac{\alpha^k\, p^{k/2-1}}{k!} \right] dp =$$

$$= \sum_{k=0}^{\infty} (-1)^k \frac{\alpha^k\, t^{-k/2}}{k!\, \Gamma\!\left(\dfrac{1-k}{2}\right)} \qquad (t > 0). \tag{5.9}$$

Da auf Grund von Gl. (3.25), die Glieder für gerade positive Werte von k gleich null sind, läßt sich (5.9) umformen zu

$$f(t) = 1 - \sum_{n=0}^{\infty} \frac{\alpha^{2n+1}\, t^{-n-1/2}}{(2n+1)!\, \Gamma(1/2-n)}$$

$$(t > 0). \tag{5.10}$$

Nun ist aber, mit Gl. (3.30),

$$\frac{1}{\Gamma(1/2-n)} = \frac{(-1)^n}{\pi}\, \Gamma\!\left(n + \frac{1}{2}\right) \tag{5.11}$$

und weiterhin kann man durch elementare Rechnung einsehen, daß

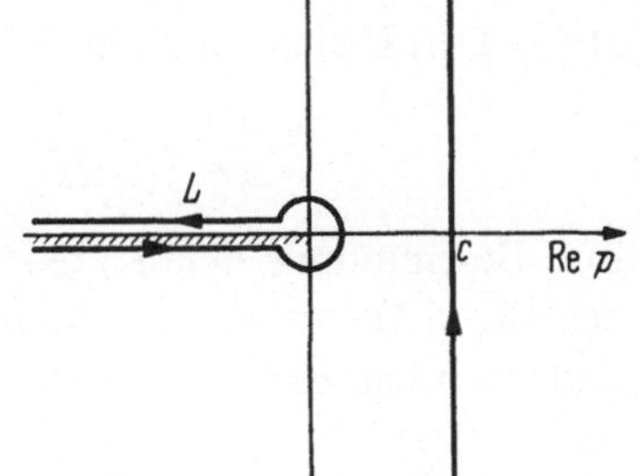

Abb. 93. Der Verlauf des Integrationsweges L in der p-Ebene

$$\frac{\Gamma(n+1/2)}{(2n+1)!} = \frac{\Gamma(1/2)}{2^{2n}\, n!\, (2n+1)} = \frac{\pi^{1/2}}{2^{2n}\, n!\, (2n+1)}. \tag{5.12}$$

Einsetzen der beiden letzten Beziehungen in Gl. (5.10) ergibt dann

$$f(t) = 1 - \frac{2}{\pi^{1/2}} \sum_{n=0}^{\infty} \frac{(-1)^n}{n!\, (2n+1)} \left(\frac{\alpha}{2\, t^{1/2}}\right)^{2n+1} \qquad (t > 0), \tag{5.13}$$

oder [vgl. Gl. (5.3)]

$$f(t) = 1 - \mathrm{erf}\left(\frac{\alpha}{2\, t^{1/2}}\right) \qquad (t > 0). \tag{5.14}$$

Hiermit ist die Korrespondenz (5.7) bewiesen.

§ 6. Die Besselsche Funktion

Unter BESSELschen Funktionen versteht man Lösungen der BESSELschen Differentialgleichung

$$\frac{d^2 w}{dz^2} + \frac{1}{z}\, \frac{dw}{dz} + \left(1 - \frac{\nu^2}{z^2}\right) w = 0. \tag{6.1}$$

Die unabhängige Variable z und die Ordnung ν sind komplex. Aus der Theorie der gewöhnlichen Differentialgleichungen ist bekannt, daß eine Differentialgleichung vom Typ (6.1) eine für $z = 0$ reguläre Lösung hat, die in der Form einer Potenzreihenentwicklung gegeben werden kann. Wir normieren diese Lösung in solcher Weise, daß das erste Glied der Entwicklung den Koeffizienten $[2^\nu \Gamma(\nu + 1)]^{-1}$ hat. Die entsprechende Funktion wird die BESSELsche Funktion erster Art und ν-ter Ordnung genannt; sie wird bezeichnet mit $J_\nu(z)$. Durch Einsetzen einer formellen Potenzreihenentwicklung in die Differentialgleichung (6.1) ergibt sich, unter Benutzung der genannten Normierung

$$J_\nu(z) = \sum_{k=0}^{\infty} (-)^k \frac{(z/2)^{\nu + 2k}}{k! \, \Gamma(\nu + k + 1)} \, . \tag{6.2}$$

Die rechte Seite der Gl. (6.2) definiert eine in jedem endlichen Gebiet der komplexen z-Ebene analytische Funktion.

Wir werden erstens die Laplace-Transformierte der Funktion $f(t) = J_\nu(t) H(t)$ betrachten. Für $t > 0$ genügt $f(t)$ der Differentialgleichung

$$t^2 \frac{d^2 f}{d t^2} + t \frac{d f}{d t} + (t^2 - \nu^2) f = 0 \qquad (t > 0) \, . \tag{6.3}$$

Zur Bestimmung der Transformierten $F(p)$ von $f(t)$ wird jedes Glied der Gl. (6.3) mit $\exp(-pt)$ multipliziert und zwischen den Grenzen 0 und ∞ integriert. In dieser Weise erhalten wir

$$\int_0^\infty e^{-pt} t^2 \frac{d^2 f}{d t^2} \, dt = \frac{d^2}{d p^2} \left\{ \int_0^\infty e^{-pt} \frac{d^2 f}{d t^2} \, dt \right\} = \frac{d^2}{d p^2} [p^2 F(p) - p f(0) - f'(0)] =$$

$$= \frac{d^2}{d p^2} [p^2 F(p)] \, , \tag{6.4}$$

$$\int_0^\infty e^{-pt} t \frac{d f}{d t} \, dt = -\frac{d}{d p} \left\{ \int_0^\infty e^{-pt} \frac{d f}{d t} \, dt \right\} = -\frac{d}{d p} [p F(p) - f(0)] =$$

$$= -\frac{d}{d p} [p F(p)] \, , \tag{6.5}$$

$$\int_0^\infty e^{-pt} t^2 f(t) \, dt = \frac{d^2}{d p^2} \left\{ \int_0^\infty e^{-pt} f(t) \, dt \right\} = \frac{d^2 F(p)}{d p^2} \, , \tag{6.6}$$

wo wir die Tatsache benutzt haben, daß $J_\nu(t)$, $J_\nu'(t)$ und $J_\nu''(t)$ für reelles t im Unendlichen verschwinden. Einsetzen dieser Resultate in die Differentialgleichung (6.3) gibt

$$\frac{d^2}{d p^2} [(p^2 + 1) F(p)] - \frac{d}{d p} [p F(p)] - \nu^2 F(p) = 0 \, . \tag{6.7}$$

Wir bemerken, daß das hier benutzte Verfahren angewendet werden kann, wenn die Koeffizienten der Differentialgleichung im t-Bereich

Polynome von t sind. Im p-Bereich wird dann eine Differentialgleichung erhalten, deren Ordnung dem höchsten Grade der genannten Koeffizientenpolynome im t-Bereich gleich ist. Wir setzen jetzt

$$F(p) = \frac{G(p)}{(p^2 + 1)^{1/2}} . \tag{6.8}$$

Für $G(p)$ erhalten wir dann die folgende Differentialgleichung

$$(p^2 + 1)^{1/2} \frac{d}{dp} \left[(p^2 + 1)^{1/2} \frac{dG}{dp} \right] = v^2 G(p) . \tag{6.9}$$

Zweimal anwenden des Operators $(p^2 + 1)^{1/2} \frac{d}{dp}$ auf $G(p)$ soll also $v^2 G(p)$ ergeben. Hinreichend hierfür ist, daß

$$(p^2 + 1)^{1/2} \frac{dG}{dp} = \pm v G(p) . \tag{6.10}$$

Die Lösung dieser Gleichung ist gegeben durch

$$G(p) = [-p + (p^2 + 1)^{1/2}]^{\mp v} , \tag{6.11}$$

wo das obere und untere Zeichen in Gl. (6.10) und Gl. (6.11) zusammen gehören. Daher ist

$$F(p) = \frac{1}{(p^2 + 1)^{1/2}} \{A [-p + (p^2 + 1)^{1/2}]^v + B [-p + (p^2 + 1)^{1/2}]^{-v} \} . \tag{6.12}$$

Die Integrationskonstanten A und B sind unabhängig von p, können aber noch Funktionen von v sein. Zu ihrer Bestimmung benutzen wir die Tatsache, daß $F(p)$ durch Laplace-Transformation aus $f(t)$ entsteht, d. h.

$$F(p) = \int_0^\infty e^{-pt} J_v(t) \, dt . \tag{6.13}$$

Einsetzen der Potenzreihenentwicklung (6.2) für $J_v(t)$ und gliedweise Integration gibt, wenn $\operatorname{Re} v > -1$,

$$F(p) = \sum_{k=0}^\infty \frac{(-)^k}{k! \, \Gamma(v + k + 1) \, 2^{v+2k}} \int_0^\infty e^{-pt} t^{v+2k} \, dt =$$

$$= \sum_{k=0}^\infty \frac{(-)^k \, \Gamma(v + 2k + 1)}{k! \, \Gamma(v + k + 1) \, 2^{v+2k} \, p^{v+2k+1}} . \tag{6.14}$$

Die letzte Reihenentwicklung ist absolut konvergent, wenn $|p| > 1$; weiterhin ist vorausgesetzt, daß $\operatorname{Re} p$ hinreichend groß positiv ist, damit das Integral in Gl. (6.13) konvergent ist. Insbesondere erhalten wir aus Gl. (6.14)

$$\lim_{p \to \infty} p^{v+1} F(p) = \frac{1}{2^v} . \tag{6.15}$$

Aus Gl. (6.12) folgt aber durch Potenzreihenentwicklung um $p = \infty$, daß $\lim\limits_{p\to\infty} p^{\nu+1} F(p)$ nur dann beschränkt ist, falls $B = 0$. Alsdann gilt

$$\lim_{p\to\infty} p^{\nu+1} F(p) = \frac{A}{2^{\nu}}. \tag{6.16}$$

Vergleich von Gl. (6.15) und Gl. (6.16) liefert $A = 1$. Hiermit ist die Korrespondenz

$$J_{\nu}(t)\, H(t) \leftrightarrow \frac{[-p + (p^2 + 1)^{1/2}]^{\nu}}{(p^2 + 1)^{1/2}} \qquad (\operatorname{Re}\nu > -1,\ \operatorname{Re}p > 0) \tag{6.17}$$

gewonnen. Das angegebene Regularitätsgebiet $\operatorname{Re} p > 0$ ergibt sich, wenn man den Konvergenzbereich des Integrals in Gl. (6.13) unter Berücksichtigung des asymptotischen Verhaltens von $J_{\nu}(t)$ für $t \to \infty$ bestimmt.

In der Behandlung von Einschaltvorgängen in Kettenleitern wird die Laplace-Transformierte der Funktion $f(t) = t^{\nu/2} J_{\nu}(2\, t^{1/2})\, H(t)$ eine wichtige Rolle spielen. Wir werden uns jetzt mit der Bestimmung von $F(p)$ beschäftigen. Dazu setzen wir in das Integral

$$F(p) = \int\limits_{0}^{\infty} \mathrm{e}^{-pt}\, t^{\nu/2}\, J_{\nu}(2\, t^{1/2})\, dt \tag{6.18}$$

die aus Gl. (6.2) folgende Potenzreihenentwicklung

$$t^{\nu/2} J_{\nu}(2\, t^{1/2}) = \sum_{k=0}^{\infty} \frac{(-)^k\, t^{\nu+k}}{k!\, \Gamma(\nu+k+1)} \tag{6.19}$$

ein, welche Reihe gliedweise integriert wird. Das Resultat ist

$$F(p) = \sum_{k=0}^{\infty} \frac{(-)^k}{k!\, p^{\nu+k+1}} = \frac{\mathrm{e}^{-1/p}}{p^{\nu+1}} \qquad (\operatorname{Re}\nu > -1,\ \operatorname{Re}p > 0). \tag{6.20}$$

Hiermit ist die Korrespondenz

$$t^{\nu/2} J_{\nu}(2\, t^{1/2})\, H(t) \leftrightarrow \frac{\mathrm{e}^{-1/p}}{p^{\nu+1}} \qquad (\operatorname{Re}\nu > -1,\ \operatorname{Re}p > 0) \tag{6.21}$$

erhalten. Das angegebene Regularitätsgebiet $\operatorname{Re} p > 0$ folgt aus Gl. (6.18) durch Berücksichtigung des asymptotischen Verhaltens von $J_{\nu}(2\, t^{1/2})$ für $t \to \infty$.

Aus der Reihenentwicklung (6.2) ist ersichtlich, daß die Funktion

$$I_{\nu}(z) = \mathrm{e}^{-\nu\pi j/2} J_{\nu}(j z) = \sum_{k=0}^{\infty} \frac{\left(\tfrac{1}{2} z\right)^{\nu+2k}}{k!\, \Gamma(\nu+k+1)} \tag{6.22}$$

für reelle Werte von z und ν eine reelle Funktion ist. Sie wird die modifizierte BESSELsche Funktion erster Art und ν-ter Ordnung genannt und ist für willkürliche komplexe Werte von z und ν durch die Potenzreihe in Gl. (6.22) definiert. Es ist leicht nachzuprüfen, daß $I_\nu(z)$ der Differentialgleichung

$$\frac{d^2 w}{d z^2} + \frac{1}{z}\, \frac{d\, w}{d z} - \left(1 + \frac{\nu^2}{z^2}\right) w = 0 \qquad (6.23)$$

genügt. Die Laplace-Transformierte $F(p)$ der Funktion $f(t) = I_\nu(t)\, H(t)$ wird bestimmt durch Transformation jedes Gliedes der Differentialgleichung

$$t^2 \frac{d^2 f}{d t^2} + t\, \frac{df}{d t} - (t^2 + \nu^2)\, f = 0 \qquad (t > 0). \qquad (6.24)$$

Unter Benutzung der Beziehungen (6.4)−(6.6) finden wir für $F(p)$ die Differentialgleichung

$$\frac{d^2}{d p^2}\, [(p^2 - 1)\, F(p)] - \frac{d}{d p}\, [p\, F(p)] - \nu^2 F(p) = 0 . \qquad (6.25)$$

Setzen wir

$$F(p) = \frac{G(p)}{(p^2 - 1)^{1/2}} \qquad (6.26)$$

so wird für $G(p)$ die folgende Differentialgleichung erhalten:

$$(p^2 - 1)^{1/2}\, \frac{d}{d p}\left[(p^2 - 1)^{1/2}\, \frac{d G}{d p}\right] = \nu^2 G(p) . \qquad (6.27)$$

Die Lösung dieser Gleichung ist gegeben durch

$$G(p) = A\, [p - (p^2 - 1)^{1/2}]^\nu + B\, [p - (p^2 - 1)^{1/2}]^{-\nu} ; \qquad (6.28)$$

deshalb ist

$$F(p) = \frac{1}{(p^2 - 1)^{1/2}}\, \{A\, [p - (p^2 - 1)^{1/2}]^\nu + B\, [p - (p^2 - 1)^{1/2}]^{-\nu}\} . \qquad (6.29)$$

Zur Bestimmung der Integrationskonstanten A und B wird wiederum die Tatsache benutzt, daß $F(p)$ die Laplace-Transformierte von $f(t)$ ist, d. h.

$$F(p) = \int\limits_0^\infty \mathrm{e}^{-pt}\, I_\nu(t)\, dt . \qquad (6.30)$$

Setzen wir die Potenzreihenentwicklung (6.22) für $I_\nu(t)$ ein und integrieren wir gliedweise, so ergibt sich, wenn $\operatorname{Re} \nu > -1$

$$F(p) = \sum_{k=0}^\infty \frac{1}{k!\, \Gamma(\nu + k + 1)\, 2^{\nu + 2k}} \int\limits_0^\infty \mathrm{e}^{-pt}\, t^{\nu + 2k}\, dt =$$

$$= \sum_{k=0}^\infty \frac{\Gamma(\nu + 2k + 1)}{k!\, \Gamma(\nu + k + 1)\, 2^{\nu + 2k}\, p^{\nu + 2k + 1}} . \qquad (6.31)$$

Die letzte Reihenentwicklung ist absolut konvergent, wenn $|p| > 1$. Insbesondere erhalten wir aus Gl. (6.31)

$$\lim_{p \to \infty} p^{\nu + 1} F(p) = \frac{1}{2^\nu} . \qquad (6.32)$$

Aus Gl. (6.29) folgt aber, durch Potenzreihenentwicklung um $p = \infty$, daß $\lim\limits_{p \to \infty} p^{\nu+1} F(p)$ nur dann beschränkt ist, falls $B = 0$. Alsdann gilt

$$\lim_{p \to \infty} p^{\nu+1} F(p) = \frac{A}{2^\nu}. \tag{6.33}$$

Vergleichen wir Gl. (6.32) mit Gl. (6.33), so sehen wir, daß $A = 1$ ist. Hiermit ist die Korrespondenz

$$I_\nu(t) H(t) \leftrightarrow \frac{[p - (p^2 - 1)^{1/2}]^\nu}{(p^2 - 1)^{1/2}} \qquad (\text{Re } \nu > -1,\ \text{Re } p > 1) \tag{6.34}$$

erhalten. Das angegebene Regularitätsgebiet $\text{Re } p > 1$ ist die Halbebene, für die das Integral in Gl. (6.30) konvergent ist. Diesen Bereich finden wir durch Berücksichtigung des asymptotischen Verhaltens von $I_\nu(t)$ für $t \to \infty$.

In der Theorie der Ausbreitung von Transversalwellen längs verlustbehafteter elektrischer Leitungssysteme ist die Korrespondenz [Kap. IV, Gl. (5.12)]

$$\frac{\exp\left[-(p^2 - \sigma^2)^{1/2} x/w\right]}{(p^2 - \sigma^2)^{1/2}} \leftrightarrow I_0\left[\sigma(t^2 - x^2/w^2)^{1/2}\right] H(t - x/w) \tag{6.35}$$

benutzt worden. Gl. (6.35) ist ein Sonderfall der allgemeineren Korrespondenz

$$\exp\left[-a(p^2 - 1)^{1/2}\right] \frac{\{p - (p^2 - 1)^{1/2}\}^\nu}{(p^2 - 1)^{1/2}} \leftrightarrow \left(\frac{t - a}{t + a}\right)^{\nu/2} I_\nu\left[(t^2 - a^2)^{1/2}\right] H(t - a), \tag{6.36}$$

den wir jetzt herleiten werden. Dazu betrachten wir das Integral

$$f(t) H(t) = \frac{1}{2\pi j} \int_{c - j\infty}^{c + j\infty} e^{pt + a\{p - (p^2 - 1)^{1/2}\}} \cdot \frac{\{p - (p^2 - 1)^{1/2}\}^\nu}{(p^2 - 1)^{1/2}}\, dp \qquad (c > 1). \tag{6.37}$$

In der komplexen p-Ebene führen wir eine neue Integrationsvariable q ein mittels der Substitution

$$p t + a\{p - (p^2 - 1)^{1/2}\} = q(t^2 + 2 a t)^{1/2}. \tag{6.38}$$

Nach elementarer Rechnung wird hiermit

$$\frac{\{p - (p^2 - 1)^{1/2}\}^\nu}{(p^2 - 1)^{1/2}}\, dp = \left(\frac{t}{t + 2a}\right)^{\nu/2} \frac{\{q - (q^2 - 1)^{1/2}\}^\nu}{(q^2 - 1)^{1/2}}\, dq. \tag{6.39}$$

Das Integral in der q-Ebene wird also

$$f(t) H(t) = \left(\frac{t}{t + 2a}\right)^{\nu/2} \frac{1}{2\pi j} \int_L e^{q(t^2 + 2 a t)^{1/2}} \frac{\{q - (q^2 - 1)^{1/2}\}^\nu}{(q^2 - 1)^{1/2}}\, dq. \tag{6.40}$$

Der Integrationsweg L, welcher aus Gl. (6.38) folgt, wenn hierin $p = c + j\Omega$, mit $-\infty < \Omega < \infty$, eingesetzt wird, braucht nicht in allen

Einzelheiten bekannt zu sein. Wir werden jetzt nachprüfen, daß L ersetzt werden kann durch einen parallel zur imaginären q-Achse verlaufenden Integrationsweg, der die reelle Achse in einem rechts von $q = 1$ liegenden Punkte schneidet. Dieser Schnittpunkt wird bestimmt aus Gl. (6.38), wenn wir $p = c$ setzen, d. h.

$$q = \frac{c\,t + a\,\{c - (c^2 - 1)^{1/2}\}}{(t^2 + 2\,a\,t)^{1/2}}\,. \tag{6.41}$$

Aus dieser Gleichung sieht man, daß bei jedem gegebenen Werte von $a > 0$ und $t > 0$ der Wert von c so gewählt werden kann, daß $q > 1$ ist. Weiterhin ist klar, daß dieser Punkt der *einzige* Schnittpunkt von L und der reellen q-Achse ist.

Der Verlauf von L für $|\Omega| \to \infty$ wird gegeben durch

$$\operatorname{Re} q \to 0 \qquad \operatorname{Im} q \to \Omega \left(\frac{t}{t + 2\,a}\right)^{1/2} \qquad (|\Omega| \to \infty); \tag{6.42}$$

L schmiegt sich also der imaginären q-Achse an.

Die Singularitäten des Integrandes in Gl. (6.40), nämlich $q = 1$ und $q = -1$, befinden sich in dem links vom Integationsweg gelegenen Teile der q-Ebene. Das Verhalten des Integrandes im Unendlichen gestattet uns jetzt, den Weg L zu ersetzen durch den Weg $\operatorname{Re} q = \gamma$, wo $\gamma > 1$. Dann ist also

$$f(t)\,H(t) = \left(\frac{t}{t + 2\,a}\right)^{\nu/2} \frac{1}{2\,\pi j} \int\limits_{\gamma - j\infty}^{\gamma + j\infty} e^{q\,(t^2 + 2\,a\,t)^{1/2}} \frac{\{q - (q^2 - 1)^{1/2}\}^\nu}{(q^2 - 1)^{1/2}}\,dq \qquad (\gamma > 1)\,. \tag{6.43}$$

Vergleichen wir dieses Resultat mit Gl. (6.34), so sehen wir, daß

$$f(t) = I_\nu[(t^2 + 2\,a\,t)^{1/2}]\,. \tag{6.44}$$

Hiermit ist die Korrespondenz

$$\left(\frac{t}{t + 2\,a}\right)^{\nu/2} I_\nu[(t^2 + 2\,a\,t)^{1/2}]\,H(t) \leftrightarrow e^{a\,\{p - (p^2 - 1)^{1/2}\}} \frac{\{p - (p^2 - 1)^{1/2}\}^\nu}{(p^2 - 1)^{1/2}}$$

$$(\operatorname{Re} \nu > -1,\ \operatorname{Re} p > 1) \tag{6.45}$$

erhalten. Anwendung des Verschiebungssatzes gibt zum Schluß das Ergebnis (6.36).

§ 7. Die Transformierten der Funktionen ln t und t^ν ln t

Die Transformation der bisher betrachteten Funktionen im t-Bereich hat zu Funktionen im p-Bereich geführt, deren Singularitäten in der komplexen p-Ebene entweder Pole oder algebraische Verzweigungspunkte sind. Ein logarithmischer Verzweigungspunkt tritt jedoch auf, wenn wir die Funktion

$$f(t) = \ln t\,H(t) \tag{7.1}$$

transformieren. Die zu $f(t)$ korrespondierende Funktion $F(p)$ wird bekanntlich gefunden durch Anwendung des Integrals

$$F(p) = \int_0^\infty e^{-pt} \ln t \, dt, \qquad (7.2)$$

wo $\operatorname{Re} p > 0$ ist. Setzen wir

$$p = \varrho\, e^{j\theta} \qquad \left(-\frac{\pi}{2} < \theta < \frac{\pi}{2}\right) \qquad (7.3)$$

so wird nach Einführung der neuen Integrationsvariablen $u = pt$

$$F(p) = \frac{1}{p} \int_0^{\infty \exp(j\theta)} e^{-u} \ln\left(\frac{u}{p}\right) du =$$

$$= -\frac{1}{p} \ln p \int_0^{\infty \exp(j\theta)} e^{-u}\, du + \frac{1}{p} \int_0^{\infty \exp(j\theta)} e^{-u} \ln u\, du. \qquad (7.4)$$

Das Verhalten der Integranden beider Integrale im Unendlichen erlaubt uns, die Integration nach u längs der reellen u-Achse auszuführen. Deshalb ist

$$F(p) = -\frac{1}{p} \ln p \int_0^\infty e^{-u}\, du + \frac{1}{p} \int_0^\infty e^{-u} \ln u\, du. \qquad (7.5)$$

Hierfür schreiben wir

$$F(p) = \frac{1}{p} (-\ln p - C), \qquad (7.6)$$

wo

$$C = -\int_0^\infty e^{-u} \ln u\, du \qquad (7.7)$$

die EULER-MASCHERONIsche Konstante bedeutet, welche in der Theorie der Gammafunktion eine wichtige Rolle spielt. Aus der Literatur (KNOPP [5]) ist bekannt, daß $C = 0{,}577\,215\,664\,9\ldots$ Aus Gl. (7.1) und Gl. (7.6) folgt daher die Korrespondenz

$$\ln t\, H(t) \leftrightarrow -\frac{1}{p}(\ln p + C) \qquad (\operatorname{Re} p > 0). \qquad (7.8)$$

Die Formel (7.6) zeigt, daß die Funktion $F(p)$ einen logarithmischen Verzweigungspunkt an der Stelle $p = 0$ hat.

· Zunächst behandeln wir die Transformation der Funktion $f(t)H(t)$, mit

$$f(t) = t^\nu \ln t \qquad (\operatorname{Re} \nu > -1). \qquad (7.9)$$

Dazu gehen wir aus von der eher abgeleiteten Korrespondenz (vgl. § 4)

$$\frac{t^\nu}{\Gamma(\nu+1)} H(t) \leftrightarrow \frac{1}{p^{\nu+1}} \qquad (\operatorname{Re} p > 0,\ \operatorname{Re} \nu > -1), \qquad (7.10)$$

welche Beziehung wir in der folgenden Form schreiben

$$\frac{1}{p^{\nu+1}} = \frac{1}{\Gamma(\nu+1)} \int\limits_0^\infty e^{-pt} t^\nu \, dt \qquad (\mathrm{Re}\, p > 0,\ \mathrm{Re}\, \nu > -1). \qquad (7.11)$$

Beide Glieder dieser Gleichung werden jetzt nach ν differenziert. So erhalten wir

$$-\frac{1}{p^{\nu+1}} \ln p = \frac{1}{\Gamma(\nu+1)} \int\limits_0^\infty e^{-pt} t^\nu [\ln t - \Psi(\nu+1)] \, dt \qquad (\mathrm{Re}\, p > 0,\ \mathrm{Re}\, \nu > -1),$$

$$(7.12)$$

wo

$$\Psi(\nu) = \frac{1}{\Gamma(\nu)} \frac{d\Gamma(\nu)}{d\nu} = \frac{\Gamma'(\nu)}{\Gamma(\nu)} \qquad (7.13)$$

die logarithmische Ableitung der Gammafunktion bedeutet. Wir haben also die Korrespondenz

$$\frac{t^\nu}{\Gamma(\nu+1)} [\ln t - \Psi(\nu+1)] H(t) \leftrightarrow -\frac{1}{p^{\nu+1}} \ln p \qquad (\mathrm{Re}\, p > 0,\ \mathrm{Re}\, \nu > -1).$$

$$(7.14)$$

Der Sonderfall $\nu = 0$ gibt eine Beziehung, die identisch ist mit Gl. (7.8), woraus wir sehen, daß insbesondere

$$\Psi(1) = C, \qquad (7.15)$$

wo C die EULER-MASCHERONISCHE Konstante ist.

§ 8. Das Exponentialintegral, der Integralsinus und der Integralkosinus

In mehreren Problemen der mathematischen Physik treten die obengenannten Funktionen auf. Wir geben zuerst ihre Definition. Das Exponentialintegral Ei $(-t)$ ist gegeben durch

$$\mathrm{Ei}\,(-t) = -\int\limits_t^\infty \frac{e^{-u}}{u} \, du; \qquad (8.1)$$

der Integralsinus Si (t) durch

$$\mathrm{Si}\,(t) = \int\limits_0^t \frac{\sin u}{u} \, du; \qquad (8.2)$$

der Integralkosinus Ci (t) durch

$$\mathrm{Ci}\,(t) = -\int\limits_?^\infty \frac{\cos u}{u} \, du. \qquad (8.3)$$

Wir werden jetzt die Funktionen Ei $(-t)\, H(t)$, Si $(t)\, H(t)$ und Ci $(t)\, H(t)$ transformieren zum p-Bereich. Diese Transformation wird in einfacher Weise ermöglicht, wenn wir die folgenden Hilfssätze benutzen.

Sei $f(t)\,H(t) \leftrightarrow F(p)$, so ist

$$\int_t^\infty \frac{f(u)}{u}\,du\,H(t) \leftrightarrow \frac{1}{p}\int_0^p F(q)\,dq\,, \tag{8.4}$$

und weiterhin

$$\int_0^t \frac{f(u)}{u}\,du\,H(t) \leftrightarrow \frac{1}{p}\int_p^\infty F(q)\,dq\,, \tag{8.5}$$

falls die in Gl. (8.4) und Gl. (8.5) auftretenden Integrale konvergieren.

Der Beweis des Satzes (8.4) ergibt sich durch Transformieren des Ausdrucks auf der linken Seite dieser Beziehung. Nämlich

$$\int_0^\infty e^{-pt}\,dt \int_t^\infty \frac{f(u)}{u}\,du = \int_0^\infty \frac{f(u)}{u}\,du \int_0^u e^{-pt}\,dt =$$

$$= \frac{1}{p}\int_0^\infty f(u)\,\frac{1-e^{-pu}}{u}\,du =$$

$$= \frac{1}{p}\int_0^\infty f(u)\,du \int_0^p e^{-qu}\,dq =$$

$$= \frac{1}{p}\int_0^p dq \int_0^\infty e^{-qu}\,f(u)\,du =$$

$$= \frac{1}{p}\int_0^p F(q)\,dq\,, \tag{8.6}$$

womit die Beziehung (8.4) bewiesen ist.

Der Beweis der Regel (8.5) verläuft in ähnlicher Weise.

Unter Benutzung des Hilfssatzes (8.4) erhalten wir mit Gl. (8.1)

$$\text{Ei}(-t)\,H(t) \leftrightarrow -\frac{1}{p}\int_0^p \frac{1}{q+1}\,dq$$

oder

$$\text{Ei}(-t)\,H(t) \leftrightarrow -\frac{1}{p}\ln(p+1) \qquad (\text{Re}\,p > -1)\,. \tag{8.7}$$

In ähnlicher Weise geben Gl. (8.2) und der Hilfssatz (8.5)

$$\text{Si}(t)\,H(t) \leftrightarrow \frac{1}{p}\int_p^\infty \frac{1}{q^2+1}\,dq$$

oder

$$\text{Si}(t)\,H(t) \leftrightarrow \frac{1}{p}\,\text{arccot}\,p = \frac{1}{2jp}\ln\left(\frac{p+j}{p-j}\right) \qquad (\text{Re}\,p > 0)\,, \tag{8.8}$$

worin unter $\operatorname{arccot} p$ oder $(2j)^{-1} \ln \left[(p+j)/(p-j)\right]$ derjenige Zweig dieser Funktionen zu verstehen ist, dessen Wert auf der reellen p-Achse zwischen 0 und $\pi/2$ liegt. Ebenso folgt aus Gl. (8.3) und dem Hilfssatz (8.4)

$$\operatorname{Ci}(t)\, H(t) \leftrightarrow -\frac{1}{p} \int_0^p \frac{q}{q^2+1}\, dq$$

oder

$$\operatorname{Ci}(t)\, H(t) \leftrightarrow -\frac{1}{2p} \ln(p^2+1) \qquad (\operatorname{Re} p > 0). \tag{8.9}$$

Kapitel VIII

Asymptotische Entwicklungen

§ 1. Einführung

Die zu $f(t)$ korrespondierende Funktion $F(p)$ eignet sich in vielen Fällen besonders gut zu einer sogenannten asymptotischen Entwicklung der Funktion $f(t)$ für $t \to \infty$. Den Begriff einer solchen asymptotischen Entwicklung werden wir weiter unten präzisieren; es handelt sich dabei um Reihenentwicklungen, die sowohl konvergent als divergent sein können und die eine um so bessere Annäherung der entwickelten Funktion geben, je größer der Wert der Variablen t ist. Im allgemeinen können auch asymptotische Entwicklungen auftreten um irgendeinen endlichen Punkt der t-Achse. Die Lage und Art der Singularitäten der Funktion $F(p)$ wird hierbei eine wichtige Rolle spielen. Die Grundbegriffe der asymptotischen Entwicklungen werden wir dem Buche ERDÉLYIS [1] entnehmen.

§ 2. Grundbegriffe der Asymptotik

Im folgenden werden wir des öfteren die LANDAUschen Ordnungssymbole O und o benutzen. Ihre Bedeutung werden wir jetzt erörtern. Seien $\varphi = \varphi(w)$ und $\psi = \psi(w)$ zwei in einem Gebiet D der komplexen w-Ebene erklärte Funktionen. Sei weiterhin $w = w_0$ entweder ein innerer Punkt oder ein Randpunkt des Gebietes D. Wenn es nun eine von w unabhängige Zahl A gibt, derart, daß

$$|\varphi| \le A\,|\psi| \tag{2.1}$$

für alle w in D, so bezeichnet man diese Beziehung mit

$$\varphi = O(\psi). \tag{2.2}$$

Sei U eine Umgebung des Punktes w_0 und gelte die Beziehung (2.1) in dem für U und D gemeinsamen Teil der w-Ebene. In diesem Falle schreiben wir

$$\varphi = O(\psi) \qquad (w \to w_0). \tag{2.3}$$

Anders verhält es sich, wenn es bei jedem gegebenen willkürlich kleinen $\varepsilon > 0$ eine Umgebung U_ε von w_0 gibt, derart daß

$$|\varphi| \leqq \varepsilon |\psi| \tag{2.4}$$

für Punkte w, die sowohl in D als in U_ε liegen. Wenn dies der Fall ist, schreibt man

$$\varphi = o(\psi) \qquad (w \to w_0). \tag{2.5}$$

Zur Erläuterung geben wir die folgenden einfachen Beispiele, deren Beweis wir dem Leser überlassen:

$$a w + b = O(1) \qquad (w \to w_0) \tag{2.6}$$

für jeden endlichen w_0;

$$a w + b = O(w) \qquad (w \to \infty); \tag{2.7}$$

$$\frac{1}{w+a} = o(1) \qquad (w \to \infty); \tag{2.8}$$

$$w = o(w^{1/2}) \qquad (w \to 0, \quad -\pi < \arg w < \pi). \tag{2.9}$$

Zunächst führen wir den Begriff einer asymptotischen Funktionenfolge ein. Die Funktionenfolge $\varphi_1, \varphi_2, \ldots, \varphi_N$ heißt eine asymptotische Funktionenfolge für $w \to w_0$ im Gebiet D, wenn die Funktionen $\varphi_n (n = 1, 2, \ldots, N)$ in D definiert sind und $\varphi_{n+1} = o(\varphi_n)$ für $w \to w_0$ im Gebiet D. Falls die Folge $\varphi_1, \varphi_2, \ldots$ eine unendliche Funktionenfolge ist und $\varphi_{n+1} = o(\varphi_n)$ für jedes n, so ist die Funktionenfolge $\varphi_1, \varphi_2, \ldots$ eine in n gleichmäßige asymptotische Funktionenfolge. Als Beispiel betrachten wir die Funktionenfolge $w^{-\lambda_1}, w^{-\lambda_2}, \ldots$ Diese Folge bildet eine asymptotische Funktionenfolge für $w \to \infty$, wenn λ_n reell ist und für jedes n die Beziehung $\lambda_{n+1} > \lambda_n$ gilt. Diese Funktionenfolge wird eine wichtige Rolle in unseren späteren Betrachtungen spielen.

Wenn wir für eine gegebene, im Gebiet D erklärte, Funktion $G(w)$ eine asymptotische Entwicklung bestimmen wollen, müssen wir zuerst eine im Gebiet D erklärte asymptotische Funktionenfolge $\varphi_1, \varphi_2, \ldots, \varphi_N$ angeben. Die Reihe $\sum\limits_{n=1}^{N} a_n \varphi_n(w)$ heißt eine N-gliedrige asymptotische Entwicklung der Funktion $f(w)$ für $w \to w_0$ wenn

$$f(w) = \sum_{n=1}^{N} a_n \varphi_n(w) + o(\varphi_N) \qquad (w \to w_0), \tag{2.10}$$

wo die Zahlen a_n von w unabhängig sind. Wenn $N \to \infty$ kann die Reihe auf der rechten Seite von (2.10) sowohl konvergent als divergent sein. Da $\varphi_1, \varphi_2, \ldots, \varphi_N$ eine asymptotische Funktionenfolge bilden, ist die Reihe $\sum\limits_{n=1}^{M} a_n \varphi_n$ mit $M = 1, 2, \ldots, N - 1$ auch eine asymptotische Entwicklung der Funktion $f(w)$. Der Beweis folgt durch Anwendung der leicht nachzuprüfenden Regel:

$$o\big(o(\varphi_n)\big) = o(\varphi_n). \tag{2.11}$$

Wir können sogar·sagen, daß

$$f(w) = \sum_{n=1}^{M} a_n \, \varphi_n(w) + O(\varphi_{M+1}) \quad (w \to w_0, \; M = 1, 2, \ldots, N - 1). \tag{2.12}$$

Es ist deutlich, daß man für $f(w)$ verschiedene asymptotische Entwicklungen bekommt bei verschiedener Wahl der asymptotischen Funktionenfolge $\varphi_1, \varphi_2, \ldots, \varphi_N$. Wenn dagegen die asymptotische Funktionenfolge vorgeschrieben ist, sind die Koeffizienten a_n eindeutig bestimmt und damit liegt die asymptotische Entwicklung (2.10) fest. Die Bestimmung der Koeffizienten a_n kann mittels einer aus Gl. (2.12) folgenden Rekursionsformel geschehen. Aus

$$f(w) = a_1 \varphi_1(w) + O(\varphi_2) \qquad (w \to w_0), \tag{2.13}$$

folgt nämlich

$$a_1 = \lim_{w \to w_0} \frac{f(w)}{\varphi_1(w)}. \tag{2.14}$$

In ähnlicher Weise erhält man die allgemeine Rekursionsformel

$$a_m = \lim_{w \to w_0} \frac{f(w) - \sum\limits_{n=1}^{m-1} a_n \varphi_n(w)}{\varphi_m(w)} \qquad (m = 1, 2, \ldots, N). \tag{2.15}$$

Für weitergehende Eigenschaften der asymptotischen Entwicklungen sei auf die Literatur hingewiesen. Im Falle wo $\varphi_n(w) = w^{-\lambda_n}$, mit reellen Werten von λ_n und $\lambda_{n+1} > \lambda_n$ für jedes n, heißt die entsprechende asymptotische Entwicklung eine *asymptotische Reihe von Potenzen;* man spricht von einer *asymptotischen Potenzreihe* wenn $\lambda_n = \pm n$ (n ganz).

Bei obenstehenden Betrachtungen ist immer vorausgesetzt worden, daß für die Funktion $f(w)$ in der Tat eine asymptotische Entwicklung der Form (2.10) (mit gegebenen Funktionen $\varphi_1, \varphi_2, \ldots, \varphi_N$) besteht. Dies braucht im allgemeinen nicht der Fall zu sein. Man betrachte zum Beispiel die Funktion $\exp(-x)$ und die asymptotische Funktionenfolge x^{-n} ($n = 0, 1, 2, \ldots$). Einsetzen in Gl. (2.15) gibt $a_m = 0$ für jedes m, da

$$\lim_{x \to \infty} x^m \, \mathrm{e}^{-x} = 0. \tag{2.16}$$

§ 3. Reihenentwicklung einer Funktion $G(p)$ mit Hinzunahme des Restgliedes

Zur Vorbereitung der nachstehenden Betrachtungen werden wir in diesem Paragraphen eine Darstellung für eine Funktion $G(p)$ der komplexen Variablen p herleiten. Wir setzen voraus, daß $G(p)$ in einem Gebiet D der p-Ebene analytisch ist und daß $p = a$ ein innerer Punkt von D ist. Aus der Funktionentheorie ist bekannt, daß innerhalb des größten, ganz in D gelegenen, Kreises um $p = a$ die Funktion $G(p)$ durch ihre konvergente Potenzreihenentwicklung dargestellt werden kann. Im folgenden brauchen wir eine Darstellung der Funktion $G(p)$, die Potenzen von $p - a$ enthält und auch außerhalb des genannten Kreises anzuwenden ist. Eine solche Darstellung werden wir jetzt herleiten.

Seien a und p zwei innere Punkte des Gebietes D. Da $G(p)$ in D analytisch ist, bestehen ihre Ableitungen willkürlich hoher Ordnung. Dann können wir schreiben

$$G(p) = G(a) + \int_a^p \frac{dG}{dq}\, dq. \tag{3.1}$$

Partielle Integration gibt

$$\int_a^p \frac{dG}{dq}\, dq = -\int_a^p \frac{dG}{dq}\, d(p-q) = (p-a)\left(\frac{dG}{dp}\right)_{p=a} + \int_a^p (p-q)\frac{d^2G}{dq^2}\, dq. \tag{3.2}$$

Nach N-maliger Wiederholung dieses Prozesses erhalten wir

$$G(p) = \sum_{n=0}^N \frac{(p-a)^n}{n!}\left(\frac{d^n G}{dp^n}\right)_{p=a} + \frac{1}{N!}\int_a^p (p-q)^N \frac{d^{N+1}G}{dq^{N+1}}\, dq. \tag{3.3}$$

Der Integrationsweg muß hierbei ganz in D verlaufen. Für reelle Werte von p und a und geradlinige Integration von a nach p ist diese Formel identisch mit der TAYLORschen Entwicklung. Bei den Anwendungen können wir über $d^{N+1}G/dp^{N+1}$ des öfteren noch weitere Aussagen machen, welche uns erlauben, eine Abschätzung für das letzte Glied auf der rechten Seite von Gl. (3.3) (das sogenannte Restglied) zu geben.

§ 4. Asymptotische Entwicklung für $f(t)$, falls $F(p)$ einen algebraischen Verzweigungspunkt hat

Um das Verfahren zur Gewinnung einer asymptotischen Entwicklung der Funktion $f(t)$ für $t \to \infty$ in übersichtlicher Weise zu erläutern, betrachten wir zuerst den Fall, daß die zu $f(t)$ korrespondierende Funktion $F(p)$ nur eine einzige singulare Stelle $p = a$ hat. Diese Stelle soll ein algebraischer Verzweigungspunkt K-ter Ordnung sein. Aus der Funktionentheorie [vgl. auch Kap. VI, Gl. (1.3)] ist bekannt, daß die Funktion $F(p)$ in der Umgebung der Stelle $p = a$ darzustellen ist durch eine Entwicklung der Form

$$F(p) = \sum_k a_k (p-a)^{k/K}, \qquad (4.1)$$

wo nur endlich viele negative Potenzen auftreten, d. h. $k \geqq - KM$, wenn M eine ganze Zahl ist. Wir können also schreiben

$$F(p) = (p-a)^{-M} G_0(p) + (p-a)^{-M+1/K} G_1(p) + \cdots +$$

$$+ (p-a)^{-M+(K-1)/K} G_{K-1}(p) = \sum_{m=0}^{K-1} (p-a)^{-M+m/K} G_m(p), \quad (4.2)$$

wo $G_m(p)$ in der Umgebung von $p = a$ analytische Funktionen sind. In der Umgebung von $p = a$ sind sie erklärt durch ihre Potenzreihenentwicklung

$$G_m(p) = \sum_{n=0}^{\infty} a_{-MK+m+nK} (p-a)^n, \qquad (4.3)$$

welche sich aus dem Vergleich von Gl. (4.1) mit Gl. (4.2) ergibt. Aus der in der Umgebung von $p = a$ konvergenten TAYLORschen Entwicklung von $G_m(p)$ folgt, daß

$$a_{-MK+m+nK} = \frac{1}{n!} \left(\frac{d^n G_m(p)}{dp^n} \right)_{p=a}. \qquad (4.4)$$

Zur Bestimmung der asymptotischen Entwicklung der mit $F(p)$ korrespondierenden Funktion $f(t)$ gehen wir aus von ihrer Darstellung

$$f(t) H(t) = \frac{1}{2\pi j} \int_{c-j\infty}^{c+j\infty} e^{pt} F(p)\, dp, \qquad (4.5)$$

wo

$$\operatorname{Re} c > \operatorname{Re} a. \qquad (4.6)$$

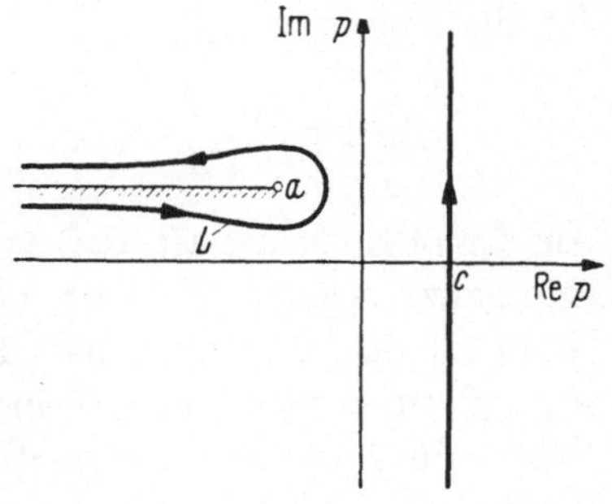

Kraft des JORDANschen Hilfssatzes und des CAUCHYschen Integralsatzes kann für $t > 0$ der Integrationsweg $\operatorname{Re} p = c$ ersetzt werden durch den Weg L (vgl. Abb. 94), wodurch das Integral in Gl. (4.5) ein Umlaufintegral

Abb. 94

wird um den, parallel zur reellen Achse, von $p = a$ nach links angebrachten Verzweigungsschnitt. Damit ist

$$f(t) = \frac{1}{2\pi j} \int_L e^{pt} F(p)\, dp \qquad (t > 0). \qquad (4.7)$$

Da $p = a$ nach den Voraussetzungen die einzige singulare Stelle war, kann man auf Grund der im Paragraphen 3 bewiesenen Entwicklung, mit Hilfe von Gl. (4.4) auf dem ganzen Integrationsweg L schreiben:

$$G_m(p) = \sum_{n=0}^{N} a_{-MK+m+nK}(p-a)^n + \frac{1}{N!} \int_a^p (p-q)^N \frac{d^{N+1}G_m}{dq^{N+1}} \, dq. \quad (4.8)$$

Setzt man diese Entwicklung ein in Gl. (4.2) und benutzt man das Ergebnis in Gl. (4.7), so erhält man

$$f(t) = \sum_{m=0}^{K-1} f_m(t), \quad (4.9)$$

wo

$$f_m(t) = \frac{e^{at}}{2\pi j} \int_L e^{(p-a)t} \left[\sum_{n=0}^{N} a_{-MK+m+nK}(p-a)^{-M+m/K+n} \right] dp + $$

$$+ R_{m,N}(t), \quad (4.10)$$

mit

$$R_{m,N}(t) = \frac{e^{at}}{2\pi j} \int_L e^{(p-a)t} \left[(p-a)^{-M+m/K} \frac{1}{N!} \int_a^p (p-q)^N \frac{d^{N+1}G_m}{dq^{N+1}} \right] dp.$$

$$(4.11)$$

Führt man im ersten Gliede der rechten Seite von Gl. (4.10) die Integration nach p aus, so findet man, mit Hilfe von [vgl. Kap. VII, Gl. (4.2)]

$$\frac{1}{2\pi j} \int_L e^{(p-a)t}(p-a)^{-M+m/K+n} \, dp = \frac{t^{M-m/K-n-1}}{\Gamma(M-m/K-n)} \quad (t>0),$$

$$(4.12)$$

für die Funktion $f_m(t)$:

$$f_m(t) = e^{at} \sum_{n=0}^{N} a_{-MK+m+nK} \frac{t^{M-m/K-n-1}}{\Gamma(M-m/K-n)} + R_{m,N}(t). \quad (4.13)$$

Aus Gl. (4.12) sehen wir, daß Potenzen von t, für welche $M - m/K - n$ eine ganze negative Zahl ist, nicht auftreten, da dann das Integral in Gl. (4.12) den Wert null hat. Für den Absolutbetrag des Restgliedes $R_{m,N}(t)$ ist in vielen Fällen eine Abschätzung zu geben. Dazu muß die Entwicklung so weit fortgesetzt werden, daß für die Anzahl N der Glieder gilt

$$N > M - m/K - 2. \quad (4.14)$$

Wir präzisieren nun den Integrationsweg L in Gl. (4.11) und wählen dazu für L den Weg, der zusammengesetzt ist aus den beiden geradlinigen Strecken $-\infty < \mathrm{Re}\,(p-a) < -\delta$, $\arg(p-a) = -\pi$ und $-\infty < \mathrm{Re}\,(p-a) < -\delta$, $\arg(p-a) = \pi$, zusammen mit dem Kreise $|p-a| = \delta$ (s. Abb. 95). Zuerst werden wir zeigen, daß der Beitrag I_{Kreis}

der Integration längs des Kreises verschwindet im Limes $\delta \to 0$. Zum Beweis beachten wir, daß innerhalb des Kreises $|p - a| = \delta$ der Absolutbetrag der Funktion $d^{N+1} G_m / dp^{N+1}$ beschränkt ist; ihr Maximalwert sei A. Wir erhalten dann

$$|I_{Kreis}| \leq \frac{e^{at}}{2\pi} A \int_{-\pi}^{\pi} e^{\delta t \cos\varphi} \, \delta^{-M+m/K+1} \left[\frac{1}{N!} \int_0^\delta (\delta - u)^N \, du \right] d\varphi$$

$$= \frac{e^{at}}{2\pi} A \frac{1}{(N+1)!} \, \delta^{-M+m/K+N+2} \int_{-\pi}^{\pi} e^{\delta t \cos\varphi} d\varphi. \tag{4.15}$$

Das Integral bezüglich φ ist beschränkt für jeden endlichen Wert von δ und t. Im Zusammenhang mit der Bedingung (4.14) ist daher

$$\lim_{\delta \to 0} |I_{Kreis}| = 0. \tag{4.16}$$

Der Beitrag der beiden geradlinigen Strecken liefert also $R_{m,N}(t)$, wofür wir in ähnlicher Weise wie in Kap. VII, § 3 schreiben können

$$R_{m,N}(t) = \frac{e^{at}}{\pi} \frac{\sin\{(-M+m/K+N)\pi\}}{N!} \, t^{M-m/K-N-2}.$$

$$\cdot \int_0^\infty e^{-u} u^{-M+m/K} \, du \int_0^u (u-v)^N \left(\frac{d^{N+1} G_m(q)}{dq^{N+1}} \right)_{q=a-v/t} dv. \tag{4.17}$$

Eine Abschätzung von $|R_{m,N}(t)|$ ist zu gewinnen, wenn wir beachten, daß es eine positive Zahl B gibt, derart daß

$$\frac{1}{(N+1)!} \left| \frac{d^{N+1} G_m(p)}{dp^{N+1}} \right| \leq B, \tag{4.18}$$

für jeden Wert von

$$p = a - \frac{u}{t}, \tag{4.19}$$

mit $0 \leq u < \infty$. Unter Benutzung der Ungleichung (4.18) wird für $|R_{m,N}(t)|$ erhalten

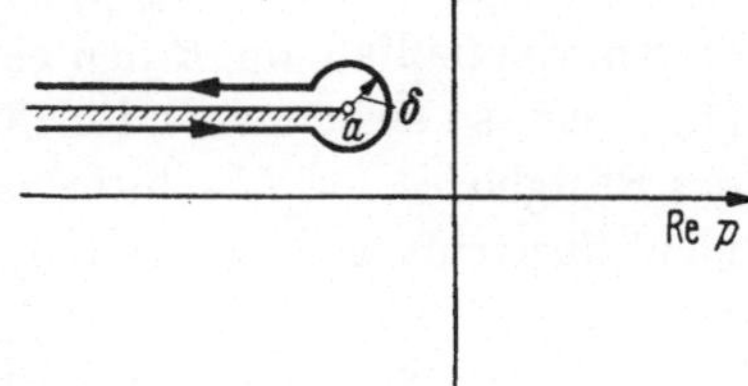

Abb. 95. Integrationsweg zur Abschätzung des Restgliedes

$$|R_{m,N}(t)| \leq \frac{e^{at}}{\pi} B \left| \sin\{(-M+m/K+N)\pi\} \right| t^{M-m/K-N-2}.$$

$$\cdot \int_0^\infty e^{-u} u^{-M+m/K+N+1} \, du = e^{at} B \frac{t^{M-m/K-N-2}}{\Gamma(M-m/K-N-1)}, \tag{4.20}$$

wo wir die Relation Kap. VII, Gl. (3.32) angewendet haben. Hiermit ist also gezeigt, daß

$$e^{-at} R_{m,N}(t) = O(t^{M-m/K-N-2}) = o(t^{M-m/K-N-1}) \quad (t \to \infty). \tag{4.21}$$

Daher ist die Entwicklung für $e^{-at} f_m(t)$, die aus Gl. (4.11) folgt, eine asymptotische Entwicklung für $t \to \infty$ [vgl. Gl. (2.10)] und zwar eine asymptotische Reihe von Potenzen der Variablen t.

Durch Einsetzen der asymptotischen Entwicklung für $f_m(t)$ in Gl. (4.9) ist leicht nachzuprüfen, daß man in dieser Weise erhält

$$f(t) = e^{at} \sum_{k=-KM}^{-KM+K+KN-1} a_k \frac{t^{-k/K-1}}{\Gamma\left(-\dfrac{k}{K}\right)} + \sum_{m=0}^{K-1} R_{m,N}(t). \qquad (4.22)$$

In Gl. (4.22) ist

$$e^{-at} \sum_{m=0}^{K-1} R_{m,N}(t) = O(t^{M-N-2}) \qquad (t \to \infty), \qquad (4.23)$$

womit

$$f(t) = e^{at} \left[\sum_{k=-KM}^{-KM+K+KN-1} a_k \frac{t^{-k/K-1}}{\Gamma\left(-\dfrac{k}{K}\right)} + O(t^{M-N-2}) \right] \qquad (t \to \infty).$$

$$(4.24)$$

Dieses wichtige Resultat zeigt, daß die asymptotische Entwicklung von $f(t)$ für $t \to \infty$ erhalten wird durch formelles gliedweises Transformieren der Reihenentwicklung (4.1) von $F(p)$ um den Verzweigungspunkt $p = a$ unter Benutzung der Formel

$$(p - a)^\lambda \longleftrightarrow e^{at} \frac{t^{-\lambda-1}}{\Gamma(-\lambda)} H(t). \qquad (4.25)$$

Der Fehler ist dann von der Ordnung O der ersten „vernachlässigten" Potenz von t.

In manchen Anwendungen erhält man den Maximalwert des Absolutbetrages von $d^{N+1} G_m(p)/dp^{N+1}$ an der Stelle $p = a$. Setzt man in diesem Spezialfall für B den entsprechenden Wert in der Abschätzung (4.20) ein, so sieht man mit Hilfe von Gl. (4.4), daß der Absolutbetrag des Restgliedes den Absolutbetrag des ersten „vernachlässigten" Gliedes nicht übertrifft (s. SCHOUTEN [5], SUTTON [1], CARSLAW and JAEGER [1]).

§ 5. Asymptotische Entwicklung für $f(t)$, falls $F(p)$ einen logarithmischen Verzweigungspunkt hat

Jetzt betrachten wir den Fall, daß die zu $f(t)$ korrespondierende Funktion $F(p)$ eine einzige singulare Stelle $p = a$ hat und zwar einen logarithmischen Verzweigungspunkt. In ihrer Umgebung ist $F(p)$ von der Form

$$F(p) = G(p) \ln(p - a), \qquad (5.1)$$

wo $G(p)$ eine analytische Funktion ist. In der Umgebung von $p = a$ ist $G(p)$ durch ihre Potenzreihenentwicklung darzustellen, weshalb wir für $F(p)$ schreiben können

$$F(p) = \ln(p - a) \sum_{n=0}^{\infty} a_n (p - a)^n, \qquad (5.2)$$

wo

$$a_n = \frac{1}{n!}\left(\frac{d^n G(p)}{dp^n}\right)_{p=a}. \tag{5.3}$$

Wir setzen voraus, daß sich $F(p)$ für $|p| \to \infty$ derart verhält, daß der JORDANsche Hilfssatz angewendet werden darf. Für $t > 0$ ist $f(t)$ dann gegeben durch

$$f(t) = \frac{1}{2\pi j}\int_L e^{pt} F(p)\, dp \qquad (t > 0), \tag{5.4}$$

wo der Integrationsweg L skizziert ist in Abb. 94. Da $p = a$ nach den Voraussetzungen die einzige singulare Stelle ist, kann man, auf Grund der im § 3 bewiesenen Entwicklung, auf dem ganzen Integrationsweg schreiben

$$G(p) = \sum_{n=0}^{N} a_n (p-a)^n + \frac{1}{N!}\int_a^p (p-q)^N \frac{d^{N+1}G(q)}{dq^{N+1}}\, dq, \tag{5.5}$$

wo die Koeffizienten a_n gegeben sind durch Gl. (5.3). Setzt man diese Entwicklung (5.5) in Gl. (5.4) ein, so erhält man

$$f(t) = \frac{e^{at}}{2\pi j}\int_L e^{(p-a)t} \ln(p-a)\left[\sum_{n=0}^{N} a_n (p-a)^n\right] dp + R_N(t), \tag{5.6}$$

wo

$$R_N(t) = \frac{e^{at}}{2\pi j}\int_L e^{(p-a)t} \ln(p-a)\left[\frac{1}{N!}\int_a^p (p-q)^N \frac{d^{N+1}G(q)}{dq^{N+1}}\, dq\right] dp. \tag{5.7}$$

Für den Integrationsweg L in Gl. (5.6) wählen wir wiederum den Weg nach Abb. 95, der zusammengesetzt ist aus den geradlinigen Strecken $-\infty < \mathrm{Re}\,(p-a) < -\delta,\, \arg(p-a) = -\pi$ bzw. $-\infty < \mathrm{Re}\,(p-a) < -\delta,\, \arg(p-a) = \pi$ und dem Kreise $|p-a| = \delta$. Es ist leicht zu prüfen, daß der Beitrag des Kreises $|p-a| = \delta$ verschwindet im Limes $\delta \to 0$. Daher wird nach Umformungen derselben Art wie im § 4

$$-\frac{1}{2\pi j}\int_L e^{(p-a)t}(p-a)^n \ln(p-a)\, dp = (-1)^{n+1}\frac{\Gamma(n+1)}{t^{n+1}} \qquad (t > 0). \tag{5.8}$$

Hiermit erhalten wir aus Gl. (5.6)

$$f(t) = e^{at}\sum_{n=0}^{N} (-1)^{n+1} a_n \frac{\Gamma(n+1)}{t^{n+1}} + R_N(t). \tag{5.9}$$

Zunächst werden wir eine Abschätzung des Absolutbetrages des Restgliedes $R_N(t)$ geben. Für L wählen wir denselben Integrationsweg wie oben. Erstens zeigen wir, daß der Beitrag I_{Kreis} der Integration längs des Kreises $|p-a| = \delta$ verschwindet im Limes $\delta \to 0$. Dazu beachten wir, daß innerhalb dieses Kreises gilt

$$\left| \frac{d^{N+1} G(p)}{d p^{N+1}} \right| \leq A \, . \tag{5.10}$$

Wir erhalten dann

$$|I_{Kreis}| \leq \frac{e^{at}}{2\pi} A \int\limits_{-\pi}^{\pi} e^{\delta t \cos\varphi} \, \delta \, |\ln\delta + j\varphi| \left[\frac{1}{N!} \int\limits_{0}^{\delta} (\delta - u)^N \, du \right] d\varphi$$

$$= \frac{e^{at}}{2\pi} A \, \frac{1}{(N+1)!} \, \delta^{N+2} \int\limits_{-\pi}^{\pi} e^{\delta t \cos\varphi} \, |\ln\delta + j\varphi| \, d\varphi \, . \tag{5.11}$$

Hieraus ist ersichtlich, daß

$$\lim_{\delta \to 0} |I_{Kreis}| = 0 \, . \tag{5.12}$$

Der Betrag der beiden geradlinigen Strecken liefert also $R_N(t)$, wofür wir schreiben können

$$R_N(t) = e^{at} \frac{(-1)^N}{N! \, t^{N+2}} \int\limits_{0}^{\infty} e^{-u} \, du \int\limits_{0}^{u} (u-v)^N \left(\frac{d^{N+1} G(q)}{d q^{N+1}} \right)_{q = a - v/t} dv \, . \tag{5.13}$$

Eine Abschätzung von $|R_N(t)|$ ist zu gewinnen, wenn wir beachten, daß es eine positive Zahl B gibt, derart daß

$$\frac{1}{(N+1)!} \left| \frac{d^{N+1} G(p)}{d p^{N+1}} \right| \leq B \tag{5.14}$$

für jeden Wert von

$$p = a - \frac{u}{t} \, , \tag{5.15}$$

mit $0 \leq u < \infty$. Unter Benutzung der Ungleichung (5.14) finden wir

$$|R_N(t)| \leq e^{at} \frac{\Gamma(N+2)}{t^{N+2}} B \, . \tag{5.16}$$

Hiermit ist also gezeigt, daß

$$e^{-at} R_N(t) = O(t^{-N-2}) = o(t^{-N-1}) \qquad (t \to \infty) \, . \tag{5.17}$$

Daher ist die Entwicklung für $e^{-at} f(t)$, welche aus Gl. (5.9) folgt, eine asymptotische Entwicklung für $t \to \infty$ [vgl. Gl. (2.10)] und zwar eine asymptotische Potenzreihe in t. Es ist also

$$f(t) = e^{at} \left[\sum_{n=0}^{N} (-1)^{n+1} a_n \frac{\Gamma(n+1)}{t^{n+1}} + O(t^{-N-2}) \right] \qquad (t \to \infty) \, . \tag{5.18}$$

In dem Spezialfall, daß $|d^{N+1} G(p)/d p^{N+1}|$ seinen Maximalwert an der Stelle $p = a$ annimmt, gilt, daß der Absolutbetrag des Restgliedes den Absolutbetrag des ersten „vernachlässigten" Gliedes nicht übertrifft.

Die Form der asymptotischen Entwicklung (5.18) macht annehmlich, daß wir die Glieder im t-Bereich durch formelle Transformation der entsprechenden Glieder im p-Bereich erhalten können. Daß dies in der Tat der Fall ist, folgt aus der Korrespondenz Kap. VII, Gl. (7.14), wenn wir in dieser Beziehung den Limes der linken und rechten Seite bestimmen für $v \to -n-1$, mit ganzzahligem $n \geq 0$. Dazu betrachten wir zuerst, daß

$$\lim_{v \to -n} \frac{1}{\Gamma(v)} = 0 \,. \tag{5.19}$$

Weiterhin folgt durch Differentiation der Beziehung [Kap. VII, Gl. (3.32)]

$$\frac{1}{\Gamma(v)} = \frac{\sin(v\,\pi)}{\pi}\,\Gamma(1-v) \tag{5.20}$$

nach v, daß

$$-\frac{\Gamma'(v)}{[\Gamma(v)]^2} = -\frac{\Psi(v)}{\Gamma(v)} = \cos(v\,\pi)\,\Gamma(1-v) - \frac{\sin(v\,\pi)}{\pi}\,\Gamma'(1-v) \,. \tag{5.21}$$

Aus dieser Gleichung ergibt sich

$$\lim_{v \to -n} \frac{\Psi(v)}{\Gamma(v)} = (-1)^{n+1}\,\Gamma(n+1) \qquad (n \geq 0) \,. \tag{5.22}$$

Die linke Seite der Beziehung Kap. VII, Gl. (7.14) liefert also

$$\lim_{v \to -n-1} \frac{t^v}{\Gamma(v+1)}\,[\ln t - \Psi(v+1)] = -(-1)^{n+1}\frac{\Gamma(n+1)}{t^{n+1}} \qquad (n \geq 0), \tag{5.23}$$

während die rechte Seite

$$-\lim_{v \to -n-1} \frac{1}{p^{v+1}} \ln p = -p^n \ln p \tag{5.24}$$

liefert. Hieraus ergibt sich, daß die asymptotische Entwicklung (5.18) durch formelle, gliedweise Transformation von Gl. (5.2) entsteht.

§ 6. Asymptotische Entwicklung für $f(t)$, falls $F(p)$ eine endliche Anzahl nicht-wesentlich singulärer Stellen hat

In § 4 haben wir den Fall behandelt, daß $F(p)$ eine einzige singuläre Stelle hat und zwar einen algebraischen Verzweigungspunkt; ebenso handelte § 5 über den Fall, daß die einzige singuläre Stelle von $F(p)$ ein logarithmischer Verzweigungspunkt war. In diesen beiden Fällen ist gezeigt, daß die asymptotische Entwicklung von $f(t)$ für $t \to \infty$ gewonnen wird durch Ausführung der folgenden Vorschrift: (a) die Funktion $F(p)$ wird in der Umgebung eines *algebraischen Verzweigungspunktes* $p = a$ entwickelt nach (nicht ganzzahligen) Potenzen von $p - a$ und diese Entwicklung wird formell gliedweise zum t-Bereich transformiert; (b) in der Umgebung eines *logarithmischen Verzweigungs-*

punktes $p = a$ wird $F(p)$ geschrieben als das Produkt der Funktion $\ln(p - a)$ und einer Potenzreihe in $p - a$ und diese Entwicklung wird wiederum formell, gliedweise, transformiert zum t-Bereich.

Im allgemeinen hat $F(p)$ mehrere singularen Stellen in der p-Ebene. Wir setzen voraus, daß diese singularen Stellen alle isoliert und nicht wesentlich sind, d. h. $F(p)$ hat isolierte Verzweigungspunkte (algebraischer oder logarithmischer Art) und Pole. Weiterhin sei die Lage der Singularitäten derart, daß von den Verzweigungspunkten aus nach links Verzweigungsschnitte parallel zur reellen p-Achse anzubringen sind, ohne daß eine singulare Stelle auf einem zu einer anderen singularen Stelle gehörenden Verzweigungsschnitt liegt. Ausgehend von der Beziehung

$$f(t)\, H(t) = \frac{1}{2\,\pi j} \int_{c-j\infty}^{c+j\infty} e^{pt} F(p)\, dp \tag{6.1}$$

kann der Integrationsweg $\mathrm{Re}\ p = c$, wobei c so gewählt ist, daß alle singularen Stellen von $F(p)$ links von $\mathrm{Re}\ p = c$ gelegen sind, für $t > 0$ ersetzt werden durch Umlaufswege um die Verzweigungsschnitte (vgl. § 4 und § 5) insofern es Verzweigungspunkte betrifft und durch Kreise verschwindend kleiner Radien um die Pole (vgl. Abb. 96). Für $t > 0$ setzt die Funktion $f(t)$ sich also zusammen aus den getrennten Beiträgen der Umlaufintegrale um die Verzweigungsschnitte und aus den Residuen in den Polen. Jedes Umlaufintegral führt zu einer asymptotischen Entwicklung gemäß der in § 4 und § 5 erhaltenen Form.

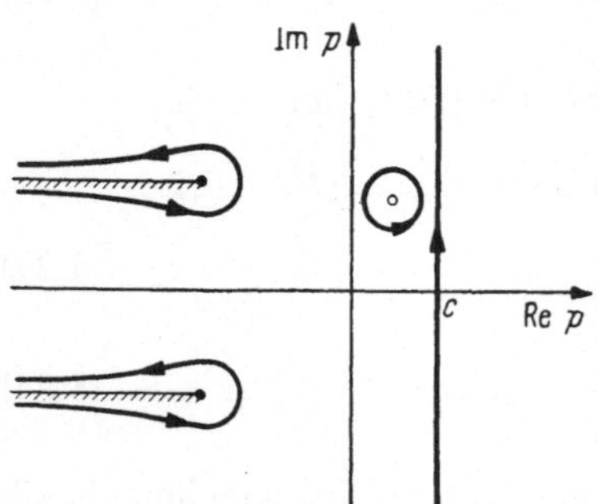

Abb. 96. Zur Asymptotik der Funktion $f(t)$;
• = Verzweigungspunkt, ∘ = Pol

Die asymptotische Entwicklung von $f(t)$ für $t \to \infty$ findet man deshalb durch Addierung der Beiträge jedes Verzweigungspunktes, vermehrt mit den Residuen der Funktion $e^{pt} F(p)$ in den Polen von $F(p)$.

Wir bemerken noch, daß die obengemachte Voraussetzung, daß die Verzweigungspunkte nicht auf einer zur reellen Achse parallelen Geraden liegen, nicht wesentlich ist. Tritt nämlich eine solche Lage der Verzweigungspunkte auf, so können wir die Verzweigungsschnitte unter einem gewissen Winkel mit der negativ-reellen Achse anbringen. Man kann dann zeigen, daß die Umlaufintegrale hier zu einer asymptotischen Entwicklung von $f(t)$ führen, welche auch durch Anwendung der ebengegebenen Vorschrift erhalten wird. Für die Einzelheiten des Beweises siehe man SCHOUTEN [6].

§ 7. Beispiele asymptotischer Entwicklungen

In diesem Paragraphen werden wir einige Beispiele asymptotischer Entwicklungen geben und zwar die asymptotischen Entwicklungen für $t \to \infty$ von (a) dem Fehlerintegral, (b) der BESSELschen Funktion erster Art und nullter Ordnung, (c) dem Exponentialintegral, (d) dem Integralkosinus.

a) *Das Fehlerintegral.* Wie wir aus der Korrespondenz [Kap. VII, Gl. (5.7)]

$$\frac{\exp\left(-\alpha\, p^{1/2}\right)}{p} \leftrightarrow \left[1 - \operatorname{erf}\left(\frac{\alpha}{2\, t^{1/2}}\right)\right] H(t) \qquad (\operatorname{Re} p > 0) \qquad (7.1)$$

sehen, ist in diesem Falle

$$F(p) = \frac{\exp\left(-\alpha\, p^{1/2}\right)}{p}\,. \qquad (7.2)$$

Die Stelle $p = 0$ ist also ein algebraischer Verzweigungspunkt der Funktion $F(p)$ (Abb. 97). Entwicklung von $\exp\left(-\alpha p^{1/2}\right)$ nach Potenzen von $\alpha p^{1/2}$ gibt

$$F(p) = \sum_{k=0}^{\infty} \frac{(-\alpha)^k}{k!}\, p^{k/2-1}\,. \qquad (7.3)$$

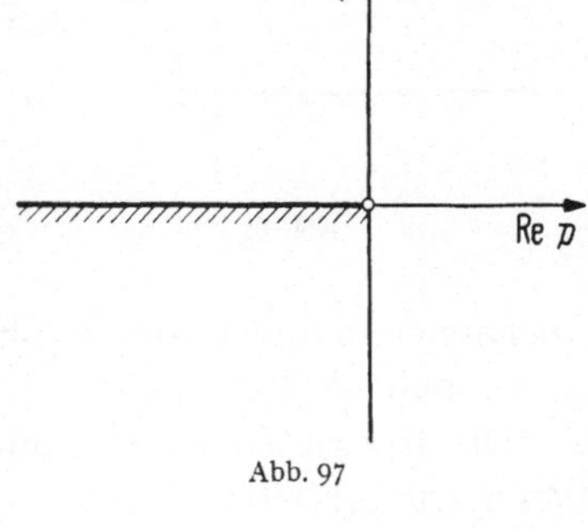

Abb. 97

Nach der in § 6 gegebenen Vorschrift (vgl. auch § 4) wird die asymptotische Entwicklung von $f(t)$ für $t \to \infty$ gewonnen durch formelle, gliedweise, Transformation der Glieder auf der rechten Seite von Gl. (7.2). Dies ergibt

$$f(t) = \sum_{k=0}^{\infty} \frac{(-\alpha)^k}{k!}\, \frac{t^{-k/2}}{\Gamma(-k/2+1)}\,. \qquad (7.4)$$

Da $[\Gamma(-k/2+1)]^{-1} = 0$ wenn $k = 2, 4, 6, \ldots$, ist für die Reihe auf der rechten Seite von Gl. (7.4) auch zu schreiben

$$f(t) = 1 - \sum_{n=0}^{\infty} \frac{(\alpha)^{2n+1}}{(2n+1)!}\, \frac{t^{-n-1/2}}{\Gamma\left(-n+\frac{1}{2}\right)}\,. \qquad (7.5)$$

Unter Benutzung der Gln. (5.11) und (5.12) aus Kap. VII finden wir hieraus

$$f(t) = 1 - \frac{2}{\pi^{1/2}} \sum_{n=0}^{\infty} \frac{(-1)^n}{n!\,(2n+1)} \left(\frac{\alpha}{2\, t^{1/2}}\right)^{2n+1}\,. \qquad (7.6)$$

Es ist leicht nachzuprüfen, daß die Reihe auf der rechten Seite von Gl. (7.6) konvergent ist, womit wir einen Beispiel einer asymptotischen

Reihe, die zugleich konvergent ist, gebracht haben. Aus Gl. (7.6) und Gl. (7.1) folgt das bekannte Ergebnis [vgl. Kap. VII, Gl. (5.3)]

$$\operatorname{erf}\left(\frac{\alpha}{2\,t^{1/2}}\right) = \frac{2}{\pi^{1/2}} \sum_{n=0}^{\infty} \frac{(-1)^n}{n!\,(2\,n+1)} \left(\frac{\alpha}{2\,t^{1/2}}\right)^{2\,n+1}. \tag{7.7}$$

Es ist leicht einzusehen, daß die Bedingung für die Abschätzung des Restgliedes, welche am Ende des Paragraphen 4 angegeben ist, hier erfüllt ist.

b) *Die Besselsche Funktion erster Art und nullter Ordnung.* Aus der Korrespondenz [Kap. VII, Gl. (6.17)]

$$J_0(t)\,H(t) \leftrightarrow \frac{1}{(p^2+1)^{1/2}} \qquad (\operatorname{Re} p > 0) \tag{7.8}$$

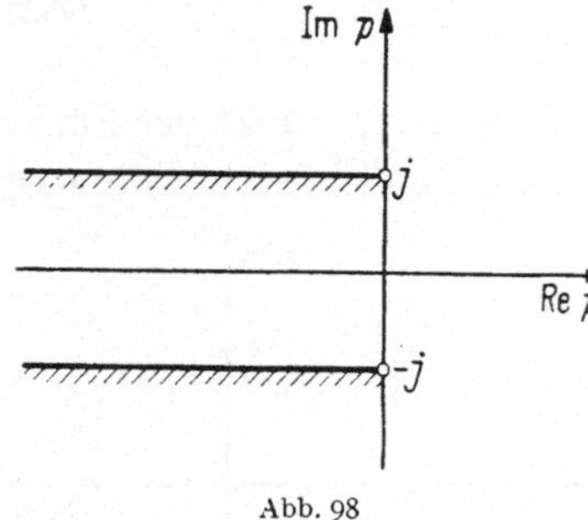

Abb. 98

folgt, daß in diesem Falle

$$F(p) = \frac{1}{(p^2+1)^{1/2}}. \tag{7.9}$$

Die Stellen $p = j$ und $p = -j$ sind also algebraische Verzweigungspunkte der Funktion $F(p)$ (Abb. 98). Nach der in §4 und §6 entwickelten Theorie setzt sich die asymptotische Entwicklung für $t \to \infty$ aus zwei Bestandteilen zusammen, nämlich aus den Entwicklungen der Funktionselemente um $p = j$ bzw. $p = -j$.

Die Entwicklung des Funktionselementes um $p = j$ wird erhalten, wenn wir schreiben

$$\frac{1}{(p^2+1)^{1/2}} = \frac{1}{(p-j)^{1/2}\,(2\,j)^{1/2}\left(1 + \dfrac{p-j}{2\,j}\right)^{1/2}} =$$

$$= \frac{1}{(p-j)^{1/2}} \frac{1}{(2\,j)^{1/2}} \sum_{k=0}^{\infty} \frac{\Gamma\left(\dfrac{1}{2}\right)}{k!\,\Gamma\left(\dfrac{1}{2}-k\right)} \left(\frac{p-j}{2\,j}\right)^k. \tag{7.10}$$

Die Entwicklung des Funktionselementes um $p = -j$ wird aus Gl. (7.10) erhalten, wenn wir überall j durch $-j$ ersetzen. Formelle, gliedweise Transformation der Reihe auf der rechten Seite von Gl. (7.10) gibt, nach Gl. (4. 25)

$$f_1(t) = \frac{1}{(2\,\pi)^{1/2}}\, e^{\left(j - \frac{\pi}{4}\right)} \left[\sum_{k=0}^{K} \frac{\Gamma\left(\dfrac{1}{2}+k\right)}{k!\,\Gamma\left(\dfrac{1}{2}-k\right)} \frac{j^k}{2^k}\, t^{-k-1/2} + O(t^{-K-3/2}) \right]$$

$$(t \to \infty) \tag{7.11}$$

In gleicher Weise ergibt sich durch formelle, gliedweise Transformation der Entwicklung des Funktionselementes um $p = -j$

$$f_2(t) = \frac{1}{(2\pi)^{1/2}} e^{-j\left(t - \frac{\pi}{4}\right)} \left[\sum_{k=0}^{K} \frac{\Gamma\left(\frac{1}{2} + k\right)}{k! \, \Gamma\left(\frac{1}{2} - k\right)} \frac{(-j)^k}{2^k} t^{-k-1/2} + O\left(t^{-K-3/2}\right) \right]$$

$$(t \to \infty). \qquad (7.12)$$

Zur Abschätzung des Restgliedes der Entwicklungen (7.11) und (7.12) bemerken wir, daß die Bedingungen erfüllt sind, wobei der Absolutbetrag dieses Restgliedes den Absolutbetrag des ersten „vernachlässigten" Gliedes nicht übertrifft. Setzen wir nämlich bei der Entwicklung um $p = j$:

$$F(p) = \frac{1}{(p - j)^{1/2}} \, G(p), \qquad (7.13)$$

so ist

$$G(p) = \frac{1}{(p + j)^{1/2}} \, . \qquad (7.14)$$

Durch $(N + 1)$-malige Differentiation der Gl. (7.14) ergibt sich

$$\frac{d^{N+1} G(p)}{dp^{N+1}} = \frac{(-1)^{N+1}}{2^{2N+1}} \frac{(2N+1)!}{N!} \frac{1}{(p + j)^{N+3/2}} \, . \qquad (7.15)$$

Es ist leicht einzusehen, daß der Absolutwert dieses Ausdrucks sein Maximum auf dem Verzweigungsschnitt durch $p = j$ erreicht an der Stelle $p = j$. Hiermit sind also die am Ende des Paragraphen 4 genannten Bedingungen erfüllt und ist die obengenannte Behauptung bewiesen.

Für die asymptotische Entwicklung von $J_0(t)$ ergibt sich durch Addition der Entwicklungen (7.11) und 7.12)

$$J_0(t) = \left(\frac{2}{\pi t}\right)^{1/2} \cos\left(t - \frac{\pi}{4}\right) \sum_{n=0}^{\left[\frac{1}{2} K\right]} (-1)^n \frac{\Gamma\left(\frac{1}{2} + 2n\right) (2t)^{-2n}}{(2n)! \, \Gamma\left(\frac{1}{2} - 2n\right)} -$$

$$- \left(\frac{2}{\pi t}\right)^{1/2} \sin\left(t - \frac{\pi}{4}\right) \sum_{n=0}^{\left[\frac{1}{2} K - \frac{1}{2}\right]} (-1)^n \frac{\Gamma\left(\frac{3}{2} + 2n\right) (2t)^{-2n-1}}{(2n+1)! \, \Gamma\left(-\frac{1}{2} - 2n\right)} +$$

$$+ O\left(t^{-K-3/2}\right) \qquad (t \to \infty), \qquad (7.16)$$

wo das Symbol $[N]$ die größte ganze Zahl bedeutet, die kleiner oder gleich N ist. Gl. (7.16) gibt die asymptotische Entwicklung von $J_0(t)$ in der üblichen Form.

c) *Das Exponentialintegral.* Wie wir in Kap. VII, Gl. (8.7) gezeigt haben, gilt

$$\mathrm{Ei}(-t)\, H(t) \leftrightarrow -\frac{1}{p} \ln(p + 1) \qquad (\mathrm{Re}\, p > -1). \qquad (7.17)$$

Die einzige singulare Stelle der Funktion

$$F(p) = -\frac{1}{p}\ln(p+1) \qquad (7.18)$$

im Endlichen ist ein logarithmischer Verzweigungspunkt an der Stelle $p = -1$ (Abb. 99); an der Stelle $p = 0$ ist $F(p)$ regulär, da sie dort den Wert -1 hat. Wir schreiben jetzt $F(p)$ in der Gestalt

$$F(p) = G(p)\ln(p+1), \qquad (7.19)$$

wo

$$G(p) = -\frac{1}{p}. \qquad (7.20)$$

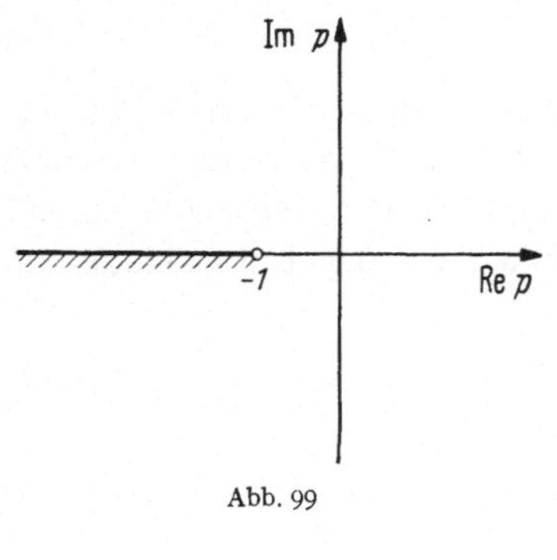

Abb. 99

Für die Entwicklung von $G(p)$ um $p = -1$ wird erhalten

$$G(p) = \frac{1}{1-(p+1)} = \sum_{n=0}^{\infty}(p+1)^n, \qquad (7.21)$$

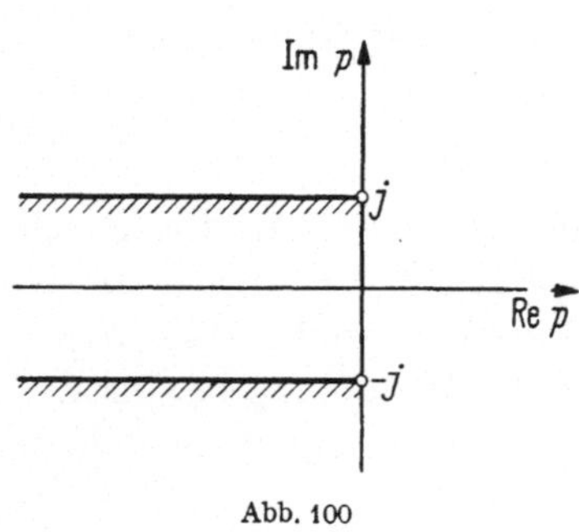

Abb. 100

welche Entwicklung konvergent ist für $|p+1| < 1$. Einsetzen der Entwicklung (7.21) in Gl. (7.19) und formelle, gliedweise Transformation gibt

$$f(t) = e^{-t}\left[\sum_{n=0}^{N}(-1)^{n+1}\frac{\Gamma(n+1)}{t^{n+1}} + O(t^{-N-2})\right] \qquad (t \to \infty). \qquad (7.22)$$

Zur Abschätzung des Restgliedes beachten wir, daß aus Gl. (7.20) folgt

$$\frac{d^{N+1}G(p)}{dp^{N+1}} = (-1)^N\frac{(N+1)!}{p^{N+2}}. \qquad (7.23)$$

Hieraus ist ersichtlich, daß auf dem Verzweigungsschnitt durch $p = -1$ $|d^{N+1}G(p)/dp^{N+1}|$ sein Maximum an der Stelle $p = -1$ erreicht. Der Absolutbetrag des Restgliedes übertrifft also den Absolutbetrag des ersten „vernachlässigten" Gliedes nicht.

d) *Der Integralkosinus.* Aus der Korrespondenz [Kap. VII, Gl. (8.9)]

$$\mathrm{Ci}(t)\,H(t) \leftrightarrow -\frac{1}{2p}\ln(p^2+1) \qquad (\mathrm{Re}\,p > 0) \qquad (7.24)$$

sehen wir, daß in diesem Falle

$$F(p) = -\frac{1}{2p}\ln(p^2+1). \qquad (7.25)$$

Die Stellen $p = j$ und $p = -j$ sind logarithmische Verzweigungspunkte der Funktion $F(p)$ (Abb. 100); an der Stelle $p = 0$ hat $F(p)$ den Wert null und ist deshalb regulär. Die asymptotische Entwicklung von $f(t)$ für $t \to \infty$ ist am einfachsten zu gewinnen, wenn wir schreiben

$$F(p) = F_1(p) + F_2(p), \qquad (7.26)$$

mit

$$F_1(p) = -\frac{1}{2p} \ln(p - j) \qquad (7.27)$$

und

$$F_2(p) = -\frac{1}{2p} \ln(p + j) \qquad (7.28)$$

und die asymptotischen Entwicklungen der zugehörigen Funktionen $f_1(t)$ und $f_2(t)$ einzeln bestimmen. Dabei ist aber in die Funktionen $F_1(p)$ und $F_2(p)$ ein Pol an der Stelle $p = 0$ eingeführt, dessen Beitrag wir berücksichtigen müssen. Da aber der Beitrag dieses Poles für $f_1(t)$ dem Beitrag für $f_2(t)$ entgegengesetzt gleich ist, spielt der Pol im Endresultat keine Rolle. Die Bestimmung der Funktionselemente um $p = j$ bzw. $p = -j$ geschieht völlig ähnlich zu dem unter (c) erörterten Verfahren; wir verzichten auf die Einzelheiten. Aus $F_1(p)$ finden wir

$$f_1(t) = e^{jt} \left[\sum_{k=0}^{K} \frac{(-j)^{k+1}}{2} \frac{\Gamma(k+1)}{t^{k+1}} + O(t^{-K-2}) \right] + \frac{\pi j}{4} \qquad (t \to \infty),$$

$$(7.29)$$

während sich aus $F_2(p)$ ergibt

$$f_2(t) = e^{-jt} \left[\sum_{k=0}^{K} \frac{j^{k+1}}{2} \frac{\Gamma(k+1)}{t^{k+1}} + O(t^{-K-2}) \right] - \frac{\pi j}{4} \qquad (t \to \infty). \quad (7.30)$$

Ähnlich wie unter (c) übertrifft der Absolutbetrag des Restgliedes in den Entwicklungen (7.29) und (7.30) den Absolutbetrag des ersten „vernachlässigten" Gliedes nicht. Die zu $F(p)$ gehörige Gesamtfunktion $f(t)$ setzt sich zusammen aus der Addition von $f_1(t)$ und $f_2(t)$:

$$f(t) = \cos t \sum_{n=0}^{\left[\frac{1}{2}K - \frac{1}{2}\right]} (-1)^{n+1} \frac{(2n+1)!}{t^{2n+2}} +$$

$$+ \sin t \sum_{n=0}^{\left[\frac{1}{2}K\right]} (-1)^{n} \frac{(2n)!}{t^{2n+1}} + O(t^{-K-2}) \qquad (t \to \infty), \qquad (7.31)$$

wo das Symbol [N] wiederum die größte ganze Zahl bedeutet, die kleiner oder gleich N ist.

Kapitel IX

Einschaltvorgänge in Kettenleitern

§ 1. Einführung

In diesem Kapitel beschäftigen wir uns mit der Behandlung von Einschaltvorgängen in Kettenleitern mit Hilfe der Operatorenrechnung. Unter einem Kettenleiter versteht man eine Zusammensetzung von

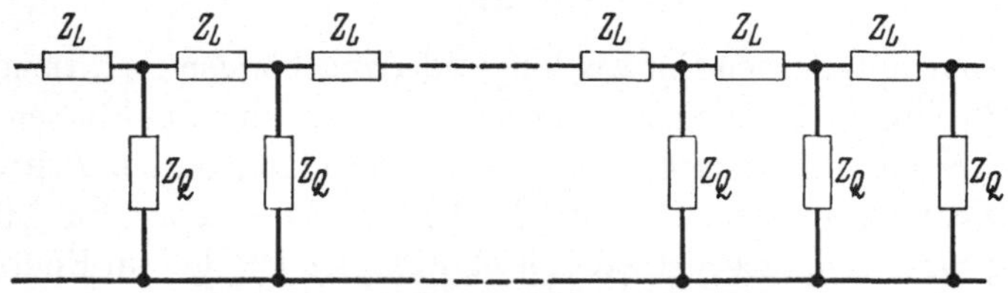

Abb. 101. Allgemeiner Aufbau eines Kettenleiters

passiven Impedanzen nach der in Abb. 101 wiedergegebenen Art. Obwohl in der allgemeinen Theorie der Kettenleiter die Glieder nicht notwendig identisch sind, werden wir uns beschränken auf den Fall, daß alle Längsimpedanzen Z_L einander gleich sind; dieselbe Voraussetzung gilt für alle Querimpedanzen Z_Q.

Im allgemeinen wird der Kettenleiter an der einen Seite gespeist von einem Generator mit einer gewissen inneren Impedanz und an der anderen Seite mit einer Impedanz abgeschlossen. Für die Berechnung wird es bequem sein, den Kettenleiter nach Abb. 101 aufgebaut zu denken aus einer Kaskadenschaltung von symmetrischen Vierpolen, den sogenannten Gliedern. Hierbei machen wir einen Unterschied zwischen zwei Fällen: (a) der T-Schaltung, (b) der Π-Schaltung. Ein

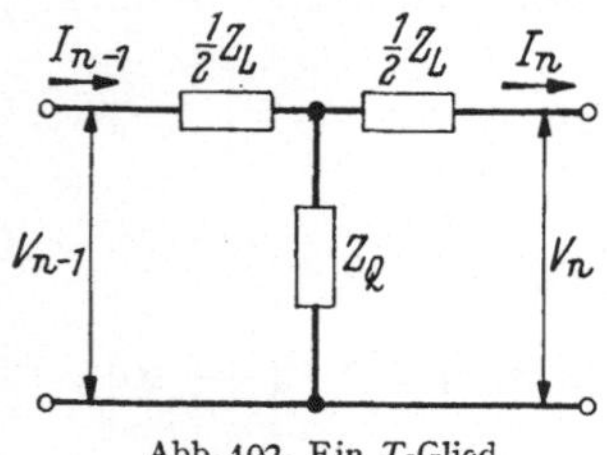

Abb. 102. Ein T-Glied

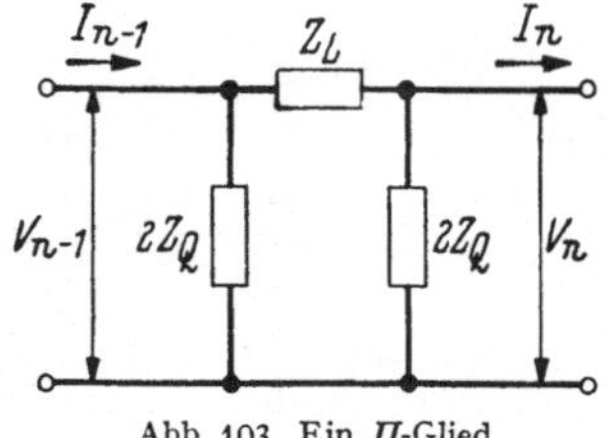

Abb. 103. Ein Π-Glied

Glied der T-Schaltung zeigt Abb. 102, ein Glied der Π-Schaltung Abb. 103. Es wird vorteilhaft sein, die Berechnung der Ströme und Spannungen für die Fälle der T- und Π-Schaltung getrennt durchzuführen. Dieses Problem werden wir in den nächsten Paragraphen in Einzelheiten behandeln.

§ 2. Allgemeine Theorie der Einschaltvorgänge in einer T-Schaltung

Ein aus N Gliedern bestehender Kettenleiter (Abb. 104) wird gespeist von einem Generator, dessen EMK im p-Bereich $E(p)$ ist und der die innere Impedanz $Z_G(p)$ hat; am Ende ist der Kettenleiter abgeschlossen mit der Belastungsimpedanz $Z_B(p)$. Die EMK des Generators sei wirksam von $t = 0$ ab; für $t < 0$ verschwinden die Ströme und Spannungen identisch. Im p-Bereich sind die Ströme und Spannungen im

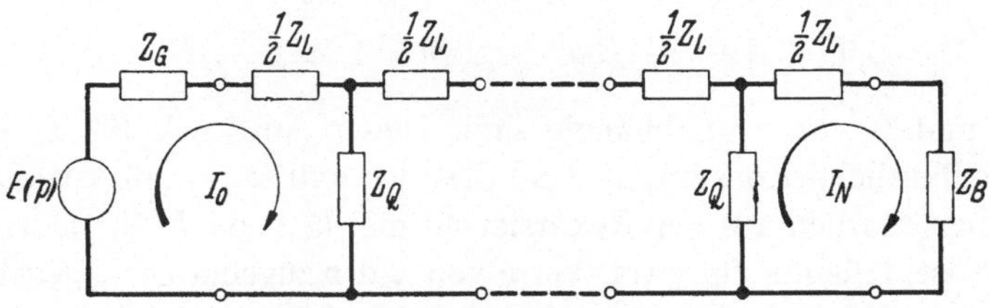

Abb. 104. Ein Kettenleiter bestehend aus N Gliedern vom T-Typus

n-ten Gliede des Kettenleiters wie in Abb. 102 angegeben. Das KIRCH-HOFFsche Gesetz, demzufolge die algebraische Summe der Spannungen in einem geschlossenen Kreise null ist, führt zu der folgenden Rekursionsformel für die Ströme:

$$(I_n - I_{n-1})Z_Q + I_n Z_L + (I_n - I_{n+1})Z_Q = 0 \qquad (n = 1, 2, \ldots, N-1).$$

$$(2.1)$$

Hieraus folgt

$$I_{n-1} - 2\Lambda I_n + I_{n+1} = 0 \qquad (n = 1, 2 \ldots, N-1), \qquad (2.2)$$

wo

$$\Lambda = \Lambda(p) = 1 + \frac{Z_L}{2Z_Q}. \qquad (2.3)$$

Da die in der Rekursionsformel (2.2) auftretende Konstante Λ eine von n unabhängige Zahl ist, wird die Rekursionsformel befriedigt, wenn der Strom I_n der n-ten Potenz einer gewissen Zahl proportional ist. Setzt man

$$I_n = A\, u^{-n} \qquad (2.4)$$

in Gl. (2.2) ein, so folgt für den Übertragungsfaktor u die Gleichung

$$u^2 - 2\Lambda u + 1 = 0. \qquad (2.5)$$

Die Lösungen dieser Gleichung sind gegeben durch

$$u_1 = \Lambda + (\Lambda^2 - 1)^{1/2} \qquad (2.6)$$

und

$$u_2 = \Lambda - (\Lambda^2 - 1)^{1/2}. \qquad (2.7)$$

11*

In diesen Gleichungen ist die Quadratwurzel bestimmt durch die Bedingung, daß sie für positiv-reelle Werte von p positiv sein soll. Eine einfache Rechnung zeigt, daß

$$u_2 - u_1^{-1}. \qquad (2.8)$$

Führen wir also in unsere Formeln die Größe

$$u = \Lambda + (\Lambda^2 - 1)^{1/2} = \left\{ \left(\frac{\Lambda+1}{2} \right)^{1/2} + \left(\frac{\Lambda-1}{2} \right)^{1/2} \right\}^2 \qquad (2.9)$$

ein, so erhalten wir für die allgemeine Lösung der Gl. (2.2):

$$I_n = A\, u^{-n} - B\, u^n \qquad (n = 1, 2, \ldots, N), \qquad (2.10)$$

wo A und B von n unabhängig sind. Dieser Ausdruck für I_n enthält zwei willkürliche Konstanten. Daß dies der Fall sein muß, ist auch unmittelbar deutlich aus der Rekursionsformel (2.1) da I_n für jedes n bestimmt ist, falls nur für zwei Werte von n der zugehörige I_n gegeben ist (z. B. I_0 und I_N). Andererseits sind die Konstanten A und B auch festgelegt durch die im Anfang dieses Paragraphen genannten Bedingungen an den beiden Enden des Kettenleiters.

Für die Spannung $V_n(p)$ finden wir (s. Abb. 102)

$$V_n = I_n \left(\frac{1}{2} Z_L + Z_Q \right) - I_{n+1} Z_Q \qquad (n = 0, 1, 2, \ldots, N-1) \qquad (2.11)$$

und

$$V_n = I_{n-1} Z_Q - I_n \left(\frac{1}{2} Z_L + Z_Q \right) \qquad (n = 1, 2, \ldots, N). \qquad (2.12)$$

Weiterhin gelten die Beziehungen

$$V_0(p) = E(p) - I_0(p) Z_G(p) \qquad (2.13)$$

und

$$V_N(p) = I_N(p) Z_B(p). \qquad (2.14)$$

Einsetzen der Gl. (2.10) in Gl. (2.11) bzw. Gl. (2.12) gibt

$$V_n(p) = \left[Z_L \left(\frac{1}{4} Z_L + Z_Q \right) \right]^{1/2} (A\, u^{-n} + B\, u^n) \qquad (n = 0, 1, 2, \ldots, N).$$
$$(2.15)$$

Aus Gl. (2.13) und Gl. (2.14) folgt, unter Berücksichtigung der Gln. (2.10) und (2.15),

$$A = \frac{E(p)}{Z_G + Z_T} \frac{1}{1 - r_G r_B u^{-2N}} \qquad (2.16)$$

und

$$B = \frac{E(p)}{Z_G + Z_T} \frac{r_B u^{-2N}}{1 - r_G r_B u^{-2N}}, \qquad (2.17)$$

wo

$$Z_T = \left[Z_L \left(\frac{1}{4} Z_L + Z_Q \right) \right]^{1/2} \qquad (2.18)$$

und

$$r_G = \frac{Z_G - Z_T}{Z_G + Z_T}, \qquad (2.19)$$

$$r_B = \frac{Z_B - Z_T}{Z_B + Z_T}. \qquad (2.20)$$

Hiermit wird

$$V_n(p) = E(p)\, \frac{Z_T}{Z_G + Z_T}\, \frac{u^{-n} + r_B\, u^{-(2N-n)}}{1 - r_G\, r_B\, u^{-2N}} \qquad (n = 0,\ 1,\ 2,\ \ldots,\ N)$$

$$(2.21)$$

und

$$I_n(p) = E(p)\, \frac{1}{Z_G + Z_T}\, \frac{u^{-n} - r_B\, u^{-(2N-n)}}{1 - r_G\, r_B\, u^{-2N}} \qquad (n = 0,\ 1,\ 2,\ \ldots,\ N).$$

$$(2.22)$$

Der Bau dieser Gleichungen zeigt eine nahe Verwandtschaft mit den Gln. (7.15) und (7.16) aus Kap. IV für das entsprechende Problem in der Theorie der Transversalwellen längs elektrischer Leiter.

Der Einfluß der Belastungsimpedanz Z_B auf die Ströme und Spannungen im Kettenleiter ist nicht merkbar in zwei Fällen, nämlich wenn entweder $N \to \infty$ oder $r_B = 0$. Im ersten Falle wächst die Anzahl der Glieder unbeschränkt. Zuerst folgt aus Gl. (2.3), daß für positiv-reelles p die Funktion $\Lambda(p) > 1$ ist, womit man aus Gl. (2.9) sieht, daß dann $u > 1$. Dieses Ergebnis führt zu der Folgerung

$$\lim_{N \to \infty} u^{-2N} = 0, \qquad (2.23)$$

womit für diesen Fall unsere Behauptung bewiesen ist. Im zweiten Fall führt die Bedingung $r_B = 0$ zu

$$Z_B = Z_T = \left[Z_L \left(\frac{1}{4} Z_L + Z_Q \right) \right]^{1/2}. \qquad (2.24)$$

Streng genommen kann diese Bedingung im allgemeinen nicht erfüllt sein, da Z_B eine gebrochene rationale Funktion von p ist, während die rechte Seite von Gl. (2.24) eine irrationale Funktion von p ist. Wenn entweder $N \to \infty$ oder $r_B = 0$, erhalten wir aus Gl. (2.21) und Gl. (2.22)

$$V_n(p) = E(p)\, \frac{Z_T}{Z_G + Z_T}\, u^{-n} \qquad (u = 0,\ 1,\ 2,\ \ldots), \qquad (2.25)$$

$$I_n(p) = E(p)\, \frac{1}{Z_G + Z_T}\, u^{-n} \qquad (n = 0,\ 1,\ 2,\ \ldots). \qquad (2.26)$$

Später in diesem Kapitel werden wir für einige spezielle Wahlen der Impedanzen Z_L, Z_Q, Z_G und Z_B und der EMK $E(p)$ die Funktionen $V_n(p)$ und $I_n(p)$ noch zum t-Bereich transformieren.

§ 3. Allgemeine Theorie der Einschaltvorgänge in einer Π-Schaltung

Ein aus N Gliedern bestehender Kettenleiter (Abb. 105) wird gespeist von einem Generator dessen EMK im p-Bereich $E(p)$ ist und der die innere Impedanz $Z_G(p)$ hat; am Ende ist der Kettenleiter abgeschlossen mit der Belastungsimpedanz $Z_B(p)$. Die EMK des Generators sei wirksam von $t=0$ ab; für $t<0$ verschwinden die Ströme und Spannungen identisch. Im p-Bereich sind die Ströme und Spannungen im n-ten

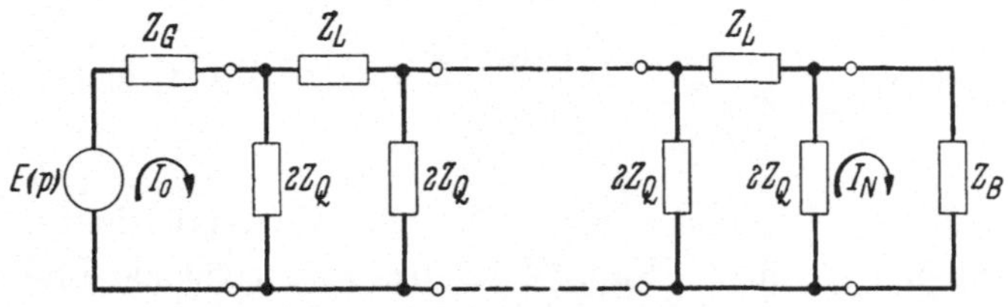

Abb. 105. Ein Kettenleiter bestehend aus N Gliedern vom Π-Typus

Gliede des Kettenleiters wie in Abb. 106 angegeben. Das KIRCHHOFF-sche Gesetz, demzufolge die algebraische Summe der Ströme die zu einem Knotenpunkt fließen, null ist, führt zu den folgenden Gleichungen

$$I_n = \frac{V_{n-1} - V_n}{Z_L} - \frac{V_n}{2Z_Q}, \tag{3.1}$$

$$I_n = \frac{V_n}{2Z_Q} + \frac{V_n - V_{n+1}}{Z_L}. \tag{3.2}$$

Elimination von I_n gibt die folgende Rekursionsformel für die Spannungen

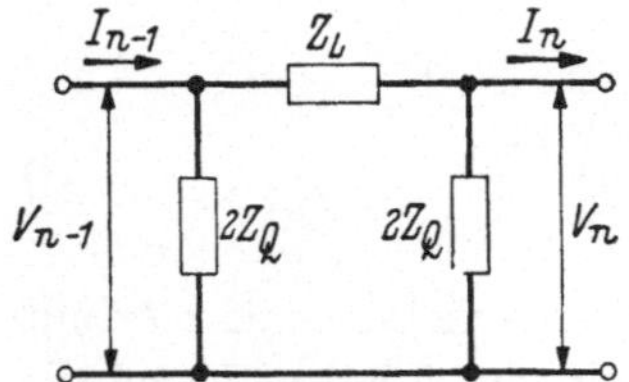

Abb. 106. Ein Π-Glied

$$V_{n-1} - 2\Lambda V_n + V_{n+1} = 0$$
$$(n = 1, 2, \ldots, N-1), \tag{3.3}$$

wo

$$\Lambda = 1 + \frac{Z_L}{2Z_Q}. \tag{3.4}$$

In Gl. (3.3) sind die Konstanten dieselben wie in der Rekursionsformel (2.2); die allgemeine Lösung kann deshalb in der folgenden Form geschrieben werden [vgl. Gl. (2.10)]

$$V_n = C u^{-n} + D u^n \qquad (n = 0, 1, 2, \ldots, N), \tag{3.5}$$

wo C und D von n unabhängig sind, während

$$u = \Lambda + (\Lambda^2 - 1)^{1/2}. \tag{3.6}$$

Aus Gl. (3.5) sehen wir, daß V_n für jedes n bestimmt ist, falls für zwei Werte von n das zugehörige V_n gegeben ist (z. B. V_0 und V_N). Andererseits sind die Konstanten C und D auch festgelegt durch die im Anfang dieses Paragraphen genannten Bedingungen an den beiden Enden des Kettenleiters.

Um diese Rechnung durchzuführen, bestimmen wir zuerst den Strom $I_n(p)$. Hierfür ergibt sich aus Gl. (3.2) und Gl. (3.1)

$$I_n = \left(\frac{1}{Z_L} + \frac{1}{2Z_Q} \right) V_n - \frac{1}{Z_L} V_{n+1} \qquad (n = 0, 1, 2, \ldots, N-1)$$

$$(3.7)$$

und

$$I_n = \frac{1}{Z_L} V_{n-1} - \left(\frac{1}{Z_L} + \frac{1}{2Z_Q} \right) V_n \qquad (n = 1, 2, \ldots, N).$$

$$(3.8)$$

Weiterhin gelten die Bedingungen

$$V_0(p) = E(p) - I_0(p) Z_G(p) \tag{3.9}$$

und

$$V_N(p) = I_N(p) Z_B(p). \tag{3.10}$$

Einsetzen der Gl. (3.5) in Gl. (3.7) bzw. Gl. (3.8) gibt

$$I_n(p) = \left[\frac{1}{Z_Q} \left(\frac{1}{Z_L} + \frac{1}{4 Z_Q} \right) \right]^{1/2} (C\, u^{-n} - D\, u^n) \quad (n = 0, 1, 2, \ldots, N).$$

$$(3.11)$$

Aus Gl. (3.9) und Gl. (3.10) folgt, unter Berücksichtigung der Gln. (3.5) und (3.11)

$$C = \frac{E(p)}{Z_G + Z_\Pi}\, \frac{1}{1 - r_G r_B u^{-2N}} \tag{3.12}$$

und

$$D = \frac{E(p)}{Z_G + Z_\Pi}\, \frac{r_B u^{-2N}}{1 - r_G r_B u^{-2N}}, \tag{3.13}$$

wo

$$Z_\Pi = \left[\frac{1}{Z_Q} \left(\frac{1}{Z_L} + \frac{1}{4 Z_Q} \right) \right]^{-1/2} \tag{3.14}$$

und

$$r_G = \frac{Z_G - Z_\Pi}{Z_G + Z_\Pi}, \tag{3.15}$$

$$r_B = \frac{Z_B - Z_\Pi}{Z_B + Z_\Pi}. \tag{3.16}$$

Hiermit wird

$$V_n(p) = E(p)\, \frac{Z_\Pi}{Z_G + Z_\Pi}\, \frac{u^{-n} + r_B u^{-(2N-n)}}{1 - r_G r_B u^{-2N}} \qquad (n = 0, 1, 2, \ldots, N)$$

$$(3.17)$$

und

$$I_n(p) = E(p)\, \frac{1}{Z_G + Z_\Pi}\, \frac{u^{-n} - r_B u^{-(2N-n)}}{1 - r_G r_B u^{-2N}} \qquad (n = 0, 1, 2, \ldots, N).$$

$$(3.18)$$

Die Form dieser Gleichungen ist völlig ähnlich wie die der Gln. (2.21) und (2.22).

Wiederum ist der Einfluß der Belastungsimpedanz Z_B auf die Ströme und Spannungen im Kettenleiter nicht merkbar, wenn entweder $N \to \infty$ oder $r_B = 0$; der letzte Fall tritt auf, wenn $Z_B = Z_{II}$. Aus Gl. (3.17) und Gl. (3.18) erhalten wir dann

$$V_n(p) = E(p) \frac{Z_{II}}{Z_G + Z_{II}} u^{-n} \qquad (n = 0,\ 1,\ 2,\ \ldots), \qquad (3.19)$$

$$I_n(p) = E(p) \frac{1}{Z_G + Z_{II}} u^{-n} \qquad (n = 0,\ 1,\ 2,\ \ldots). \qquad (3.20)$$

Die für $V_n(p)$ und $I_n(p)$ erhaltenen Formeln im p-Bereich müssen bei gegebenen Impedanzen Z_L, Z_Q, Z_G und Z_B und vorgeschriebenem $E(p)$ noch zum t-Bereich transformiert werden.

§ 4. Tiefpaßkettenleiter vom T-Typus

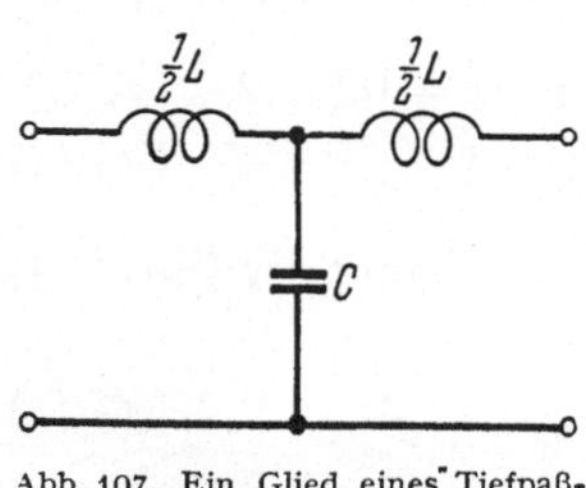

Abb. 107. Ein Glied eines Tiefpaßkettenleiters vom T-Typus

Am Anfang eines unendlich langen Tiefpaßkettenleiters wird zur Zeit $t = 0$ ein Generator angeschlossen, dessen EMK $e(t)$ ist und dessen innere Impedanz vernachlässigt werden kann (d. h. die Spannung am Anfang des Kettenleiters ist $v_0(t) = e(t)H(t)$). Der Kettenleiter besteht aus identischen T-Gliedern mit Längsimpedanz $Z_L = pL$ und Querimpedanz $Z_Q = 1/pC$ (Abb. 107). Einsetzen dieser Werte von Z_L und Z_Q in Gl. (2.3) gibt

$$\Lambda = \Lambda(p) = 1 + \frac{1}{2} p^2 L C. \qquad (4.1)$$

Diesen Ausdruck schreiben wir in der Form

$$\Lambda = 1 + 2 \frac{p^2}{\omega_0^2}, \qquad (4.2)$$

wo

$$\omega_0^2 = \frac{4}{L C}. \qquad (4.3)$$

Weiterhin ist [siehe Gl. (2.18)]

$$Z_T = \left(\frac{L}{C}\right)^{1/2} \left(\frac{p^2}{\omega_0^2} + 1\right)^{1/2}. \qquad (4.4)$$

Mit dem obengenannten Werte von Λ wird die Größe u [vgl. Gl. (2.9)]

$$u = \left[\frac{p}{\omega_0} + \left(\frac{p^2}{\omega_0^2} + 1\right)^{1/2}\right]^2. \qquad (4.5)$$

Aus Gl. (4.5) folgt

$$u^{-1} = \left[-\frac{p}{\omega_0} + \left(\frac{p^2}{\omega_0^2} + 1\right)^{1/2}\right]^2. \qquad (4.6)$$

Einsetzen dieses Ausdrucks in Gl. (2.25) bzw. Gl. (2.26) gibt, unter Berücksichtigung der Bedingung $Z_G = 0$ und der Formel (4.4) für Z_T:

$$V_n(p) = E(p)\left[-\frac{p}{\omega_0} + \left(\frac{p^2}{\omega_0^2} + 1\right)^{1/2}\right]^{2n} \qquad (n = 0, 1, 2, \ldots), \qquad (4.7)$$

$$I_n(p) = E(p)\left(\frac{C}{L}\right)^{1/2} \frac{\left[-\dfrac{p}{\omega_0} + \left(\dfrac{p^2}{\omega_0^2} + 1\right)^{1/2}\right]^{2n}}{\left(\dfrac{p^2}{\omega_0^2} + 1\right)^{1/2}} \qquad (n = 0, 1, 2, \ldots). \qquad (4.8)$$

Zur Transformation dieser Gleichungen zum t-Bereich benutzen wir die in Kap. VII, Gl. (6.17) hergeleitete Korrespondenz

$$J_\nu(t)\, H(t) \leftrightarrow \frac{[-p + (p^2 + 1)^{1/2}]^\nu}{(p^2 + 1)^{1/2}} \qquad (\operatorname{Re}\nu > -1,\ \operatorname{Re} p > 0). \qquad (4.9)$$

Unter Anwendung des Ähnlichkeitssatzes [Kap. II, Gl. (2.2)] erhalten wir

$$\omega_0\, J_{2n}(\omega_0 t)\, H(t) \leftrightarrow \frac{\left[-\dfrac{p}{\omega_0} + \left(\dfrac{p^2}{\omega_0^2} + 1\right)^{1/2}\right]^{2n}}{\left(\dfrac{p^2}{\omega_0^2} + 1\right)^{1/2}}. \qquad (4.10)$$

Mit Hilfe des Faltungssatzes [Kap. II, Gl. (2.5)] wird der Strom $i_n(t)$ deshalb

$$i_n(t) = \frac{2}{L}\left[\int_0^t e(t - \tau)\, J_{2n}(\omega_0 \tau)\, d\tau\right] H(t) \qquad (n = 0, 1, 2, \ldots). \qquad (4.11)$$

Im Spezialfall einer stoßförmigen EMK $e(t) = \Psi\delta(t)$ ist $E(p) = \Psi$, also

$$i_n(t) = 2\frac{\Psi}{L}\, J_{2n}(\omega_0 t)\, H(t) \qquad (n = 0, 1, 2, \ldots). \qquad (4.12)$$

Die Transformation der Spannung $V_n(p)$ zum t-Bereich ist nicht in so einfacher Weise durchführbar, da wir die zum zweiten Faktor in Gl. (4.7) korrespondierende Funktion im t-Bereich noch nicht gefunden haben. Diese Funktion ist aber unmittelbar durch Anwendung einiger Transformationsregeln aus der Korrespondenz (4.9) herzuleiten. Dazu beachten wir, daß

$$\frac{d}{dp}[-p + (p^2 + 1)^{1/2}]^\nu = -\nu\, \frac{[-p + (p^2 + 1)^{1/2}]^\nu}{(p + 1)^{1/2}}, \qquad (4.13)$$

woraus, für $\operatorname{Re}\nu > 0$, folgt

$$[-p + (p^2 + 1)^{1/2}]^\nu = \nu \int_p^\infty \frac{[-s + (s^2 + 1)^{1/2}]^\nu}{(s^2 + 1)^{1/2}}\, ds \qquad (\operatorname{Re}\nu > 0). \qquad (4.14)$$

Anwendung des Satzes über die Integration im p-Bereich [Kap. VI, Gl. (5.12)], führt zu der Korrespondenz

$$[-p + (p^2 + 1)^{1/2}]^\nu \leftrightarrow \frac{\nu}{t}\, J_\nu(t)\, H(t) \qquad (\operatorname{Re}\nu > 0). \qquad (4.15)$$

Mit Hilfe dieser Beziehung erhalten wir für die Spannung $v_n(t)$ aus Gl. (4.7)

$$v_n(t) = \left[\int\limits_0^t e(t-\tau) \frac{2n}{\tau} J_{2n}(\omega_0 \tau) d\tau \right] H(t) \qquad (n = 1, 2, \ldots). \quad (4.16)$$

In Einklang mit dem vorgeschriebenen Werte der Spannung am Anfang des Kettenleiters findet man aus Gl. (4.7) für $n = 0$

$$v_0(t) = e(t)\, H(t). \qquad (4.17)$$

Einen anderen Ausdruck erhalten wir, wenn wir die Identität

$$[-p + (p^2 + 1)^{1/2}]^\nu = \frac{1}{2} \left\{ \frac{[-p + (p^2+1)^{1/2}]^{\nu+1}}{(p^2+1)^{1/2}} + \frac{[-p + (p^2+1)^{1/2}]^{\nu-1}}{(p^2+1)^{1/2}} \right\}$$

$$(4.18)$$

benutzen. Wenn wir die rechte Seite dieser Identität transformieren zum t-Bereich ergibt sich also die Korrespondenz

$$[-p + (p^2+1)^{1/2}]^\nu \leftrightarrow \frac{1}{2} \{ J_{\nu+1}(t) + J_{\nu-1}(t) \} H(t) \quad (\mathrm{Re}\, \nu > 0), \quad (4.19)$$

woraus durch Vergleichen mit Gl. (4.15) unmittelbar die Rekursionsformel

$$J_{\nu+1}(t) + J_{\nu-1}(t) = \frac{2\nu}{t} J_\nu(t) \qquad (4.20)$$

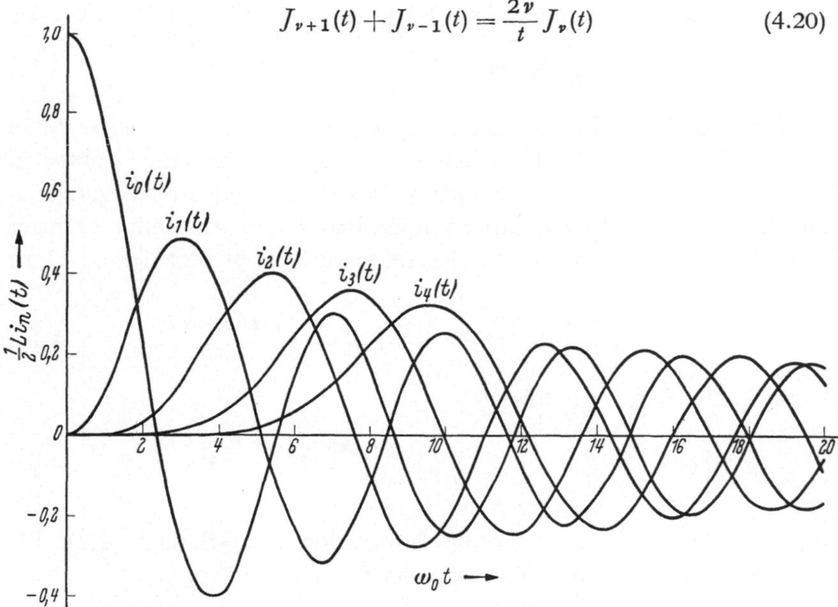

Abb. 108. Der Strom im n-ten Gliede des Kettenleiters nach Abb. 107, falls $e(t) = \delta(t)$

für die BESSELsche Funktion folgt. Die Spannung $v_n(t)$ ist daher auch in der folgenden Form zu schreiben

$$v_n(t) = \frac{1}{2}\left\{\int\limits_0^t e(t-\tau)\left[J_{2n+1}(\omega_0\tau) + J_{2n-1}(\omega_0\tau)\right]d\tau\right\}H(t)$$

$$(n = 1, 2, \ldots) \qquad (4.21)$$

und

$$v_0(t) = e(t)\,H(t)\,. \qquad (4.22)$$

Im Spezialfall einer stoßförmigen EMK $e(t) = \Psi\delta(t)$ gilt

$$v_n(t) = \frac{2n\,\Psi}{t}\,J_{2n}(\omega_0 t)\,H(t) =$$

$$= \frac{1}{2}\,\omega_0\,\Psi[J_{2n+1}(\omega_0 t) + J_{2n-1}(\omega_0 t)]\,H(t) \qquad (n = 1, 2, \ldots)$$

$$(4.23)$$

und

$$v_0(t) = \Psi\,\delta(t)\,. \qquad (4.24)$$

Abb. 108 bzw. 109 zeigen den Strom bzw. die Spannung für den Fall einer stoßförmigen EMK $e(t) = \delta(t)$.

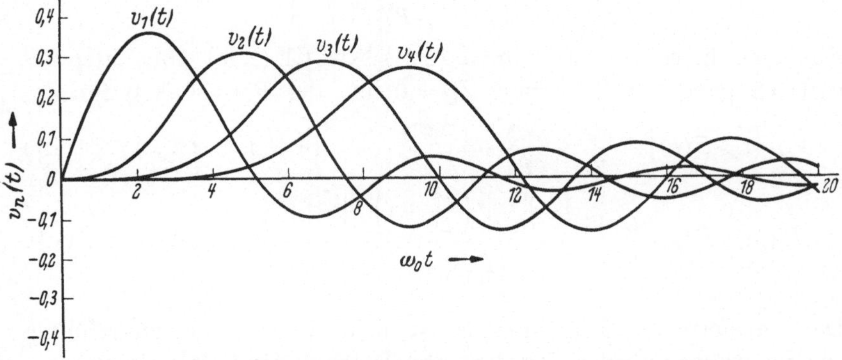

Abb. 109. Die Spannung im n-ten Gliede des Kettenleiters nach Abb. 107, falls $e(t) = \delta(t)$

§ 5. Hochpaßkettenleiter vom T-Typus

Ein Hochpaßkettenleiter vom T-Typus entsteht, wenn wir in der Schaltung nach Abb. 107 die Induktivitäten und Kapazitäten vertauschen. Ein Glied eines solchen Kettenleiters zeigt Abb. 110. Die Längsimpedanz ist daher $Z_L = 1/pC$ und die Querimpedanz $Z_Q = pL$. Wir betrachten die Ströme und Spannungen in einem unendlich langen Kettenleiter dieser Art, zufolge des Anschließens eines

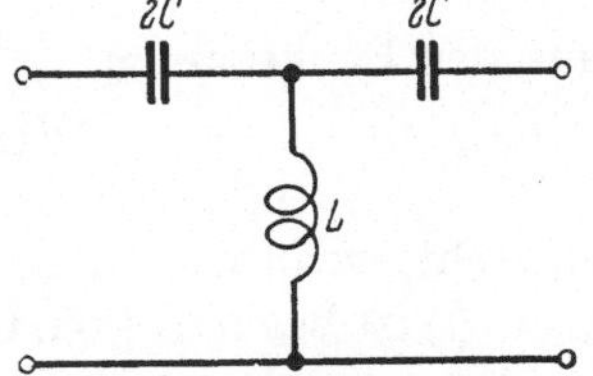

Abb. 110. Ein Glied eines Hochpaßkettenleiters vom T-Typus

Generators am Anfang des Leiters zur Zeit $t = 0$. Die EMK des Generators sei $e(t)$, und wir nehmen an, daß seine innere Impedanz vernachlässigt werden kann. Am Anfang des Kettenleiters ist also die Spannung $v_0(t) = e(t) H(t)$. Einsetzen der obengenannten Werte von Z_L und Z_Q in Gl. (2.3) gibt

$$\Lambda = \Lambda(p) = 1 + \frac{1}{2 \, p^2 \, L \, C} \tag{5.1}$$

oder

$$\Lambda = 1 + 2 \frac{\omega_0^2}{p^2}, \tag{5.2}$$

wo

$$\omega_0^2 = \frac{1}{4 \, L \, C}. \tag{5.3}$$

Weiterhin ist, aus Gl. (2.18)

$$Z_T = \left(\frac{L}{C}\right)^{1/2} \left(\frac{\omega_0^2}{p^2} + 1\right)^{1/2}. \tag{5.4}$$

Die durch Gl. (2.9) gegebene Größe u wird dann

$$u = \left[\frac{\omega_0}{p} + \left(\frac{\omega_0^2}{p^2} + 1\right)^{1/2}\right]^2; \tag{5.5}$$

hiermit ist

$$u^{-1} = \left[-\frac{\omega_0}{p} + \left(\frac{\omega_0^2}{p^2} + 1\right)^{1/2}\right]^2. \tag{5.6}$$

Einsetzen dieses Ausdrucks in Gl. (2.25) bzw. Gl. (2.26) gibt, unter Berücksichtigung der Bedingung $Z_G = 0$ und der Formel (5.4) für Z_T,

$$V_n(p) = E(p) \left[-\frac{\omega_0}{p} + \left(\frac{\omega_0^2}{p^2} + 1\right)^{1/2}\right]^{2n} \qquad (n = 0, 1, 2, \ldots), \tag{5.7}$$

$$I_n(p) = E(p) \left(\frac{C}{L}\right)^{1/2} \frac{\left[-\frac{\omega_0}{p} + \left(\frac{\omega_0^2}{p^2} + 1\right)^{1/2}\right]^{2n}}{\left(\frac{\omega_0^2}{p^2} + 1\right)^{1/2}} \qquad (n = 0, 1, 2, \ldots). \tag{5.8}$$

Die Transformation zum t-Bereich ist nicht ebenso direkt auszuführen wie im entsprechenden Problem des Tiefpaßkettenleiters. Zuerst bemerken wir, daß die Funktion

$$G(p) = \frac{\left[-\frac{1}{p} + \left(\frac{1}{p^2} + 1\right)^{1/2}\right]^{2n}}{\left(\frac{1}{p^2} + 1\right)^{1/2}} \tag{5.9}$$

aus der Funktion

$$F(p) = \frac{[-p + (p^2 + 1)^{1/2}]^{2n}}{(p^2 + 1)^{1/2}} \tag{5.10}$$

entsteht, wenn wir p durch $1/p$ ersetzen. Die zu $F(p)$ gehörende Funktion $f(t)$ ist bekannt [vgl. Gl. (4.9)]. Die zu $G(p)$ gehörende Funktion $g(t)$ ist dann aber zu gewinnen durch Anwendung des in Kap. VI, § 10 erläuterten Verfahrens. Zuerst benutzen wir die Formel Kap. VI, Gl. (10.9), welche wir in der Form

$$e^{-s/p} = \int_0^\infty e^{-pt}\left[\delta(t) - \left(\frac{s}{t}\right)^{1/2} J_1\big(2(st)^{1/2}\big)\right] dt \qquad (5.11)$$

schreiben. Dann ist aber [vgl. Kap. VI, Gl. (10.13)]

$$F\left(\frac{1}{p}\right) = G(p) \leftrightarrow \delta(t) - \left[\int_0^\infty \left(\frac{s}{t}\right)^{1/2} J_1\big(2(st)^{1/2}\big) J_{2n}(s)\, ds\right] H(t). \qquad (5.12)$$

Daher ist, weil $\delta(t) = \omega_0 \delta(\omega_0 t)$,

$$\frac{\left[-\frac{\omega_0}{p} + \left(\frac{\omega_0^2}{p^2} + 1\right)^{1/2}\right]^{2n}}{\left(\frac{\omega_0^2}{p^2} + 1\right)^{1/2}} \leftrightarrow \delta(t) - \omega_0 \left[\int_0^\infty \left(\frac{s}{\omega_0 t}\right)^{1/2} J_1\big(2(\omega_0 st)^{1/2}\big) J_{2n}(s)\, ds\right] H(t),$$

$$(5.13)$$

womit wir aus Gl. (5.8) den folgenden Ausdruck für den Strom $i_n(t)$ erhalten

$$i_n(t) = \left(\frac{C}{L}\right)^{1/2}\left[\int_0^t e(t-\tau)\, d\tau \cdot\right.$$

$$\left. \cdot \left\{\delta(\tau) - \omega_0 \int_0^\infty \left(\frac{s}{\omega_0 \tau}\right)^{1/2} J_1\big(2(\omega_0 s\tau)^{1/2}\big) J_{2n}(s)\, ds\right\}\right] H(t) =$$

$$= \left[\left(\frac{C}{L}\right)^{1/2} e(t) - \omega_0 \left(\frac{C}{L}\right)^{1/2}\int_0^t e(t-\tau)\, d\tau \cdot\right.$$

$$\left. \cdot \int_0^\infty \left(\frac{s}{\omega_0 \tau}\right)^{1/2} J_1\big(2(\omega_0 s\tau)^{1/2}\big) J_{2n}(s)\, ds\right] H(t)$$

$$(n = 0, 1, 2. \ldots). \qquad (5.14)$$

Im Spezialfall $e(t) = \Psi\delta(t)$ wird

$$i_n(t) = \Psi\left(\frac{C}{L}\right)^{1/2}\left[\delta(t) - \omega_0\left\{\int_0^\infty \left(\frac{s}{\omega_0 t}\right)^{1/2} J_1\big(2(\omega_0 st)^{1/2}\big) J_{2n}(s)\, ds\right\} H(t)\right]$$

$$(n = 0, 1, 2, \ldots). \qquad (5.15)$$

In ähnlicher Weise wird die Spannung $v_n(t)$ im t-Bereich durch Transformieren der Gl. (5.7) erhalten. Die Korrespondenz (4.15) führt mit Hilfe des soeben auseinandergesetzten Verfahrens zu

$$\left[-\frac{\omega_0}{p} + \left(\frac{\omega_0^2}{p^2} + 1\right)^{1/2}\right]^{2n} \leftrightarrow \delta(t) -$$

$$- 2n\,\omega_0\left[\int_0^\infty \left(\frac{1}{s\,\omega_0 t}\right)^{1/2} J_1\big(2(s\,\omega_0 t)^{1/2}\big) J_{2n}(s)\, ds\right] H(t), \qquad (5.16)$$

wo für $(4n/t) J_{2n}(t)$ auch die linke Seite von Gl. (4.20) eingesetzt werden kann. Für die Spannung $v_n(t)$ wird daher gefunden

$$v_n(t) = \left[\int_0^t e(t-\tau)\, d\tau \cdot \right.$$

$$\left. \cdot \left\{ \delta(\tau) - 2 n\, \omega_0 \int_0^\infty \left(\frac{1}{s\, \omega_0\, \tau} \right)^{1/2} J_1 \left(2(s\, \omega_0\, \tau)^{1/2} \right) J_{2n}(s)\, ds \right\} \right] H(t) =$$

$$= e(t)\, H(t) - 2 n\, \omega_0 \left[\int_0^t e(t-\tau)\, d\tau \cdot \right.$$

$$\left. \cdot \int_0^\infty \left(\frac{1}{s\, \omega_0 \tau} \right)^{1/2} J_1 \left(2(s\, \omega_0\, \tau)^{1/2} \right) J_{2n}(s)\, ds \right] H(t)$$

$$(n = 1, 2, \ldots) \,. \tag{5.17}$$

In Einklang mit dem vorgeschriebenen Werte der Spannung am Anfang des Kettenleiters führt Gl. (5.7) für $n = 0$ direkt zu

$$v_0(t) = e(t)\, H(t) \,. \tag{5.18}$$

Im Spezialfall $e(t) = \Psi \delta(t)$ ist

$$v_n(t) = \Psi \delta(t) - 2 n\, \Psi\, \omega_0 \left[\int_0^\infty \left(\frac{1}{s\, \omega_0\, t} \right)^{1/2} J_1 \left(2(s\, \omega_0\, t)^{1/2} \right) J_{2n}(s)\, ds \right] H(t)$$

$$(n = 1, 2, \ldots) \tag{5.19}$$

und

$$v_0(t) = \Psi \delta(t) \,. \tag{5.20}$$

§ 6. Bandpaßkettenleiter vom T-Typus

Ein Bandpaßkettenleiter vom T-Typus entsteht, wenn die Längsimpedanz ein Serienresonanzkreis und die Querimpedanz ein Parallelresonanzkreis ist (Abb. 111). Die Resonanzfrequenz des Serienkreises wird der Resonanzfrequenz des Parallelkreises gleich gewählt, also

$$\omega_0^2 = \frac{1}{L_1 C_1} = \frac{1}{L_2 C_2} \,. \tag{6.1}$$

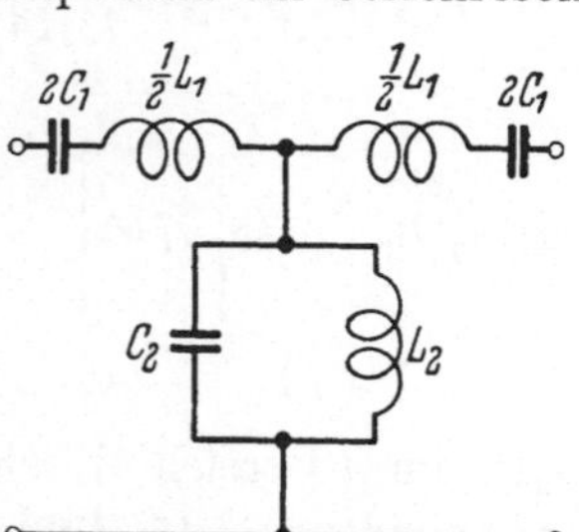

Abb. 111. Ein Glied eines Bandpaßkettenleiters vom T-Typus

Die Längsimpedanz ist

$$Z_L = p\, L_1 + \frac{1}{p\, C_1} = \left(\frac{L_1}{C_1} \right)^{1/2} \left(\frac{p}{\omega_0} + \frac{\omega_0}{p} \right) ; \tag{6.2}$$

die Querimpedanz ist

$$Z_Q = \frac{p\, L_2}{1 + p^2\, L_2\, C_2} = \left(\frac{L_2}{C_2} \right)^{1/2} \frac{1}{\dfrac{p}{\omega_0} + \dfrac{\omega_0}{p}} \,. \tag{6.3}$$

Hieraus ergibt sich, daß das Produkt von Längs- und Querimpedanz,

$$Z_L Z_Q = \left(\frac{L_1 L_2}{C_1 C_2}\right)^{1/2} \tag{6.4}$$

von p unabhängig ist und die Dimension des Quadrats eines Widerstandes hat. Nach ZOBEL setzen wir

$$Z_L Z_Q = k^2, \tag{6.5}$$

mit

$$k^2 = \frac{L_1}{C_2} = \frac{L_2}{C_1}; \tag{6.6}$$

Wellenfilter, für welche die Relation (6.5) gilt, werden in der Literatur oft „konstant-k-Filter" genannt.

Wir betrachten die Ströme und Spannungen in einem unendlich langen Kettenleiter dieser Art, zufolge des Anschließens eines Generators am Anfang des Leiters zur Zeit $t = 0$. Die EMK des Generators sei $e(t)$ und seine innere Impedanz sei vernachlässigbar klein. Am Anfang des Kettenleiters ist also die Spannung $v_0(t) = e(t) H(t)$. Einsetzen der obengenannten Werte von Z_L und Z_Q in Gl. (2.3) gibt

$$\Lambda = \Lambda(p) = 1 + \frac{2}{a^2}\left(\frac{p}{\omega_0} + \frac{\omega_0}{p}\right)^2, \tag{6.7}$$

wo

$$a^2 = 4\left(\frac{L_2 C_1}{L_1 C_2}\right)^{1/2}. \tag{6.8}$$

Weiterhin finden wir aus Gl. (2.18)

$$Z_T = k\left\{\frac{1}{a^2}\left(\frac{p}{\omega_0} + \frac{\omega_0}{p}\right)^2 + 1\right\}^{1/2}. \tag{6.9}$$

Die durch Gl. (2.9) definierte Größe u wird dann

$$u = \left[\frac{1}{a}\left(\frac{p}{\omega_0} + \frac{\omega_0}{p}\right) + \left\{\frac{1}{a^2}\left(\frac{p}{\omega_0} + \frac{\omega_0}{p}\right)^2 + 1\right\}^{1/2}\right]^2, \tag{6.10}$$

und daher

$$u^{-1} = \left[-\frac{1}{a}\left(\frac{p}{\omega_0} + \frac{\omega_0}{p}\right) + \left\{\frac{1}{a^2}\left(\frac{p}{\omega_0} + \frac{\omega_0}{p}\right)^2 + 1\right\}^{1/2}\right]^2. \tag{6.11}$$

Einsetzen dieses Ausdrucks in Gl. (2.25) bzw. Gl. (2.26) gibt, unter Berücksichtigung der Bedingung $Z_G = 0$ und der Formel (6.9) für Z_T:

$$V_n(p) = E(p)\left[-\frac{1}{a}\left(\frac{p}{\omega_0} + \frac{\omega_0}{p}\right) + \left\{\frac{1}{a^2}\left(\frac{p}{\omega_0} + \frac{\omega_0}{p}\right)^2 + 1\right\}^{1/2}\right]^{2n}$$
$$(n = 0, 1, 2, \ldots), \tag{6.12}$$

$$I_n(p) = \frac{1}{k} E(p) \frac{\left[-\frac{1}{a}\left(\frac{p}{\omega_0} + \frac{\omega_0}{p}\right) + \left\{\frac{1}{a^2}\left(\frac{p}{\omega_0} + \frac{\omega_0}{p}\right)^2 + 1\right\}^{1/2}\right]^{2n}}{\left\{\frac{1}{a^2}\left(\frac{p}{\omega_0} + \frac{\omega_0}{p}\right)^2 + 1\right\}^{1/2}}$$
$$(n = 0, 1, 2, \ldots). \tag{6.13}$$

Die Transformation zum t-Bereich fordert die Anwendung einer Kombination des Verschiebungssatzes und des in Kap. VI, § 10 erläuterten Verfahrens. Wir führen die Funktion

$$G(p) = \frac{\left[-\dfrac{1}{a}\left(p+\dfrac{1}{p}\right) + \left\{\dfrac{1}{a^2}\left(p+\dfrac{1}{p}\right)^2 + 1\right\}^{1/2}\right]^{2n}}{\left\{\dfrac{1}{a^2}\left(p+\dfrac{1}{p}\right)^2 + 1\right\}^{1/2}} \tag{6.14}$$

ein und bemerken, daß sie aus der Funktion

$$F(p) = \frac{\left[-\dfrac{p}{a} + \left(\dfrac{p^2}{a^2} + 1\right)^{1/2}\right]^{2n}}{\left(\dfrac{p^2}{a^2} + 1\right)^{1/2}} \tag{6.15}$$

entsteht, wenn wir p in der letzten Formel durch $p + \dfrac{1}{p}$ ersetzen. Die zu $F(p)$ gehörende Funktion $f(t)$ ist bekannt, nämlich [vgl. Gl. (4.9)]

$$F(p) \leftrightarrow a J_{2n}(a t) H(t) . \tag{6.16}$$

Mit Hilfe des Verschiebungssatzes schließen wir aus Gl. (5.11), daß

$$\exp\left[-s\left(p+\frac{1}{p}\right)\right] = \int_s^\infty e^{-pt}\left[\delta(t-s) - \left(\frac{s}{t-s}\right)^{1/2} J_1\left(2[s(t-s)]^{1/2}\right)\right] dt . \tag{6.17}$$

Dann ist aber [vgl. Kap. VI, Gl. (10.4)],

$$F\left(p+\frac{1}{p}\right) = G(p) = a\int_0^\infty J_{2n}(a s)\, ds \int_s^\infty e^{-pt}\left[\delta(t-s) - \right.$$
$$\left. - \left(\frac{s}{t-s}\right)^{1/2} J_1\left(2[s(t-s)]^{1/2}\right)\right] dt \tag{6.18}$$

oder, nach vertauschen der Integrationsfolge,

$$G(p) = a\int_0^\infty e^{-pt}\, dt \int_0^t J_{2n}(a s)\left[\delta(t-s) - \left(\frac{s}{t-s}\right)^{1/2} J_1\left(2[s(t-s)]^{1/2}\right)\right] ds . \tag{6.19}$$

Aus dem Umkehrsatz ergibt sich deshalb

$$G\left(\frac{p}{\omega_0}\right) \leftrightarrow a\,\omega_0\left[J_{2n}(a\,\omega_0 t) - \int_0^{\omega_0 t}\left(\frac{s}{\omega_0 t - s}\right)^{1/2} \cdot\right.$$

$$\left. \cdot J_1\left(2[s(\omega_0 t - s)]^{1/2}\right) J_{2n}(a s)\, ds\right] H(t) , \tag{6.20}$$

womit wir aus Gl. (6.13) den folgenden Ausdruck für den Strom $i_n(t)$ erhalten

$$i_n(t) = \frac{a\,\omega_0}{k} \int\limits_0^t e(t-\tau)\,d\tau\,\cdot$$

$$\cdot\left[J_{2n}(a\,\omega_0\tau) - \int\limits_0^{\omega_0\tau}\left(\frac{s}{\omega_0\tau-s}\right)^{1/2} J_1\big(2\,[s(\omega_0\tau-s)]^{1/2}\big)\,J_{2n}(a\,s)\,d s\right] H(t)$$

$$(n = 0,\,1,\,2,\,\ldots)\,. \tag{6.21}$$

Im Spezialfall $e(t) = \Psi\delta(t)$ wird

$$i_n(t) = \frac{a\,\omega_0}{k}\,\Psi\left[J_{2n}(a\,\omega_0 t) - \int\limits_0^{\omega_0 t}\left(\frac{s}{\omega_0 t-s}\right)^{1/2}\cdot\right.$$

$$\left.\cdot\,J_1\big(2\,[s(\omega_0 t-s)]^{1/2}\big)\,J_{2n}(a\,s)\,d s\right] H(t) \tag{6.22}$$

$$(n = 0,\,1,\,2,\,\ldots)\,.$$

In ähnlicher Weise wird die Spannung $v_n(t)$ im t-Bereich durch Transformieren der Gl. (6.12) erhalten. Die Korrespondenz (4.15) führt mit Hilfe des soeben auseinandergesetzten Verfahrens zu

$$\left[-\frac{1}{a}\left(\frac{p}{\omega_0}+\frac{\omega_0}{p}\right) + \left\{\frac{1}{a^2}\left(\frac{p}{\omega_0}+\frac{\omega_0}{p}\right)^2 + 1\right\}^{1/2}\right]^{2n} \leftrightarrow$$

$$\leftrightarrow \omega_0\left[\frac{2n}{\omega_0 t}\,J_{2n}(a\,\omega_0 t) - \int\limits_0^{\omega_0 t}\left(\frac{1}{s\,(\omega_0 t-s)}\right)^{1/2}\cdot\right. \tag{6.23}$$

$$\left.\cdot\,J_1\big(2\,[s(\omega_0 t-s)]^{1/2}\big)\,2n\,J_{2n}(a\,s)\,d s\right] H(t)\,,$$

wo für $(4n/at)\,J_{2n}(at)$ auch die entsprechende linke Seite von Gl. (4.20) eingesetzt werden kann. Für die Spannung $v_n(t)$ wird daher erhalten

$$v_n(t) = \omega_0\left[\int\limits_0^t e(t-\tau)\,d\tau\left\{\frac{2n}{\omega_0\tau}\,J_{2n}(a\,\omega_0\tau) - \int\limits_0^{\omega_0\tau}\left(\frac{1}{s\,(\omega_0\tau-s)}\right)^{1/2}\cdot\right.\right.$$

$$\left.\left.\cdot\,J_1\big(2\,[s(\omega_0\tau-s)]^{1/2}\big)\,2n\,J_{2n}(a\,s)\,d s\right\}\right] H(t) \tag{6.24}$$

$$(n = 1,\,2,\,\ldots)\,.$$

In Einklang mit dem vorgeschriebenen Werte der Spannung am Anfang des Kettenleiters führt Gl. (6.12) für $n = 0$ direkt zu

$$v_0(t) = e(t)\,H(t)\,. \tag{6.25}$$

Im Spezialfall $e(t) = \Psi \delta(t)$ ist

$$v_n(t) = \omega_0 \Psi \left[\frac{2n}{\omega_0 t} J_{2n}(a\,\omega_0 t) - \int\limits_0^{\omega_0 t} \left(\frac{1}{s\,(\omega_0 t - s)} \right)^{1/2} \cdot \right.$$

$$\left. \cdot J_1 \left(2\,[s\,(\omega_0 t - s)]^{1/2} \right) 2n\,J_{2n}(a\,s)\,ds \right] H(t) \tag{6.26}$$

$$(n = 1,\, 2,\, \ldots)$$

und

$$v_0(t) = \Psi\,\delta(t)\,. \tag{6.27}$$

§ 7. Bandsperrkettenleiter vom T-Typus

Ein Bandsperrkettenleiter vom T-Typus entsteht, wenn die Längsimpedanz ein Parallelresonanzkreis und die Querimpedanz ein Serienresonanzkreis ist (Abb. 112). Die Resonanzfrequenz des Parallelkreises wird der Resonanzfrequenz des Serienkreises gleich gewählt, also

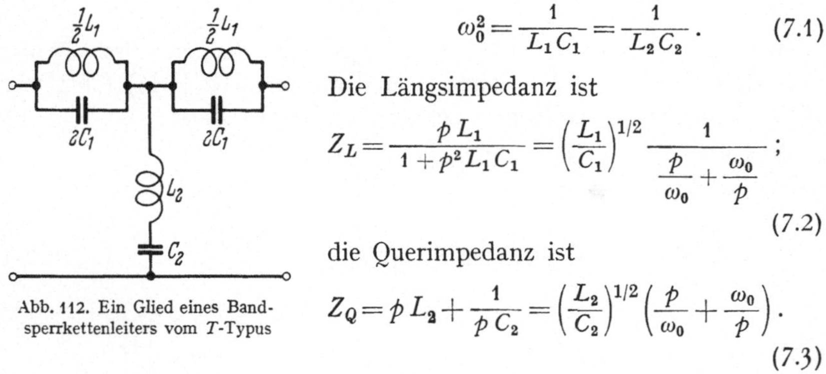

Abb. 112. Ein Glied eines Bandsperrkettenleiters vom T-Typus

$$\omega_0^2 = \frac{1}{L_1 C_1} = \frac{1}{L_2 C_2}\,. \tag{7.1}$$

Die Längsimpedanz ist

$$Z_L = \frac{p\,L_1}{1 + p^2 L_1 C_1} = \left(\frac{L_1}{C_1} \right)^{1/2} \frac{1}{\dfrac{p}{\omega_0} + \dfrac{\omega_0}{p}}\,; \tag{7.2}$$

die Querimpedanz ist

$$Z_Q = p\,L_2 + \frac{1}{p\,C_2} = \left(\frac{L_2}{C_2} \right)^{1/2} \left(\frac{p}{\omega_0} + \frac{\omega_0}{p} \right)\,. \tag{7.3}$$

Hieraus ergibt sich, daß wiederum das Produkt von Längs- und Querimpedanz

$$Z_L Z_Q = \left(\frac{L_1 L_2}{C_1 C_2} \right)^{1/2} = k^2 \tag{7.4}$$

von p unabhängig ist und die Dimension des Quadrats eines Widerstandes hat. Aus Gl. (7.1) und Gl. (7.4) sieht man, daß

$$k^2 = \frac{L_1}{C_2} = \frac{L_2}{C_1}\,. \tag{7.5}$$

Wir betrachten die Ströme und Spannungen in einem unendlich langen Kettenleiter dieser Art, zufolge des Anschließens eines Generators am Anfang des Leiters zur Zeit $t = 0$. Die EMK des Generators sei $e(t)$ und seine innere Impedanz sei vernachlässigbar klein. Am Anfang des Kettenleiters ist also die Spannung $v_0(t) = e(t)\,H(t)$. Einsetzen der obengenannten Werte von Z_L und Z_Q in Gl. (2.3) gibt

$$\Lambda = \Lambda(p) = 1 + \frac{2b^2}{\left(\dfrac{p}{\omega_0} + \dfrac{\omega_0}{p}\right)^2}, \tag{7.6}$$

wo

$$b^2 = \frac{1}{4}\left(\frac{L_1 C_2}{L_2 C_1}\right)^{1/2}. \tag{7.7}$$

Weiterhin finden wir aus Gl. (2.18)

$$Z_T = k\left\{\frac{b^2}{\left(\dfrac{p}{\omega_0} + \dfrac{\omega_0}{p}\right)^2} + 1\right\}^{1/2}. \tag{7.8}$$

Die durch Gl. (2.9) definierte Größe u wird dann

$$u = \left[\frac{b}{\dfrac{p}{\omega_0} + \dfrac{\omega_0}{p}} + \left\{1 + \frac{b^2}{\left(\dfrac{p}{\omega_0} + \dfrac{\omega_0}{p}\right)^2}\right\}^{1/2}\right]^2, \tag{7.9}$$

und daher

$$u^{-1} = \left[\frac{-b}{\dfrac{p}{\omega_0} + \dfrac{\omega_0}{p}} + \left\{1 + \frac{b^2}{\left(\dfrac{p}{\omega_0} + \dfrac{\omega_0}{p}\right)^2}\right\}^{1/2}\right]^2. \tag{7.10}$$

Einsetzen dieses Ausdrucks in Gl. (2.25) bzw. Gl. (2.26) gibt, unter Berücksichtigung der Bedingung $Z_G = 0$ und der Formel (7.8) für Z_T:

$$V_n(p) = E(p)\left[-\frac{b}{\dfrac{p}{\omega_0} + \dfrac{\omega_0}{p}} + \left\{1 + \frac{b^2}{\left(\dfrac{p}{\omega_0} + \dfrac{\omega_0}{p}\right)^2}\right\}^{1/2}\right]^{2n}$$
$$(n = 0,\ 1,\ 2,\ \ldots), \tag{7.11}$$

$$I_n(p) = \frac{1}{k} E(p)\frac{\left[-\dfrac{b}{\dfrac{p}{\omega_0} + \dfrac{\omega_0}{p}} + \left\{1 + \dfrac{b^2}{\left(\dfrac{p}{\omega_0} + \dfrac{\omega_0}{p}\right)^2}\right\}^{1/2}\right]^{2n}}{\left\{1 + \dfrac{b^2}{\left(\dfrac{p}{\omega_0} + \dfrac{\omega_0}{p}\right)^2}\right\}^{1/2}}$$
$$(n = 0,\ 1,\ 2,\ \ldots). \tag{7.12}$$

Die Transformation zum t-Bereich fordert wiederum die Anwendung einer Kombination von verschiedenen Sätzen. Zuerst gehen wir aus von der Funktion $F_n(p)$, welche gegeben ist durch

$$F_n(p) = \frac{\left[-\dfrac{b}{p} + \left(1 + \dfrac{b^2}{p^2}\right)^{1/2}\right]^{2n}}{\left(1 + \dfrac{b^2}{p^2}\right)^{1/2}} \tag{7.13}$$

und bemerken, daß $I_n(p)$ von der Form

$$I_n(p) = E(p)\frac{1}{k}G_n\left(\frac{p}{\omega_0}\right) \tag{7.14}$$

ist, mit

$$G_n(p) = F_n\left(p + \frac{1}{p}\right). \tag{7.15}$$

Die zu $F_n(p)$ gehörende Funktion $f_n(t)\,H(t)$ ist direkt aus Gl. (5.12) zu erhalten durch Anwendung des Ähnlichkeitssatzes, nämlich

$$F_n(p) \leftrightarrow f_n(t)\,H(t) = \delta(t) - b\left[\int_0^\infty \left(\frac{u}{b\,t}\right)^{1/2} J_1\left(2(u\,b\,t)^{1/2}\right) J_{2n}(u)\,du\right] H(t). \tag{7.16}$$

Die zu $G_n(p)$ gehörende Funktion im t-Bereich $g_n(t)\,H(t)$ wird jetzt gewonnen, wenn wir von $F_n(p)$ übergehen zu $F_n\left(p + \frac{1}{p}\right)$. Diese Transformation haben wir jedoch in § 6 ausgeführt; aus Gl. (6.19) können wir das Resultat ablesen, wenn wir in dieser Gleichung die Funktion $a\,J_{2n}(a\,s)$ ersetzen durch die rechte Seite von Gl. (7.16). In dieser Weise ergibt sich

$$G_n(p) \leftrightarrow g_n(t)\,H(t) = \left[f_n(t) - \int_0^t \left(\frac{s}{t-s}\right)^{1/2} J_1\left(2[s(t-s)]^{1/2}\right) f_n(s)\,ds\right] H(t). \tag{7.17}$$

Hiermit erhalten wir für den Strom $i_n(t)$ den Ausdruck

$$i_n(t) = \left[\frac{\omega_0}{k}\int_0^t e(t-\tau)\,g_n(\omega_0\tau)\,d\tau\right] H(t) \quad (n = 0,\,1,\,2,\,\ldots). \tag{7.18}$$

Im Spezialfall $e(t) = \Psi\delta(t)$ wird $i_n(t)$ gegeben durch

$$i_n(t) = \frac{\omega_0}{k}\,\Psi\,g_n(\omega_0 t)\,H(t) \qquad (n = 0,\,1,\,2,\,\ldots). \tag{7.19}$$

Für die Berechnung der Spannung aus Gl. (7.11) gehen wir aus von der Funktion $\overline{F}_n(p)$, welche gegeben ist durch

$$\overline{F}_n(p) = \left[-\frac{b}{p} + \left(1 + \frac{b^2}{p^2}\right)^{1/2}\right]^{2n}, \tag{7.20}$$

und bemerken, daß $V_n(p)$ von der Form

$$V_n(p) = E(p)\,\overline{G}_n\left(\frac{p}{\omega_0}\right) \tag{7.21}$$

ist, mit

$$\overline{G}_n(p) = \overline{F}_n\left(p + \frac{1}{p}\right). \tag{7.22}$$

Die zu $\overline{F}_n(p)$ gehörende Funktion $\overline{f}_n(t)\,H(t)$ ist direkt aus Gl. (5.16) zu erhalten, nämlich

$$\overline{F}_n(p) \leftrightarrow \overline{f}_n(t)\,H(t) =$$

$$= \delta(t) - 2n\,b\left[\int_0^\infty \left(\frac{1}{s\,b\,t}\right)^{1/2} J_1\left(2(s\,b\,t)^{1/2}\right) J_{2n}(s)\,ds\right] H(t). \tag{7.23}$$

Das obengenannte Verfahren führt jetzt zu

$$\overline{G}_n(p) \leftrightarrow \overline{g}_n(t)\, H(t) = \left[\overline{f}_n(t) - \int_0^t \left(\frac{s}{t-s}\right)^{1/2} J_1\left(2\,[s(t-s)]^{1/2}\right) \overline{f}_n(s)\, ds\right] H(t).$$

(7.24)

Hiermit erhalten wir für die Spannung $v_n(t)$ den Ausdruck

$$v_n(t) = \left[\omega_0 \int_0^t e(t-\tau)\,\overline{g}_n(\omega_0\tau)\, d\tau\right] H(t) \qquad (n=1,\,2,\,\ldots).$$

(7.25)

In Einklang mit dem vorgeschriebenen Werte der Spannung am Anfang des Kettenleiters führt Gl. (7.11) direkt zu

$$v_0(t) = e(t)\, H(t).$$

(7.26)

Im Spezialfall $e(t) = \Psi\delta(t)$ ist

$$v_n(t) = \omega_0\,\Psi\,\overline{g}_n(\omega_0 t)\, H(t) \qquad (n=1,\,2,\,\ldots)$$

(7.27)

und

$$v_0(t) = \Psi\,\delta(t).$$

(7.28)

§ 8. *RC*-Kettenleiter vom *T*-Typus

Ein vielfach benutzter Kettenleiter entsteht, wenn die Längsimpedanzen Widerstände und die Querimpedanzen Kapazitäten sind. Wir untersuchen die Einschaltvorgänge in einem solchen Kettenleiter und zwar mit Gliedern vom *T*-Typus (s. Abb. 113). Die Längsimpedanz ist jetzt gegeben durch $Z_L = R$ und die Querimpedanz durch $Z_Q = 1/pC$. Wir betrachten die Ströme und Spannungen in einem unendlich langen Kettenleiter dieser Art zufolge des Anschließens eines Generators am Anfang des Leiters zur Zeit $t = 0$. Die EMK des Generators sei $e(t)$ und seine innere Impedanz sei vernachlässigbar klein. Am Anfang des Kettenleiters ist die Spannung also $v_0(t) = e(t)\,H(t)$. Einsetzen der obengenannten Werte von Z_L und Z_Q in Gl. (2.3) gibt

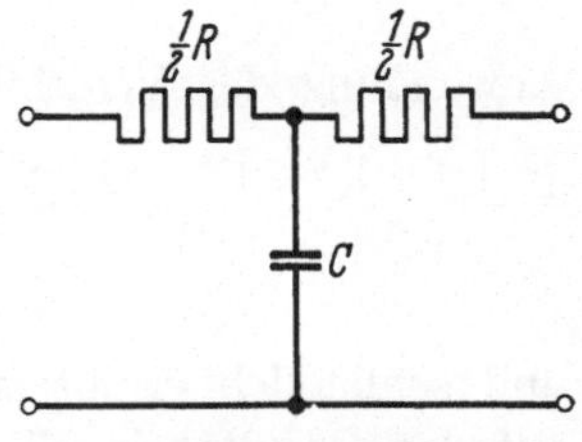

Abb. 113. Ein Glied eines
RC-Kettenleiters vom *T*-Typus

$$\Lambda = \Lambda(p) = \frac{p}{\alpha} + 1,$$

(8.1)

wo

$$\alpha = \frac{2}{R\,C}.$$

(8.2)

Weiterhin finden wir aus Gl. (2.18)

$$Z_T = \left(\frac{R^2}{4} + \frac{R}{p\,C}\right)^{1/2}$$

(8.3)

oder

$$Z_T = \frac{1}{p\,C}\left\{\left(\frac{p}{\alpha}+1\right)^2 - 1\right\}^{1/2}. \tag{8.4}$$

Die durch Gl. (2.9) erklärte Größe u wird dann

$$u = \frac{p}{\alpha} + 1 + \left\{\left(\frac{p}{\alpha}+1\right)^2 - 1\right\}^{1/2}, \tag{8.5}$$

woraus sich ergibt

$$u^{-1} = \frac{p}{\alpha} + 1 - \left\{\left(\frac{p}{\alpha}+1\right)^2 - 1\right\}^{1/2}. \tag{8.6}$$

Einsetzen dieses Ausdrucks in Gl. (2.25) bzw. Gl. (2.26) gibt, unter Berücksichtigung der Bedingung $Z_G = 0$ und der Formel (8.4) für Z_T

$$V_n(p) = E(p)\left[\frac{p}{\alpha} + 1 - \left\{\left(\frac{p}{\alpha}+1\right)^2 - 1\right\}^{1/2}\right]^n \qquad (n = 0, 1, 2, \ldots), \tag{8.7}$$

$$I_n(p) = p\,C\,E(p)\,\frac{\left[\frac{p}{\alpha} + 1 - \left\{\left(\frac{p}{\alpha}+1\right)^2 - 1\right\}^{1/2}\right]^n}{\left\{\left(\frac{p}{\alpha}+1\right)^2 - 1\right\}^{1/2}} \qquad (n = 0, 1, 2, \ldots). \tag{8.8}$$

Für die Transformation zum t-Bereich gehen wir aus von der in Kap. VII, Gl. (6.34) hergeleiteten Korrespondenz

$$\frac{[p - (p^2 - 1)^{1/2}]^\nu}{(p^2 - 1)^{1/2}} \leftrightarrow I_\nu(t)\,H(t) \qquad (\mathrm{Re}\,\nu > -1,\ \mathrm{Re}\,p > 1). \tag{8.9}$$

Anwendung des Verschiebungssatzes gibt also

$$\frac{[p + 1 - \{(p+1)^2 - 1\}^{1/2}]^\nu}{\{(p+1)^2 - 1\}^{1/2}} \leftrightarrow \mathrm{e}^{-t}\,I_\nu(t)\,H(t) \qquad (\mathrm{Re}\,\nu > -1,\ \mathrm{Re}\,p > 0) \tag{8.10}$$

und schließlich ergibt sich durch Anwendung des Ähnlichkeitssatzes auf das Resultat in Gl. (8.10)

$$\frac{\left[\frac{p}{\alpha} + 1 - \left\{\left(\frac{p}{\alpha}+1\right)^2 - 1\right\}^{1/2}\right]^\nu}{\left\{\left(\frac{p}{\alpha}+1\right)^2 - 1\right\}^{1/2}} \leftrightarrow \alpha\,\mathrm{e}^{-\alpha t}\,I_\nu(\alpha t)\,H(t)$$

$$(\mathrm{Re}\,\nu > -1,\ \mathrm{Re}\,p > 0). \tag{8.11}$$

Mit Hilfe dieser Korrespondenz finden wir aus Gl. (8.8) für den Strom $i_n(t)$ im t-Bereich

$$i_n(t) = \frac{2}{R}\left[\int_0^t e'(t - \tau)\,\mathrm{e}^{-\alpha\tau}\,I_n(\alpha\tau)\,d\tau\right]H(t) \qquad (n = 0, 1, 2, \ldots). \tag{8.12}$$

Der Strich an $e(t - \tau)$ bedeutet eine Differentiation nach dem Argumente $t - \tau$; $I_n(\alpha \tau)$ ist die modifizierte BESSELsche Funktion erster Art. Durch partielle Integration ist die rechte Seite dieser Gleichung umzuformen in

$$i_n(t) = \frac{2}{R} \left[e(t) - \alpha \int_0^t e(t - \tau)\, \mathrm{e}^{-\alpha\tau} \{ I_n(\alpha\,\tau) - I_n{'}(\alpha\,\tau) \}\, d\,\tau \right] H(t)\,, \qquad (8.13)$$

wo der Strich wiederum eine Differentiation nach dem Argumente bedeutet.

Für die Transformation der Spannung $V_n(p)$ zum t-Bereich benutzen wir die Korrespondenz

$$[p - (p^2 - 1)^{1/2}]^\nu \leftrightarrow \frac{\nu}{t} I_\nu(t)\, H(t) \qquad (\mathrm{Re}\, \nu > 0)\,, \qquad (8.14)$$

welche aus Gl. (8.9) folgt mittels des durch die Gln. (4.13) bis (4.15) dargestellten Verfahrens. Wir erhalten also

$$v_n(t) = \left[\int_0^t e(t - \tau)\, \frac{n}{\tau}\, \mathrm{e}^{-\alpha\tau}\, I_n(\alpha\,\tau)\, d\,\tau \right] H(t) \qquad (n = 1,\, 2,\, \ldots)\,. \qquad (8.15)$$

In Einklang mit dem vorgeschriebenen Werte der Spannung am Anfang des Kettenleiters führt Gl. (8.7) falls $n = 0$ zu

$$v_0(t) = e(t)\, H(t)\,. \qquad (8.16)$$

§ 9. Verlustbehafteter Tiefpaßkettenleiter vom T-Typus

In § 4—§ 7 haben wir die Einschaltvorgänge in unendlich langen, verlustfreien Kettenleitern betrachtet. Jetzt werden wir untersuchen, welchen Einfluß die (immer auftretenden) Verluste auf den Strom- und Spannungsverlauf haben. Wir beschränken uns dabei auf den Fall eines Tiefpaßkettenleiters vom T-Typus (s. Abb. 114). Um die Verluste in Rechnung zu bringen, sei die Längsimpedanz die Serienschaltung einer Induktivität L und eines Widerstandes R und sei die Querimpedanz die Parallelschaltung einer Kapazität C und eines Widerstandes mit Leitfähigkeit G. Wir haben dann $Z_L = R + pL$ und $Z_Q^{-1} = G + pC$. Am Anfang eines unendlich langen Kettenleiters der beschriebenen Art wird zur Zeit $t = 0$ ein Generator angeschlossen, dessen EMK $e(t)$ ist und dessen innere Impedanz vernachlässigbar klein sei. Am Anfang

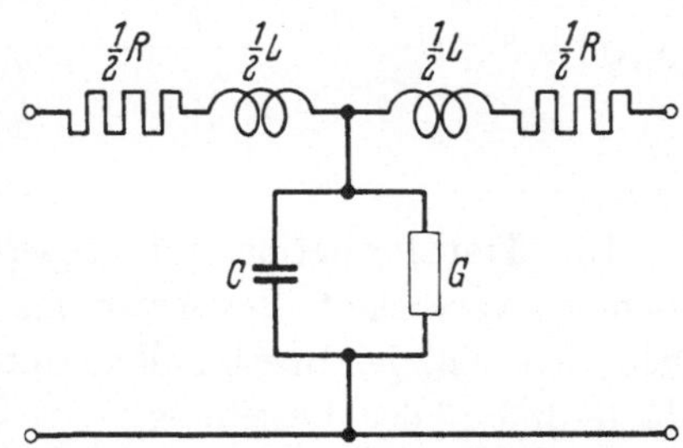

Abb. 114. Ein Glied eines verlustbehafteten Tiefpaßkettenleiters vom T-Typus

des Kettenleiters ist also die Spannung gegeben durch $v_0(t) = e(t) H(t)$. Einsetzen der obengenannten Werte von Z_L und Z_Q in Gl. (2.3) gibt

$$\Lambda = \Lambda(p) = 1 + 2\,\frac{q^2}{\omega_0^2}\,, \tag{9.1}$$

wo

$$\omega_0^2 = \frac{4}{LC} \tag{9.2}$$

und

$$q = q(p) = [(p + \varrho)^2 - \sigma^2]^{1/2}\,, \tag{9.3}$$

mit

$$\varrho = \frac{1}{2}\left(\frac{R}{L} + \frac{G}{C}\right) \tag{9.4}$$

und

$$\sigma = \frac{1}{2}\left(\frac{R}{L} - \frac{G}{C}\right). \tag{9.5}$$

Wir bemerken, daß ω_0 denselben Wert hat wie im verlustlosen Kettenleiter [vgl. Gl. (4.3)] und daß die Größen ϱ und σ dieselbe Form haben wie in der Theorie der Transversalwellen längs elektrischer Leitungssysteme [vgl. Kap. IV, Gl. (5.7) bzw. Gl. (5.8)]. Weiterhin ist [s. Gl. (2.18)]

$$Z_T = \frac{2}{pC + G}\;\frac{q}{\omega_0}\left(\frac{q^2}{\omega_0^2} + 1\right)^{1/2}. \tag{9.6}$$

Die durch Gl. (2.9) erklärte Größe u wird dann

$$u = \left[\frac{q}{\omega_0} + \left(\frac{q^2}{\omega_0^2} + 1\right)^{1/2}\right]^2 \tag{9.7}$$

und daher

$$u^{-1} = \left[-\frac{q}{\omega_0} + \left(\frac{q^2}{\omega_0^2} + 1\right)^{1/2}\right]^2. \tag{9.8}$$

Einsetzen dieses Ausdrucks in Gl. (2.25) bzw. Gl. (2.26) liefert, unter Berücksichtigung der Bedingung $Z_G = 0$ und der Formel (9.6) für Z_T:

$$V_n(p) = E(p)\left[-\frac{q}{\omega_0} + \left(\frac{q^2}{\omega_0^2} + 1\right)^{1/2}\right]^{2n} \qquad (n = 0, 1, 2, \ldots)\,, \tag{9.9}$$

$$I_n(p) = E(p)\left(\frac{C}{L}\right)^{1/2}\frac{p + \dfrac{G}{C}}{q}\;\frac{\left[-\dfrac{q}{\omega_0} + \left(\dfrac{q^2}{\omega_0^2} + 1\right)^{1/2}\right]^{2n}}{\left(\dfrac{q^2}{\omega_0^2} + 1\right)^{1/2}} \qquad (n = 0, 1, 2, \ldots). \tag{9.10}$$

Die Transformation zum t-Bereich ist für den allgemeinen Fall ziemlich verwickelt. Bevor wir uns diesem Problem zuwenden, wird es lehrreich sein, den Spezialfall zu untersuchen, in dem die Konstanten R, L, G und C der Beziehung

$$\frac{R}{L} = \frac{G}{C} \tag{9.11}$$

genügen. Alsdann reduziert q sich auf die Form

$$q = p + \varrho \,, \tag{9.12}$$

während

$$\frac{p + \dfrac{G}{C}}{p + \dfrac{R}{L}} = 1 \,. \tag{9.13}$$

Mit Hilfe des Dämpfungssatzes sind in diesem Falle $i_n(t)$ und $v_n(t)$ unmittelbar zu erhalten aus Gl. (4.11) bzw. Gl. (4.16), welche die Lösung des entsprechenden Problems vom verlustfreien Kettenleiter geben. Es ergibt sich

$$i_n(t) = \frac{2}{L} \left[\int_0^t e(t - \tau)\, e^{-\varrho\tau}\, J_{2n}(\omega_0 \tau)\, d\tau \right] H(t) \qquad (n = 0,\, 1,\, 2,\, \ldots) \tag{9.14}$$

und

$$v_n(t) = \left[\int_0^t e(t - \tau)\, \frac{2n}{\tau}\, e^{-\varrho\tau}\, J_{2n}(\omega_0 \tau)\, d\tau \right] H(t) \qquad (n = 1,\, 2,\, \ldots) \,. \tag{9.15}$$

Am Anfang des Kettenleiters gilt selbstverständlich

$$v_0(t) = e(t)\, H(t) \,, \tag{9.16}$$

welche Gleichung unmittelbar aus Gl. (9.9) folgt für $n = 0$. Für die spezielle Wahl (9.11) sind die Ergebnisse also verhältnismäßig einfach. Wir bemerken, daß eine ähnliche Situation auftritt in der Theorie der Transversalwellen längs elektrischer Leiter, wo eine zu (9.11) ähnliche Bedingung zu einer verzerrungsfreien Leitung führt.

Im allgemeinen Falle ist es empfehlenswert, die verschiedenen Faktoren in $V_n(p)$ und $I_n(p)$ getrennt zum t-Bereich zu transformieren, um dann durch Anwendung des Faltungssatzes $v_n(t)$ und $i_n(t)$ zu gewinnen. An erster Stelle betrachten wir die Funktion

$$F_n(p) = \left[-\frac{q}{\omega_0} + \left(\frac{q^2}{\omega_0^2} + 1 \right)^{1/2} \right]^{2n} \,. \tag{9.17}$$

Aus Gl. (4.15) ist bekannt, daß

$$[-p + (p^2 + 1)^{1/2}]^\nu \leftrightarrow \frac{\nu}{t}\, J_\nu(t)\, H(t) \qquad (\operatorname{Re} \nu > 0) \,. \tag{9.18}$$

Also ist

$$F_n(p) = \int_0^\infty \exp\left[-\{(p + \varrho)^2 - \sigma^2\}^{1/2}\, s \right] \frac{2n}{s}\, J_{2n}(\omega_0 s)\, ds \,. \tag{9.19}$$

Nun folgt aber aus Kap. VII, Gl. (6.35) durch Differenzieren nach dem dort benutzten Parameter x/w, daß

$$\exp\left[-s\{(p+\varrho)^2-\sigma^2\}^{1/2}\right] =$$

$$= \int\limits_0^\infty e^{-(p+\varrho)t}\left[\delta(t-s)+\frac{\sigma s}{(t^2-s^2)^{1/2}}I_1\big(\sigma(t^2-s^2)^{1/2}\big)H(t-s)\right]dt, \qquad (9.20)$$

wo

$$\frac{dI_0(z)}{dz}=I_1(z) \qquad (9.21)$$

gesetzt worden ist. Einsetzen von Gl. (9.20) in Gl. (9.19) gibt, nach Vertauschung der Integrationsfolge

$$F_n(p)=\int\limits_0^\infty e^{-(p+\varrho)t}dt\cdot$$

$$\cdot\int\limits_0^t\left[\delta(t-s)+\frac{\sigma s}{(t^2-s^2)^{1/2}}I_1\big(\sigma(t^2-s^2)^{1/2}\big)\right]\frac{2n}{s}J_{2n}(\omega_0 s)\,ds \qquad (9.22)$$

$$(n=1,2,\ldots).$$

Hieraus ist ersichtlich, daß die zu $F_n(p)$ korrespondierende Funktion $f_n(t)$ gegeben ist durch

$$f_n(t)=e^{-\varrho t}\left[\frac{2n}{t}J_{2n}(\omega_0 t)+\right.$$

$$\left.+\int\limits_0^t\frac{2n\sigma}{(t^2-s^2)^{1/2}}I_1\big(\sigma(t^2-s^2)^{1/2}\big)J_{2n}(\omega_0 s)\,ds\right]H(t) \qquad (9.23)$$

$$(n=1,2,\ldots).$$

Die Spannung $v_n(t)$ ist deshalb

$$v_n(t)=\int\limits_0^t e(t-\tau)f_n(\tau)\,d\tau \qquad (n=1,2,\ldots), \qquad (9.24)$$

wo $f_n(\tau)$ gegeben ist durch Gl. (9.23). Für $n=0$ ergibt sich aus Gl. (9.9) unmittelbar

$$v_0(t)=e(t)H(t). \qquad (9.25)$$

Die Transformation von $I_n(p)$ ist jedoch verwickelter. Um $i_n(t)$ zu gewinnen, schreiben wir $I_n(p)$ in der Form

$$I_n(p)=E(p)\left(\frac{C}{L}\right)^{1/2}\frac{p+\dfrac{G}{C}}{q}G_n(p), \qquad (9.26)$$

wo

$$G_n(p) = \frac{\left[-\dfrac{q}{\omega_0} + \left(\dfrac{q^2}{\omega_0^2} + 1 \right)^{1/2} \right]^{2n}}{\left(\dfrac{q^2}{\omega_0^2} + 1 \right)^{1/2}} \cdot \tag{9.27}$$

Zuerst wenden wir uns der Transformation der Funktion $G_n(p)$ zu. Die entsprechende Funktion $g_n(t)$ wird mit Hilfe desselben Verfahrens gewonnen, das zu $f_n(t)$ von Gl. (9.23) geführt hat. Aus Gl. (4.10) erhalten wir nämlich, wenn wir p durch q ersetzen und danach Gl. (9.20) benutzen

$$G_n(p) = \int_0^\infty e^{-(p+\varrho)t}\,dt \cdot$$

$$\cdot \int_0^t \left[\delta(t-s) + \frac{\sigma s}{(t^2-s^2)^{1/2}} I_1\big(\sigma(t^2-s^2)^{1/2}\big) \right] \omega_0 J_{2n}(\omega_0 s)\,ds . \tag{9.28}$$

Hieraus läßt sich ablesen, daß $g_n(t)$ gegeben ist durch

$$g_n(t) = \omega_0\, e^{-\varrho t}\Bigg[J_{2n}(\omega_0 t) +$$

$$+ \int_0^t \frac{\sigma s}{(t^2-s^2)^{1/2}} I_1\big(\sigma(t^2-s^2)^{1/2}\big) J_{2n}(\omega_0 s)\,ds \Bigg] H(t) \tag{9.29}$$

$$(n = 0, 1, 2, \ldots) .$$

An zweiter Stelle betrachten wir die Funktion

$$W(p) = \frac{p + \dfrac{G}{C}}{q} = \frac{p + \dfrac{G}{C}}{\{(p+\varrho)^2 - \sigma^2\}^{1/2}} , \tag{9.30}$$

die auch als Faktor in Gl. (9.26) auftritt. Aus Kap. VII, Gl. (6.34) ergibt sich durch Anwendung des Dämpfungssatzes und des Ähnlichkeitssatzes

$$\frac{1}{\{(p+\varrho)^2 - \sigma^2\}^{1/2}} \longleftrightarrow e^{-\varrho t} I_0(\sigma t)\, H(t) . \tag{9.31}$$

Dann ist aber die zu $W(p)$ gehörende Funktion $w(t)$:

$$w(t) = \left(\frac{G}{C} + \frac{d}{dt} \right) \{ e^{-\varrho t} I_0(\sigma t)\, H(t) \} . \tag{9.32}$$

Den Strom $i_n(t)$ finden wir jetzt durch zweimalige Anwendung des Faltungssatzes; es ergibt sich

$$i_n(t) = \left[\int_0^t e(t-\tau_1)\,d\tau_1 \int_0^{\tau_1} w(\tau_1-\tau_2)\, g_n(\tau_2)\,d\tau_2 \right] H(t) \qquad (n = 0, 1, 2, \ldots) .$$

$$\tag{9.33}$$

Durch die Gln. (9.24), (9.25) bzw. (9.33) sind die Spannung bzw. der Strom für jeden Wert von n gegeben.

§ 10. Der endliche Tiefpaßkettenleiter vom T-Typus

In § 4 haben wir die Ausgleichsvorgänge in einem unendlich langen, verlustfreien Tiefpaßkettenleiter vom T-Typus errechnet. Jetzt werden wir untersuchen, wie die Spannung am Ende eines aus N Gliedern bestehenden Kettenleiters vom T-Typus verläuft, falls der Kettenleiter am Ende unbelastet ist. Weiterhin setzen wir voraus, daß der Kettenleiter aus verlustbehafteten Elementen (s. Abb. 115) zusammengesetzt ist.

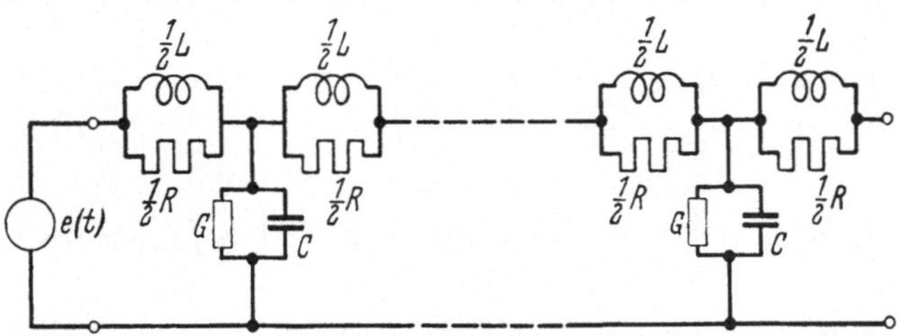

Abb. 115. Der endliche, verlustbehaftete Tiefpaßkettenleiter vom T-Typus

Am Anfang des Kettenleiters wird zur Zeit $t = 0$ ein Generator angeschlossen, dessen EMK $e(t) = \Psi\delta(t)$ ist und dessen innere Impedanz vernachlässigt wird. Mit Hilfe der in § 2 eingeführten Größen erhalten wir für die Spannung im p-Bereich am Ende des Kettenleiters, wenn wir $Z_G = 0$, also $r_G = -1$ und $Z_B \to \infty$, also $r_B = 1$ setzen,

$$V_N(p) = \Psi \frac{2\,u^{-N}}{1 + u^{-2N}}, \tag{10.1}$$

wo [vgl. Gl. (4.6)]

$$u^{-1} = \left[-\frac{q}{\omega_0} + \left(\frac{q^2}{\omega_0^2} + 1 \right)^{1/2} \right]^2, \tag{10.2}$$

mit

$$\omega_0 = \frac{2}{(L\,C)^{1/2}} \tag{10.3}$$

und

$$q = \{(p + \varrho)^2 - \sigma^2\}^{1/2} \tag{10.4}$$

mit [vgl. Gl. (4.4)]

$$\varrho = \frac{1}{2}\left(\frac{R}{L} + \frac{G}{C} \right) \tag{10.5}$$

und

$$\sigma = \frac{1}{2}\left(\frac{R}{L} - \frac{G}{C} \right). \tag{10.6}$$

Zur Bestimmung von $v_N(t)$ wenden wir den HEAVISIDEschen Entwicklungssatz an (vgl. Kap. II, § 5 und Kap. VI, § 7). Die Pole von $V_N(p)$ sind die Punkte $p = p_k$, wo

$$1 + u^{-2N} = 0 \tag{10.7}$$

ist. Zur Lösung der Gl. (10.7) setzen wir zuerst

$$q = j\,\omega_0 \sin\varphi\,, \tag{10.8}$$

womit Gl. (10.7) wird

$$e^{-4jN\varphi} = -1\,. \tag{10.9}$$

Die Nullstellen $\varphi = \varphi_k$ dieser letzten Gleichung sind gegeben durch

$$\varphi_k = \frac{k\,\pi}{4\,N}\,, \tag{10.10}$$

wo k eine ungerade, positive oder negative, ganze Zahl ist. Die entsprechenden Stellen $q = q_k$ folgen aus Gl. (10.8):

$$q_k = j\,\omega_0 \sin\left(\frac{k\,\pi}{4\,N}\right) \qquad (k = \pm 1,\ \pm 3,\ \ldots,\ \pm(4\,N - 1))\,. \tag{10.11}$$

Aus Gl. (10.4) erhalten wir dann entweder

$$p_k = -\varrho + \omega_0 \left\{ \frac{\sigma^2}{\omega_0^2 \sin^2\left(\dfrac{k\,\pi}{4\,N}\right)} - 1 \right\}^{1/2} \sin\left(\frac{k\,\pi}{4\,N}\right) \tag{10.12}$$

falls $\sigma^2 > \omega_0^2 \sin^2 (k\pi/4N)$, oder

$$p_k = -\varrho + j\,\omega_0 \left\{ 1 - \frac{\sigma^2}{\omega_0^2 \sin^2\left(\dfrac{k\,\pi}{4\,N}\right)} \right\}^{1/2} \sin\left(\frac{k\,\pi}{4\,N}\right) \tag{10.13}$$

falls $\sigma^2 < \omega_0^2 \sin^2 (k\pi/4N)$. Die Quadratwurzeln in Gl. (10.12) und Gl. (10.13) sind positiv zu nehmen. Mit dem HEAVISIDEschen Entwicklungssatz ergibt sich nun

$$v_N(t) = \frac{\omega_0\,\Psi}{2\,N} \sum_k \frac{\cos\left(\dfrac{k\,\pi}{4\,N}\right)}{\left\{ 1 - \dfrac{\sigma^2}{\omega_0^2 \sin^2\left(\dfrac{k\,\pi}{4\,N}\right)} \right\}^{1/2}} e^{p_k t - kj\pi/2}\,. \tag{10.14}$$

Durch Zusammenfassen der Glieder, die zu zwei entgegengesetzten Werten von k gehören (z. B. $k = 5$ und $k = -5$), ist $v_N(t)$ in reeller Form zu schreiben. Dabei soll beachtet werden, für welche Werte von k die Nullstelle $p = p_k$ negativ reell ist und für welche Werte von k die Nullstelle $p = p_k$ komplex ist.

§ 11. Ausgleichsvorgänge in einem Kettenleiter, der als Ersatzbild einer endlichen Wicklung dient

In diesem Paragraphen untersuchen wir die Spannung $v_n(t)$, die in einem, aus N Gliedern bestehenden, Kettenleiter nach Abb. 116 auftritt. Das Ende des Kettenleiters ist kurzgeschlossen. Ein Kettenleiter dieser Art wird häufig als Ersatzschaltbild benutzt für das Studium der Einschaltvorgänge in Transformatorwicklungen. Am Anfang des Kettenleiters wird zur Zeit $t = 0$ ein Generator angeschlossen, dessen EMK $e(t) = E H(t)$ ist und dessen innere Impedanz vernachlässigt wird. Mit Hilfe der in § 3 entwickelten Theorie erhalten wir für die Spannung $V_n(p)$

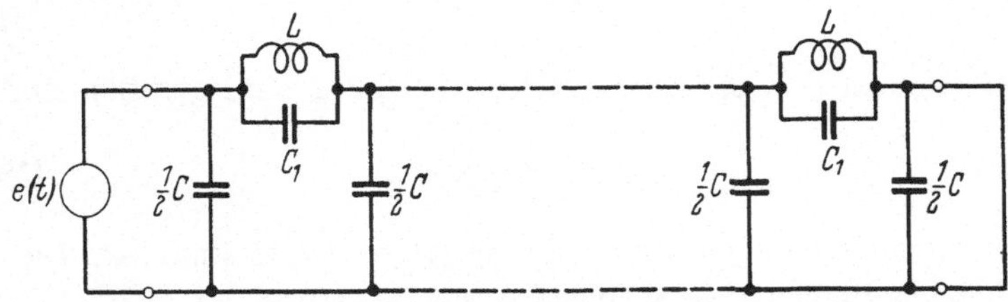

Abb. 116. Kettenleiter, der als Ersatzbild einer endlichen Wicklung dient

im p-Bereich an dem Anfang des n-ten Gliedes, wenn wir in Gl. (3.17) $Z_G = 0$ und $Z_B = 0$ setzen

$$V_n(p) = \frac{E}{p}\, \frac{u^{-n} - u^{-(2N-n)}}{1 - u^{-2N}} \qquad (n = 0, 1, 2, \ldots, N), \qquad (11.1)$$

wo, aus Gl. (3.4) und Gl. (3.6),

$$u = \left(\frac{p^2}{\omega_1^2} + 1\right)^{-1} \left[\frac{p}{\omega_0} + \left\{p^2\left(\frac{1}{\omega_0^2} + \frac{1}{\omega_1^2}\right) + 1\right\}^{1/2}\right]^2 \qquad (11.2)$$

und

$$u^{-1} = \left(\frac{p^2}{\omega_1^2} + 1\right)^{-1} \left[-\frac{p}{\omega_0} + \left\{p^2\left(\frac{1}{\omega_0^2} + \frac{1}{\omega_1^2}\right) + 1\right\}^{1/2}\right]^2, \qquad (11.3)$$

mit

$$\omega_0 = \frac{2}{(L\,C)^{1/2}} \qquad (11.4)$$

und

$$\omega_1 = \frac{1}{(L\,C_1)^{1/2}}\,. \qquad (11.5)$$

Zur Bestimmung von $v_n(t)$ wenden wir den HEAVISIDEschen Entwicklungssatz an. Die Pole von $V_n(p)$ sind, außer $p = 0$, die Stellen $p = p_k$, wo

$$1 - u^{-2N} = 0 \qquad (11.6)$$

und wo der Zähler nicht sogleich verschwindet. Diese Stellen sind gegeben durch

$$u = \mathrm{e}^{kj\pi/N}, \qquad (11.7)$$

wo k eine ganze Zahl ist. Um genau festzustellen, welche Werte von k zu *verschiedenen* Werten von p_k führen, müssen wir zuerst einen Ausdruck für p_k gewinnen. Dies geschieht am einfachsten durch gleichzeitigen Gebrauch der Gln. (11.2) und (11.3). Es ergibt sich

$$p_k = j\,\Omega_k = j\,\omega_0\, \frac{\sin\left(\dfrac{k\,\pi}{2\,N}\right)}{\left[1 + \left(\dfrac{\omega_0}{\omega_1}\right)^2 \sin^2\left(\dfrac{k\,\pi}{2\,N}\right)\right]^{1/2}}$$
$$(k = \pm 1, \pm 2, \ldots, \pm(N-1)). \qquad (11.8)$$

Die angegebenen Werte von k folgen aus der Erwägung, daß jeder Pol nur einmal gezählt werden darf, während es einfach nachzuprüfen ist, daß alle Pole erster Ordnung sind (die Ableitung nach p des Nenners in Gl. (11.1) ist nämlich für $p = p_k$ von null verschieden). Nach einiger Rechnung ergibt sich weiterhin

$$\frac{E}{p_k} \lim_{p \to p_k} (p - p_k) \frac{u^{-n} - u^{-(2N-n)}}{1 - u^{-2N}} = - \frac{E}{2N} \frac{\cos\left(\frac{k\pi}{2N}\right) \sin\left(\frac{kn\pi}{N}\right)}{\left[1 + \left(\frac{\omega_0}{\omega_1}\right)^2 \sin^2\left(\frac{k\pi}{2N}\right)\right] \sin\left(\frac{k\pi}{2N}\right)}$$

$$(k = \pm 1, \pm 2, \ldots, \pm(N-1)) . \tag{11.9}$$

Das Residuum für den Pol $p = 0$ ist

$$E \lim_{p \to 0} \frac{u^{-n} - u^{-(2N-n)}}{1 - u^{-2N}} = E \left(1 - \frac{n}{N}\right) . \tag{11.10}$$

Einsetzen dieser Ergebnisse in den HEAVISIDEschen Entwicklungssatz gibt für $v_n(t)$:

$$v_n(t) = E \Bigg[1 - \frac{n}{N} -$$

$$- \frac{1}{2N} \left\{ \sum_{k=-(N-1)}^{1} + \sum_{k=1}^{N-1} \right\} \frac{\cos\left(\frac{k\pi}{2N}\right) \sin\left(\frac{kn\pi}{N}\right)}{\left[1 + \left(\frac{\omega_0}{\omega_1}\right)^2 \sin^2\left(\frac{k\pi}{2N}\right)\right] \sin\left(\frac{k\pi}{2N}\right)} e^{-j\Omega_k t} \Bigg] H(t)$$

$$(n = 0, 1, 2, \ldots, N) . \tag{11.11}$$

Hieraus folgt, daß

$$v_n(t) = E \Bigg[1 - \frac{n}{N} -$$

$$- \frac{1}{N} \sum_{k=1}^{N-1} \frac{\cos\left(\frac{k\pi}{2N}\right) \sin\left(\frac{kn\pi}{N}\right)}{\left[1 + \left(\frac{\omega_0}{\omega_1}\right)^2 \sin^2\left(\frac{k\pi}{2N}\right)\right] \sin\left(\frac{k\pi}{2N}\right)} \cos(\Omega_k t) \Bigg] H(t)$$

$$(n = 0, 1, 2, \ldots, N) , \tag{11.12}$$

womit wir die Lösung unserer Aufgabe in reeller Form erhalten haben.

Kapitel X

Einschaltvorgänge in induktionsfreien Kabeln

§ 1. Einführung

In diesem Kapitel beschäftigen wir uns mit der Aufgabe, die Ströme und Spannungen zu bestimmen, welche auftreten in einem Kabel, wenn der Einfluß der Induktivität und der Ableitung vernachlässigt wird (RC-Kabel). Setzen wir in den Gln. (1.1) und (1.2) aus Kap. IV also $L = 0$ und $G = 0$, so ergibt sich

$$Ri = -\frac{\partial v}{\partial x} \tag{1.1}$$

und

$$C\frac{\partial v}{\partial t} = -\frac{\partial i}{\partial x}, \tag{1.2}$$

wo $v = v(x, t)$ die Spannung und $i = i(x, t)$ den Strom bedeutet. Eliminieren wir den Strom, so erhalten wir die Differentialgleichung für die Spannung

$$\frac{\partial^2 v}{\partial x^2} - RC\frac{\partial v}{\partial t} = 0. \tag{1.3}$$

Diese Gleichung ist mathematisch identisch mit der eindimensionalen Gleichung für die Wärmeleitung oder für die Diffusion. Die Lösung dieser Gleichung gibt keinen Anlaß zu laufenden Wellen (wie es der Fall ist, wenn die Induktivität in die Rechnung einbezogen wird), sondern zu Diffusionsphänomenen.

Transformation zum p-Bereich gibt, wenn wir voraussetzen, daß die Anfangsspannung $v(x, 0)$ und der Anfangsstrom $i(x, 0)$ verschwinden,

$$RI + \frac{\partial V}{\partial x} = 0, \tag{1.4}$$

$$pCV + \frac{\partial I}{\partial x} = 0, \tag{1.5}$$

bzw.

$$\frac{\partial^2 V}{\partial x^2} - pRCV = 0. \tag{1.6}$$

Am Anfang der Leitung ($x = 0$) wird zur Zeit $t = 0$ ein Generator angeschlossen, dessen EMK im p-Bereich $E(p)$ und dessen innere Impedanz im p-Bereich $Z_1(p)$ ist; am Ende ($x = l$) ist die Leitung abgeschlossen mit einer Schaltung, deren Impedanz $Z_2(p)$ ist. Aus Kap. IV, Gl. (8.5) bis (8.8) sehen wir, daß

$$V(x; p) = E(p)\frac{Z_0}{Z_1 + Z_0}\frac{e^{-\gamma x} + r_2 e^{-\gamma(2l-x)}}{1 - r_1 r_2 e^{-2\gamma l}}, \tag{1.7}$$

$$I(x; p) = E(p)\frac{1}{Z_1 + Z_0}\frac{e^{-\gamma x} - r_2 e^{-\gamma(2l-x)}}{1 - r_1 r_2 e^{-2\gamma l}}, \tag{1.8}$$

wo jetzt

$$\gamma = (p\,R\,C)^{1/2}, \tag{1.9}$$

$$Z_0 = \left(\frac{R}{p\,C}\right)^{1/2}, \tag{1.10}$$

$$r_1 = \frac{Z_1 - Z_0}{Z_1 + Z_0}, \tag{1.11}$$

$$r_2 = \frac{Z_2 - Z_0}{Z_2 + Z_0}. \tag{1.12}$$

Im folgenden werden wir mit Hilfe dieser Gleichungen verschiedene Sonderfälle in Einzelheiten durchrechnen.

§ 2. Unendliches Kabel, gespeist mit einer Sprungspannung

Ein unendliches RC-Kabel wird an der Stelle $x = 0$ gespeist von einem Generator, dessen EMK $e(t) = EH(t)$ ist und dessen innere Impedanz vernachlässigbar klein ist (Abb. 117). Wir fragen nach der Spannung $v(x, t)$ und dem Strom $i(x, t)$ auf einer Entfernung x vom Anfang des Kabels. Aus Gl. (1.7) und Gl. (1.8) ergibt sich, mit $E(p) = E/p$, $Z_1 = 0$ und $l \to \infty$, für die Spannung und den Strom im p-Bereich

$$V(x;\,p) = E\,\frac{1}{p}\,\exp(-\alpha x p^{1/2}), \tag{2.1}$$

$$I(x;\,p) = \frac{E}{R}\,\frac{\alpha}{p^{1/2}}\,\exp(-\alpha x p^{1/2}), \tag{2.2}$$

wo

$$\alpha = (R\,C)^{1/2}. \tag{2.3}$$

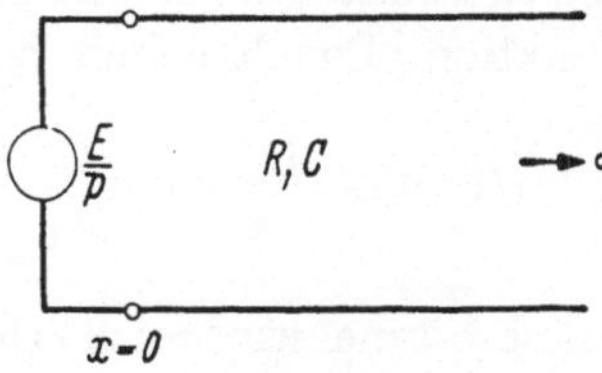

Abb. 117

Unter Benutzung der in Kap. VII, Gl. (5.7) hergeleiteten Korrespondenz erhalten wir für die Spannung $v(x, t)$ im t-Bereich

$$v(x, t) = E\left[1 - \mathrm{erf}\left(\frac{\alpha x}{2 t^{1/2}}\right)\right] H(t) = E\,\mathrm{erfc}\left(\frac{\alpha x}{2 t^{1/2}}\right) H(t). \tag{2.4}$$

Aus Gl. (2.4) ersehen wir, daß

$$\lim_{x \to 0} v(x, t) = E \qquad (t > 0), \tag{2.5}$$

$$\lim_{t \to 0} v(x, t) = 0 \qquad (x \neq 0) \tag{2.6}$$

und

$$\lim_{t \to \infty} v(x, t) = E \qquad (x \neq 0). \tag{2.7}$$

Der Strom $i(x, t)$ im t-Bereich kann durch Transformation der rechten Seite von Gl. (2.2) gewonnen werden. Es ist jedoch einfacher, $i(x, t)$ zu bestimmen aus Gl. (1.1), wo für $v(x, t)$ der Ausdruck (2.4) eingesetzt wird. In dieser Weise ergibt sich

$$i(x, t) = -\frac{E}{R} \frac{\partial}{\partial x} \left[1 - \operatorname{erf}\left(\frac{x}{2t^{1/2}}\right)\right] H(t) =$$

$$= \frac{E}{R} \frac{\partial}{\partial x} \left[\frac{2}{\pi^{1/2}} \int_0^{\alpha x/2 t^{1/2}} e^{-u^2} du\right] H(t) \,;$$

also

$$i(x, t) = \frac{E}{R x} \frac{2}{\pi^{1/2}} \left(\frac{\alpha^2 x^2}{4t}\right)^{1/2} \exp\left[-\alpha^2 x^2/4t\right] H(t) \,. \tag{2.8}$$

Eine asymptotische Entwicklung von $v(x, t)$ für $t \to \infty$ wird gewonnen, wenn in Gl. (2.4) für den Ausdruck in eckigen Klammern die in Kap. VIII, Gl. (7.6) erhaltene, konvergente Entwicklung eingesetzt wird. Hiermit wird

$$v(x, t) = E\left[1 - \frac{2}{\pi^{1/2}} \sum_{n=0}^{\infty} \frac{(-1)^n}{n!\,(2n+1)} \left(\frac{\alpha x}{2t^{1/2}}\right)^{2n+1}\right] H(t) \,. \qquad (t \to \infty) \,.$$

$$\tag{2.9}$$

Die asymptotische Entwicklung von $i(x, t)$ für $t \to \infty$ bestimmen wir durch Einsetzen der konvergenten Potenzreihe für die Exponentialfunktion. Das Ergebnis lautet

$$i(x, t) = \frac{E}{R x} \frac{2}{\pi^{1/2}} \sum_{n=0}^{\infty} \frac{(-1)^n}{n!} \left(\frac{\alpha x}{2t^{1/2}}\right)^{2n+1} H(t) \qquad (t \to \infty) \,. \tag{2.10}$$

Diese Formel wird auch erhalten, wenn die Entwicklung (2.9) in Gl. (2.1) eingesetzt und gliedweise differenziert wird.

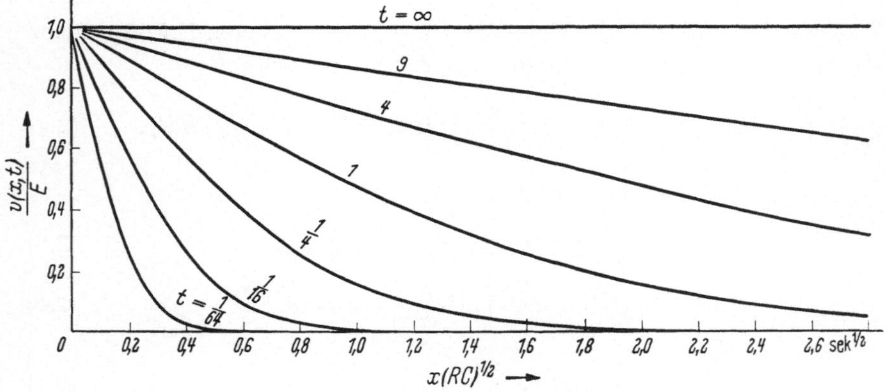

Abb. 118. Spannungsverlauf in einem unendlichen Kabel, gespeist mit einer Sprungspannung

In Abb. 118 ist der Spannungsverlauf in Abhängigkeit von x und t gezeigt.

§ 3. Unendliches Kabel, gespeist über einen Widerstand

Ein unendliches RC-Kabel wird an der Stelle $x = 0$ über einen Widerstand R_1 gespeist mit einer Sprungspannung $e(t) = E\,H(t)$ (Abb. 119). Wir fragen nach der Spannung $v(0, t)$ am Anfang des Kabels. Aus Gl. (1.7) ergibt sich, mit $E(p) = E/p$, $Z_1 = R_1$, $x = 0$ und $l \to \infty$ für die Spannung $V(0; p)$ im p-Bereich

$$V(0; p) = \frac{E}{p}\,\frac{\alpha^{1/2}}{\alpha^{1/2} + p^{1/2}} \qquad (\operatorname{Re} p > 0),\tag{3.1}$$

mit

$$\alpha^{1/2} = \frac{1}{R_1}\left(\frac{R}{C}\right)^{1/2}\tag{3.2}$$

Wir schreiben jetzt Gl. (3.1) in der Form

$$V(0; p) = \frac{\alpha\,E}{p\,(\alpha - p)} - \frac{\alpha^{1/2}E}{p^{1/2}(\alpha - p)} = E\left[\frac{1}{p} - \frac{1}{p - \alpha} + \frac{\alpha^{1/2}}{p^{1/2}(p - \alpha)}\right]\tag{3.3}$$
$$(\operatorname{Re} p > 0).$$

Zur Transformation zum t-Bereich benutzen wir die bekannten Korrespondenzen

$$\frac{1}{p} \leftrightarrow H(t),\tag{3.4}$$

$$\frac{1}{p - \alpha} \leftrightarrow e^{\alpha t}\,H(t),\tag{3.5}$$

$$\frac{1}{p^{1/2}} \leftrightarrow \frac{1}{(\pi t)^{1/2}}\,H(t).\tag{3.6}$$

Abb. 119. Induktionsfreies Kabel, gespeist über einen Widerstand

Die Spannung $v(0, t)$ wird also

$$v(0, t) = E\left[1 - e^{\alpha t} + e^{\alpha t}\int_0^t e^{-\alpha\tau}\left(\frac{\alpha}{\pi\tau}\right)^{1/2}d\tau\right]H(t),\tag{3.7}$$

wo das letzte Glied mit Hilfe des Faltungssatzes bestimmt worden ist. In das Integral führen wir jetzt eine neue Integrationsvariable ein durch $u^2 = \alpha\tau$, womit wir erhalten

$$v(0, t) = E\left[1 - e^{\alpha t} + \frac{2}{\pi^{1/2}}\,e^{\alpha t}\int_0^{(\alpha t)^{1/2}} e^{-u^2}du\right]H(t),\tag{3.8}$$

oder mit Kap. VII, Gl. (5.1) und Gl. (5.4),

$$v(0, t) = E\left[1 - e^{\alpha t}\operatorname{erfc}\left((\alpha t)^{1/2}\right)\right]H(t).\tag{3.9}$$

In Abb. 120 wird gezeigt, wie $v(0, t)$ von αt abhängt.

Zunächst bestimmen wir die asymptotische Entwicklung von $v(0, t)$ für $t \to \infty$ durch Anwendung der in Kap. VIII entwickelten Theorie.

Aus Gl. (3.1) ersehen wir, daß $V(0; p)$ einen algebraischen Verzweigungspunkt an der Stelle $p = 0$ hat. Wir denken uns die p-Ebene längs der negativ-reellen Achse aufgeschnitten. Dies bedeutet, daß der Realteil von $p^{1/2}$ in der aufgeschnittenen Ebene niemals negativ werden kann;

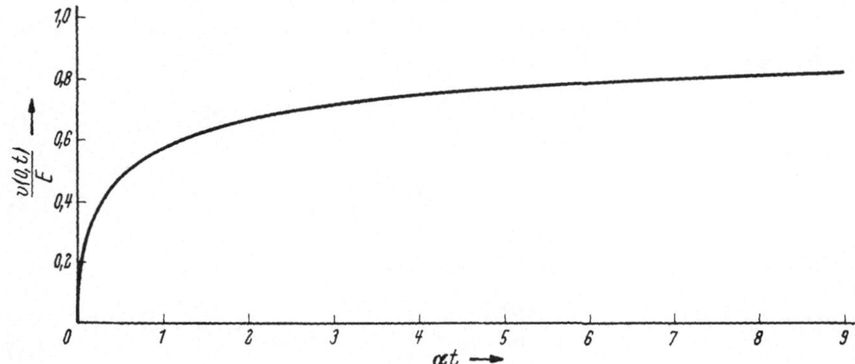

Abb. 120. Spannung am Anfang des Kabels nach Abb. 119

da weiterhin $\alpha^{1/2} > 0$ ist, kann $\alpha^{1/2} + p^{1/2}$ in der aufgeschnittenen Ebene niemals verschwinden. Nach der in Kap. VIII, § 4 gegebenen Vorschrift wird $V(0; p)$ in der Umgebung der (einzigen) Singularität $p = 0$ nach Potenzen von p entwickelt. Wir erhalten

$$V(0; p) = \frac{E}{p} \sum_{k=0}^{\infty} (-1)^k \left(\frac{p}{\alpha}\right)^{k/2}, \tag{3.10}$$

welche Reihe für $|p/\alpha| < 1$ konvergiert. Durch formelle, gliedweise Transformation zum t-Bereich ergibt sich dann [vgl. Kap. VIII, Gl. (4.25)]

$$v(0, t) = E \sum_{k=0}^{K} (-1)^k \frac{(\alpha t)^{-k/2}}{\Gamma(1 - k/2)} + O(t^{-(K+1)/2}) \qquad (t \to \infty). \tag{3.11}$$

Nach einiger Rechnung erhalten wir hieraus

$$v(0, t) = E \left[1 - \frac{1}{\pi^{1/2}} \sum_{n=0}^{N} (-1)^n \frac{(2n)!}{2^{2n} n!} (\alpha t)^{-n-1/2} \right] + O(t^{-N-3/2})$$

$$(t \to \infty). \tag{3.12}$$

Es ist leicht nachzuprüfen, daß für $N \to \infty$ die entsprechende Reihe auf der rechten Seite von Gl. (3.12) für jeden Wert der Variablen t divergent ist.

§ 4. Unendliches Kabel, gespeist über eine Kapazität

Ein unendliches RC-Kabel wird an der Stelle $x = 0$ über eine Kapazität C_1 gespeist mit einer Sprungspannung $e(t) = E\,H(t)$ (s. Abb. 121). Wir fragen nach der Spannung $v(0, t)$ am Anfang des Kabels. Aus

Gl. (1.7) ergibt sich mit $E(p) = E/p$, $Z_1 = 1/pC_1$, $x = 0$ und $l \to \infty$ für die Spannung $V(0; p)$ im p-Bereich

$$V(0; p) = \frac{E}{p} \frac{p^{1/2}}{p^{1/2} + \alpha^{1/2}}, \tag{4.1}$$

mit

$$\alpha^{1/2} = \frac{1}{C_1} \left(\frac{C}{R} \right)^{1/2}. \tag{4.2}$$

Wir schreiben jetzt Gl. (4.1) in der Form

$$V(0; p) = E \left[\frac{1}{p - \alpha} - \frac{\alpha^{1/2}}{p^{1/2}(p - \alpha)} \right]. \tag{4.3}$$

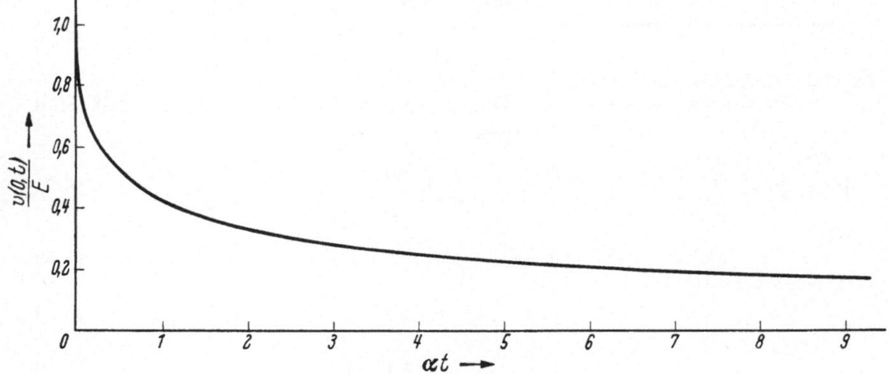

Abb. 121. Induktionsfreies Kabel, gespeist über eine Kapazität

Das in § 3 benutzte Verfahren führt zu

$$v(0, t) = E\, e^{\alpha t} \left[1 - \int_0^t e^{-\alpha \tau} \left(\frac{\alpha}{\pi \tau} \right)^{1/2} d\tau \right] H(t). \tag{4.4}$$

In das Integral führen wir eine neue Integrationsvariable ein durch $u^2 = \alpha \tau$, womit wir erhalten

$$v(0, t) = E\, e^{\alpha t} \left[1 - \frac{2}{\pi^{1/2}} \int_0^{(\alpha t)^{1/2}} e^{-u^2}\, du \right] H(t), \tag{4.5}$$

oder

$$v(0, t) = E\, e^{\alpha t}\, \mathrm{erfc}\left((\alpha t)^{1/2} \right) H(t). \tag{4.6}$$

In Abb. 122 wird gezeigt, wie $v(0, t)$ von αt abhängt.

Zunächst bestimmen wir die asymptotische Entwicklung von $v(0, t)$ für $t \to \infty$ durch Anwendung der in Kap. VIII entwickelten Theorie. Aus Gl. (4.1) ersehen wir, daß $V(0; p)$ einen algebraischen Verzweigungspunkt an der Stelle $p = 0$ hat. Wir denken uns wiederum die p-Ebene längs der negativ-reellen Achse aufgeschnitten. Dies bedeutet, daß der

Abb. 122. Spannung am Anfang des Kabels nach Abb. 121

Realteil von $p^{1/2}$ in der aufgeschnittenen Ebene niemals negativ werden kann; da weiterhin $\alpha^{1/2} > 0$ ist, kann $p^{1/2} + \alpha^{1/2}$ in der aufgeschnittenen Ebene niemals verschwinden. Die Reihenentwicklung von $V(0; p)$ in der Umgebung von $p = 0$ ist

$$V(0; p) = \frac{E}{p} \sum_{k=0}^{\infty} (-1)^k \left(\frac{p}{\alpha}\right)^{(k+1)/2}, \tag{4.7}$$

welche Reihe für $|p/\alpha| < 1$ konvergiert. Durch formelle, gliedweise Transformation zum t-Bereich ergibt sich dann

$$v(0, t) = E \sum_{k=0}^{K} (-1)^k \frac{(\alpha t)^{-(k+1)/2}}{\Gamma\left(\frac{1-k}{2}\right)} + O(t^{-K/2-1}) \qquad (t \to \infty). \tag{4.8}$$

Nach einiger Rechnung erhalten wir hieraus

$$v(0, t) = \frac{E}{\pi^{1/2}} \sum_{n=0}^{N} (-1)^n \frac{(2n)!}{2^{2n} n!} (\alpha t)^{-n-1/2} + O(t^{-N-3/2}) \qquad (t \to \infty). \tag{4.9}$$

Dieses Ergebnis hätten wir auch aus § 3 ablesen können [vgl. Gl. (3.9) und Gl. (4.6)]. Es ist leicht nachzuprüfen, daß für $N \to \infty$ die entsprechende Reihe auf der rechten Seite von Gl. (4.9) für jeden Wert der Variablen t divergent ist.

§ 5. Unendliches Kabel, gespeist über eine Induktivität

Ein unendliches RC-Kabel wird an der Stelle $x = 0$ über eine Induktivität L_1 gespeist mit einer Sprungspannung $e(t) = E\,H(t)$ (Abb. 123). Wir fragen nach der Spannung $v(0, t)$ am Anfang des Kabels. Aus Gl. (1.7) ergibt sich, mit $E(p) = E/p$, $Z_1 = pL_1$, $x = 0$ und $l \to \infty$ für die Spannung $V(0, p)$ im p-Bereich

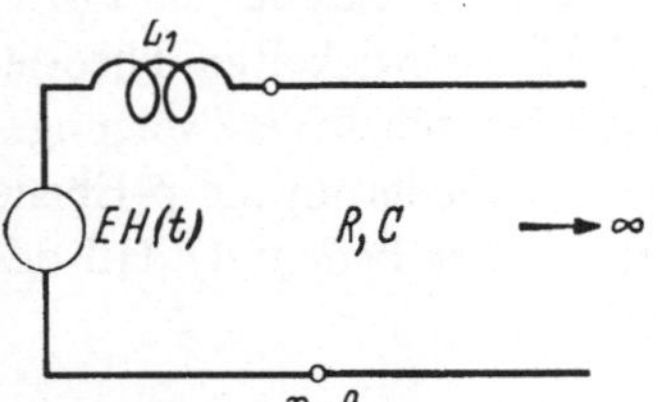

Abb. 123. Induktionsfreies Kabel, gespeist über eine Induktivität

$$V(0; p) = \frac{E}{p} \frac{\alpha^{3/2}}{p^{3/2} + \alpha^{3/2}}, \tag{5.1}$$

mit

$$\alpha^{3/2} = \frac{1}{L_1} \left(\frac{R}{C}\right)^{1/2}. \tag{5.2}$$

Die rechte Seite von Gl. (5.1) läßt sich umformen zu

$$V(0; p) = \frac{E}{p} \frac{1}{3} \left[\frac{-q_1 \alpha^{1/2}}{p^{1/2} - q_1 \alpha^{1/2}} + \frac{-q_2 \alpha^{1/2}}{p^{1/2} - q_2 \alpha^{1/2}} + \frac{-q_3 \alpha^{1/2}}{p^{1/2} - q_3 \alpha^{1/2}} \right], \tag{5.3}$$

wo

$$q_1 = -1, \tag{5.4}$$

$$q_2 = \frac{1}{2}(1 + j\sqrt{3}), \tag{5.5}$$

$$q_3 = \frac{1}{2}(1 - j\sqrt{3}). \tag{5.6}$$

Weiterhin gilt

$$q_1^2 = 1, \tag{5.7}$$

$$q_2^2 = \frac{1}{2}\left(-1 + j\sqrt{3}\right), \tag{5.8}$$

$$q_3^2 = \frac{1}{2}\left(-1 - j\sqrt{3}\right). \tag{5.9}$$

Die Zahlen q_1, q_2 und q_3 sind die Wurzeln der Gleichung $q^3 + 1 = 0$. Jedes Glied der rechten Seite von Gl. (5.3) hat die Gestalt der rechten Seite von Gl. (3.1). Wenn wir daher die Ergebnisse von § 3 benutzen, können wir $v(0, t)$ in der folgenden Form schreiben

$$v(0,\, t) = E\left[1 - \frac{1}{3}\sum_{i=1}^{3} e^{q_i^2 \alpha t}\left\{1 + q_i \int_0^t e^{-q_i^2 \alpha \tau}\left(\frac{\alpha}{\pi \tau}\right)^{1/2} d\tau\right\}\right] H(t). \tag{5.10}$$

In die Integrale führen wir eine neue Integrationsvariable ein durch $u^2 = \alpha\tau$, womit wir erhalten

$$v(0,\, t) = E\left[1 - \frac{1}{3}\sum_{i=1}^{3} e^{q_i^2 \alpha t}\left\{1 + \frac{2q_i}{\pi^{1/2}} \int_0^{(\alpha t)^{1/2}} e^{q_i^2 u^2} d u\right\}\right] H(t). \tag{5.11}$$

Durch das Zusammenfassen konjugiert komplexer Glieder wird diese Formel

$$v(0,\, t) = E\left[1 - \frac{1}{3} e^{\alpha t} \operatorname{erfc}\left((\alpha t)^{1/2}\right) - \frac{2}{3}\left\{e^{-\alpha t/2}\cos\left(\frac{1}{2}\alpha t\sqrt{3}\right) + \right.\right.$$

$$\left.\left. + \frac{2}{\pi^{1/2}} \int_0^{(\alpha t)^{1/2}} e^{-(\alpha t - u^2)/2}\cos\left(\frac{1}{2}(\alpha t - u^2)\sqrt{3} + \frac{\pi}{3}\right) d u\right\}\right] H(t). \tag{5.12}$$

Neben den Gliedern mit exponentiellem Verlauf treten hier auch gedämpfte Schwingungen auf. Diese Schwingungen werden verursacht durch die Anwesenheit von sowohl Kapazität als Induktivität; sie treten in den in § 3 und § 4 betrachteten Problemen wegen des Fehlens von Induktivität nicht auf.

Zunächst bestimmen wir die asymptotische Entwicklung von $v(0, t)$ für $t \to \infty$ durch Anwendung der in Kap. VIII entwickelten Theorie. Aus Gl. (5.1) ersehen wir, daß $V(0; p)$ einen algebraischen Verzweigungspunkt an der Stelle $p = 0$ hat. Wir denken uns die p-Ebene längs der negativ-reellen Achse aufgeschnitten. Dies bedeutet, daß der Realteil von $p^{1/2}$ niemals negativ werden kann. Da weiterhin $\alpha > 0$ ist, kommen nur die Punkte $p = \alpha q_2^2$ und $p = \alpha q_3^2$ als Pole in Betracht; der Punkt $p = \alpha q_1^2 = \alpha$ ist kein Pol, da $q_1 = -1 < 0$ ist. Nach der in Kap. VIII, § 6 gegebenen Vorschrift wird die asymptotische Entwicklung von $v(0, t)$ erhalten als die Summe $v_{\mathrm{I}}(0, t)$ der Residuen in den obengenannten

Polen und des Beitrags $v_{\mathrm{II}}(0, t)$ des Verzweigungspunktes. Nach elementarer Rechnung ergibt sich aus Gl. (5.3)

$$v_{\mathrm{I}}(0, t) = -\frac{4}{3} E\, e^{-\alpha t/2} \cos\left(\frac{1}{2}\alpha t \sqrt{3}\right). \tag{5.13}$$

Der Beitrag des Verzweigungspunktes wird gewonnen aus der Entwicklung von $V(0; p)$ um $p = 0$:

$$V(0; p) = \frac{E}{p} \sum_{k=0}^{\infty} (-1)^k \left(\frac{p}{\alpha}\right)^{3k/2}, \tag{5.14}$$

welche Reihe für $|p/\alpha| < 1$ konvergiert. Durch formelle, gliedweise Transformation zum t-Bereich ergibt sich dann [vgl. Kap. VIII, Gl. (4.25)]

$$v_{\mathrm{II}}(0, t) = E \sum_{k=0}^{K} (-1)^k \frac{(\alpha t)^{-3k/2}}{\Gamma\left(-\frac{3}{2}k + 1\right)} + O(t^{-3(K+1)/2}) \qquad (t \to \infty). \tag{5.15}$$

Nach einiger Rechnung erhalten wir hieraus

$$v_{\mathrm{II}}(0, t) = E\left[1 + \frac{1}{\pi^{1/2}} \sum_{n=0}^{N} (-1)^n \frac{(6n+2)!}{2^{6n+2}(3n+1)!}(\alpha t)^{-3n-3/2}\right] + O(t^{-3N-9/2})$$

$$(t \to \infty). \tag{5.16}$$

Die vollständige asymptotische Entwicklung wird daher

$$v(0, t) = E\left[1 - \frac{4}{3} e^{-\alpha t/2} \cos\left(\frac{1}{2}\alpha t \sqrt{3}\right) + \right.$$

$$\left. + \frac{1}{\pi^{1/2}} \sum_{n=0}^{N} (-1)^n \frac{(6n+2)!}{2^{6n+2}(3n+1)!}(\alpha t)^{-3n-3/2}\right] + O(t^{-3N-9/2})$$

$$(t \to \infty). \tag{5.17}$$

Es ist leicht nachzuprüfen, daß für $N \to \infty$ die entsprechende Reihe auf der rechten Seite von Gl. (5.17) für jeden Wert der Variablen t divergent ist.

§ 6. Kurzgeschlossenes RC-Kabel

Ein RC-Kabel der Länge l wird an der Stelle $x = 0$ auf die Spannung $e(t) = E\,H(t)$ gebracht und ist an der Stelle $x = l$ kurzgeschlossen (Abb. 124). Wir fragen nach der Spannung $v(x, t)$ und dem Strome $i(x, t)$ für $t > 0$ und für irgendeinen Punkt des Kabels. Aus Gl. (1.7) und Gl. (1.8) ergibt sich, mit $E(p) = E/p$, $Z_1 = 0$ und $Z_2 = 0$, also $r_1 = -1$ und $r_2 = -1$:

$$V(x; p) = \frac{E}{p} \frac{e^{-\gamma x} - e^{-\gamma(2l-)x}}{1 - e^{-2\gamma l}} =$$

$$= \frac{E}{p} \frac{\sinh(\gamma(l-x))}{\sinh(\gamma l)} \tag{6.1}$$

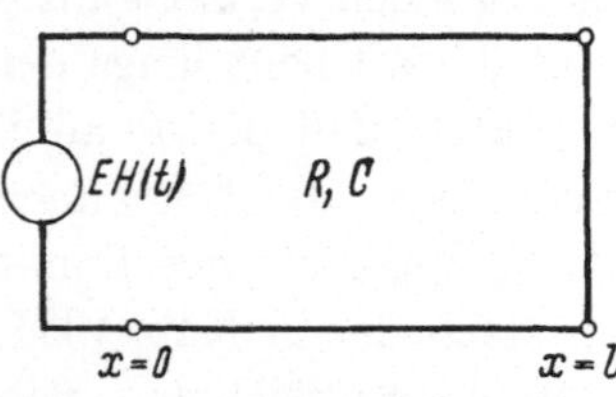

Abb. 124. Induktionsfreies Kabel
endlicher Länge

und

$$I(x; p) = \frac{E}{p} \left(\frac{p\,C}{R}\right)^{1/2} \frac{e^{-\gamma x} + e^{-\gamma(2l-x)}}{1 - e^{-2\gamma l}} = \frac{E}{p} \left(\frac{p\,C}{R}\right)^{1/2} \frac{\cosh(\gamma(l-x))}{\sinh(\gamma l)},$$

(6.2)

wo

$$\gamma = (p\,R\,C)^{1/2} = \alpha\,p^{1/2}.$$

(6.3)

Die Transformation zum t-Bereich vollziehen wir mit Hilfe des HEAVISIDE-schen Entwicklungssatzes. Zuerst betrachten wir die Spannung und bemerken, daß die Stelle $p = 0$ kein Verzweigungspunkt von $V(x; p)$ ist. Entwickeln wir nämlich die Hyperbelfunktionen in ihre überall konvergente Potenzreihe, so ist einleuchtend, daß in der entsprechenden Potenzreihe für $V(x; p)$ nur ganzzahlige Potenzen von p auftreten. Dies bedeutet aber, daß $V(x; p)$ keine Verzweigungspunkte hat. Wir haben nämlich aus Gl. (6.1)

$$V(x; p) = \frac{E}{p} \frac{\alpha\,p^{1/2}(l-x) + \frac{1}{3!}\alpha^3\,p^{3/2}(l-x)^3 + \cdots}{\alpha\,p^{1/2}l + \frac{1}{3!}\alpha^3\,p^{3/2}l^3 + \cdots} =$$

$$= \frac{E}{p} \frac{(l-x)\left[1 + \frac{1}{3!}\alpha^2\,p\,(l-x)^2 + \cdots\right]}{l\left[1 + \frac{1}{3!}\alpha^2\,p\,l^2 + \cdots\right]}.$$

(6.4)

Um die Pole von $V(x; p)$ zu bestimmen, suchen wir die Wurzeln der Gleichung

$$\sinh(\alpha\,p^{1/2}\,l) = 0.$$

(6.5)

Aus Gl. (6.4) sehen wir schon, daß $p = 0$ ein Pol erster Ordnung ist mit dem Residuum $E(l-x)/l$; diese Wurzel der Gl. (6.5) brauchen wir daher nicht in Betracht zu ziehen. Die von $p = 0$ verschiedenen Wurzeln von Gl. (6.5) sind gegeben durch

$$p = p_n = -\left(\frac{n\,\pi}{\alpha\,l}\right)^2 \qquad (n = 1,\, 2,\, \ldots).$$

(6.6)

Das Residuum von $V(x; p)$ in diesen Polen ist

$$\lim_{p \to p_n} (p - p_n)\,V(x; p) = (-1)^n \frac{2E}{n\,\pi} \sin\left(\frac{n\,\pi(l-x)}{l}\right) = -\frac{2E}{n\,\pi} \sin\left(\frac{n\,\pi\,x}{l}\right).$$

(6.7)

Die Spannung $v(x, t)$ ist deshalb

$$v(x, t) = E\left[\left(1 - \frac{x}{l}\right) - \frac{2}{\pi} \sum_{n=1}^{\infty} \frac{1}{n} \sin\left(\frac{n\,\pi\,x}{l}\right) e^{-\left(\frac{n\,\pi}{\alpha\,l}\right)^2 t}\right] \qquad (0 \leqq x \leqq l).$$

(6.8)

Für $t \to \infty$ folgt aus diesem Ergebnis

$$\lim_{t \to \infty} v(x, t) = E\left(1 - \frac{x}{l}\right), \tag{6.9}$$

was aus physikalischen Gründen zu erwarten war, da für $t \to \infty$ der Vorgang stationär wird.

Zunächst betrachten wir den Strom und bemerken, daß auch hier die Stelle $p = 0$ kein Verzweigungspunkt von $I(x; p)$ ist. Die Potenzreihe für $I(x; p)$ um $p = 0$ ist nämlich

$$I(x; p) = \frac{E}{R} \frac{\alpha}{p^{1/2}} \frac{1 + \frac{1}{2!} \alpha^2 (l - x)^2 p + \cdots}{\alpha l \, p^{1/2} + \frac{1}{3!} \alpha^3 l^3 \, p^{3/2} + \cdots} =$$

$$= \frac{E}{R l} \frac{1}{p} \frac{1 + \frac{1}{2!} \alpha^2 (l - x)^2 p + \cdots}{1 + \frac{1}{3!} \alpha^2 l^2 \, p + \cdots}; \tag{6.10}$$

sie enthält daher nur ganzzahlige Potenzen von p. Weiterhin sehen wir, daß die Stelle $p = 0$ ein Pol erster Ordnung ist mit dem Residuum E/Rl. Um die übrigen Pole von $I(x; p)$ zu bestimmen, suchen wir die von $p = 0$ verschiedenen Wurzeln der Gleichung

$$\sinh(\alpha \, p^{1/2} l) = 0. \tag{6.11}$$

Diese Wurzeln sind gegeben durch Gl. (6.6). Das Residuum von $I(x; p)$ in den durch Gl. (6.6) gegebenen Polen ist

$$\lim_{p \to p_n} (p - p_n) I(x; p) = \frac{2E}{Rl} \cos\left(\frac{n \pi x}{l}\right). \tag{6.12}$$

Der Strom $i(x, t)$ ist deshalb

$$i(x, t) = \frac{E}{Rl}\left[1 + 2 \sum_{n=1}^{\infty} \cos\left(\frac{n \pi x}{l}\right) e^{-\left(\frac{n\pi}{\alpha l}\right)^2 t}\right] \qquad (0 \leqq x \leqq l). \tag{6.13}$$

Für $t \to \infty$ folgt hieraus

$$\lim_{t \to \infty} i(x, t) = \frac{E}{Rl}, \tag{6.14}$$

ein Ergebnis, das aus physikalischen Gründen zu erwarten war.

Kapitel XI

Eine Auswahl besonderer Probleme

§ 1. Ausgleichsvorgänge in einer Leitung, die als Ersatzbild einer Wicklung dient

In Kap. IX, § 11 haben wir die Ausgleichsvorgänge studiert, die auftreten in einem Kettenleiter, welcher als Ersatzbild einer endlichen Wicklung dient. Es wird auch von Interesse sein, die Ausgleichsvorgänge in einer solchen Wicklung zu untersuchen im Grenzfall, daß der Kettenleiter übergeht in eine homogene Leitung. Die Rekursionsformeln für Strom und Spannung für den diskreten Fall gehen dabei über in Differentialgleichungen für Strom und Spannung. Diese Differentialgleichungen erhalten wir durch Betrachtung eines Stücks der Leitung zwischen den Stellen x und $x + \Delta x$, wo x längs

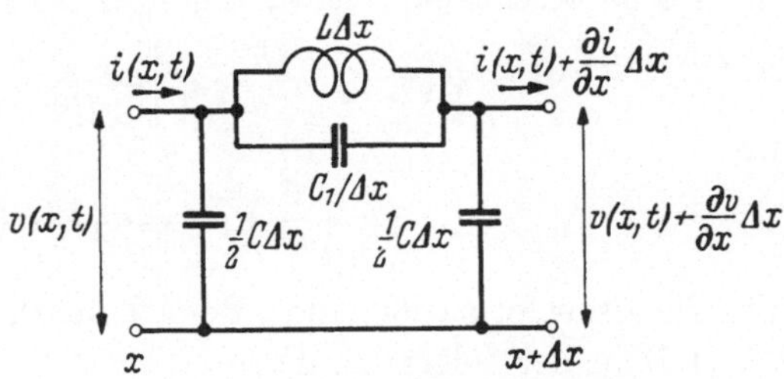

Abb. 125. Ersatzleitungsstück einer Wicklung

der Leitung gemessen wird. Ein solches Leitungsstück stellen wir durch das Schaltbild nach Abb. 125 dar. Mit den in diesem Schaltbild gegebenen Bezeichnungen gilt

$$\frac{\partial}{\partial t}\left(i - \frac{1}{2}C\,\Delta x\,\frac{\partial v}{\partial t}\right) = -\frac{1}{L\,\Delta x}\,\frac{\partial v}{\partial x}\,\Delta x - \frac{C_1}{\Delta x}\,\frac{\partial^3 v}{\partial t^2\,\partial x}\,\Delta x \quad (1.1)$$

und

$$-\frac{\partial i}{\partial x}\,\Delta x = \frac{1}{2}C\,\Delta x\,\frac{\partial v}{\partial t} + \frac{1}{2}C\,\Delta x\,\frac{\partial}{\partial t}\left(v + \frac{\partial v}{\partial x}\,\Delta x\right). \quad (1.2)$$

Gl. (1.1) entsteht aus der Berechnung der Ableitung nach der Zeit des Gesamtstromes durch die Parallelschaltung von $L\Delta x$ und $C_1/\Delta x$; Gl. (1.2) sagt aus, daß die Differenz der Ströme an den Stellen x und $x + \Delta x$ dem Ladungsstrom der beiden Kapazitäten $\frac{1}{2}C\Delta x$ gleich ist. Im Limes $\Delta x \to 0$ gehen die Gln. (1.1) und (1.2) über in die Differentialgleichungen

$$L\,\frac{\partial i}{\partial t} = -\frac{\partial v}{\partial x} + L\,C_1\,\frac{\partial^3 v}{\partial t^2\,\partial x} \quad (1.3)$$

und

$$C\,\frac{\partial v}{\partial t} = -\frac{\partial i}{\partial x}. \quad (1.4)$$

Eliminieren des Stromes aus diesen Gleichungen gibt die folgende Differentialgleichung vierter Ordnung für die Spannung (vgl. RÜDENBERG [1])

$$L\,C_1 \frac{\partial^4 v}{\partial x^2\,\partial t^2} + \frac{\partial^2 v}{\partial x^2} - L\,C\,\frac{\partial^2 v}{\partial t^2} = 0\,.\tag{1.5}$$

Aus Gl. (1.5) werden wir die Spannung $v(x, t)$ berechnen, die auftritt, wenn eine unendliche Leitung dieser Art an ihrem Anfang ($x = 0$) auf die Spannung $v(0, t) = E\,H(t)$ gebracht wird. Wir setzen voraus, daß für $t < 0$ keine Ströme oder Spannungen anwesend sind. Transformation zum p-Bereich gibt für $V(x; p)$ die folgende Differentialgleichung

$$(p^2\,L\,C_1 + 1)\,\frac{\partial^2 V}{\partial x^2} - p^2\,L\,C\,V = 0\,.\tag{1.6}$$

Die Lösung dieser Gleichung, die für $x = 0$ den Wert E/p annimmt und für $x \to \infty$ beschränkt bleibt, ergibt sich als

$$V(x; p) = \frac{E}{p}\exp\left[-\frac{p}{(p^2 + \omega_1^2)^{1/2}}\,\xi\right],\tag{1.7}$$

wo

$$\xi = \left(\frac{C}{C_1}\right)^{1/2} x = \omega_1\,x(L\,C)^{1/2}\,.\tag{1.8}$$

Um die Transformation zum t-Bereich auszuführen, schreiben wir zuerst Gl. (1.7) in der folgenden Form

$$V(x; p) = \frac{E}{\omega_1}\,\frac{\omega_1}{p}\,e^{-\xi}\exp\left[\frac{-\dfrac{p}{\omega_1} + \left(\dfrac{p^2}{\omega_1^2} + 1\right)^{1/2}}{\left(\dfrac{p^2}{\omega_1^2} + 1\right)^{1/2}}\,\xi\right].\tag{1.9}$$

Die Spannung $v(x, t)$ im t-Bereich werden wir versuchen in der Form einer Reihenentwicklung zu schreiben, wo die Zeit nur enthalten ist im Argumente gewisser BESSELscher Funktionen. Dazu wird es bequem sein, die von p abhängige Funktion

$$w = -\frac{p}{\omega_1} + \left(\frac{p^2}{\omega_1^2} + 1\right)^{1/2}\tag{1.10}$$

einzuführen. Dann ist nämlich

$$\left(\frac{p^2}{\omega_1^2} + 1\right)^{1/2} = \frac{1}{2}\left(\frac{1}{w} + w\right)\tag{1.11}$$

und

$$\frac{p}{\omega_1} = \frac{1}{2}\left(\frac{1}{w} - w\right).\tag{1.12}$$

Weiterhin ist [vgl. Kap. VII, Gl. (6.17)]

$$\frac{w^\nu}{\dfrac{1}{2}\left(\dfrac{1}{w} + w\right)} \leftrightarrow \omega_1\,J_\nu(\omega_1 t)\,H(t)\,.\tag{1.13}$$

Wir schreiben jetzt

$$\exp\left[\frac{w\,\xi}{\frac{1}{2}\left(\frac{1}{w}+w\right)}\right]=\sum_{n=0}^{\infty}\frac{1}{n!}\left(\frac{2\,w\,\xi}{\frac{1}{w}+w}\right)^{n}=$$

$$=1+\frac{2\,w\,\xi}{\frac{1}{w}+w}+\frac{1}{2}\sum_{n=2}^{\infty}\frac{(2\,\xi)^{n}}{n!}\frac{w^{2n-1}}{\frac{1}{2}\left(\frac{1}{w}+\omega\right)}\frac{1}{(w^{2}+1)^{n-1}}.$$

$$(1.14)$$

Jedoch ist

$$\frac{1}{(w^{2}+1)^{n-1}}=\sum_{\mu=0}^{\infty}(-1)^{\mu}\frac{(n+\mu-2)!}{\mu!\,(n-2)!}\,w^{2\mu}\qquad(n=2,3,\ldots)\quad(1.15)$$

und

$$\frac{1}{\frac{1}{2}\left(\frac{1}{w}+w\right)}=2\sum_{\nu=0}^{\infty}w^{2\nu+1}.$$

$$(1.16)$$

Einsetzen der Entwicklungen (1.14), (1.15) und (1.16) in Gl. (1.9) gibt

$$V(x;\,p)=\frac{E}{\omega_{1}}\,\mathrm{e}^{-\xi}\left[\frac{\omega_{1}}{p}+\xi\left\{\frac{\omega_{1}}{p}-\frac{1}{\frac{1}{2}\left(\frac{1}{w}+w\right)}\right\}+\right.$$

$$\left.+\sum_{\lambda=0}^{\infty}\sum_{\mu=0}^{\infty}\sum_{\nu=0}^{\infty}(-1)^{\mu}\frac{w^{2(\lambda+\mu+\nu+2)}}{\frac{1}{2}\left(\frac{1}{w}+w\right)}\frac{(\lambda+\mu)!}{\lambda!\,\mu!}\frac{(2\,\xi)^{\lambda+2}}{(2+\lambda)!}\right].$$

$$(1.17)$$

Mit Hilfe der Korrespondenz (1.13) erhalten wir also

$$v(x,\,t)=E\,\mathrm{e}^{-\xi}\left[1+\xi\{1-J_{0}(\omega_{1}t)\}+\right.$$

$$\left.+\sum_{\lambda=0}^{\infty}\sum_{\mu=0}^{\infty}\sum_{\nu=0}^{\infty}(-1)^{\mu}J_{2\lambda+2\mu+2\nu+4}(\omega_{1}t)\frac{(\lambda+\mu)!}{\lambda!\,\mu!}\frac{(2\,\xi)^{\lambda+2}}{(2+\lambda)!}\right]H(t).\qquad(1.18)$$

Wir führen die neuen Summationsvariablen k, l und m ein durch

$$\lambda+\mu+\nu=k,\qquad(1.19)$$
$$\lambda+\mu=l,\qquad(1.20)$$
$$\lambda=m,\qquad(1.21)$$

wodurch Gl. (1.18) zu schreiben ist als

$$v(x,\,t)=E\,\mathrm{e}^{-\xi}\left[1+\xi\{1-J_{0}(\omega_{1}t)\}+\right.$$

$$\left.+\sum_{k=0}^{\infty}J_{2k+4}(\omega_{1}t)\sum_{l=0}^{\infty}\sum_{m=0}^{\infty}(-1)^{l-m}\frac{l!}{(l-m)!\,m!}\frac{(2\,\xi)^{m+2}}{(2+m)!}\right]H(t)$$

$$(1.22)$$

oder

$$v(x,\,t) = E\,\mathrm{e}^{-\xi}\left[1 + \xi\{1 - J_0(\omega_1 t)\} + \sum_{k=0}^{\infty} \Lambda_k(\xi)\,J_{2k+4}(\omega_1 t)\right]H(t)\,, \quad (1.23)$$

wo die Polynome $\Lambda_k(\xi)$ definiert sind durch

$$\Lambda_k(\xi) = \sum_{l=0}^{k}\ \sum_{m=0}^{l}(-1)^{l-m}\,\frac{l!}{(l-m)!\,m!}\,\frac{(2\,\xi)^{m+2}}{(2+m)!} \quad (1.24)$$

oder

$$\Lambda_k(\xi) = \sum_{m=0}^{k}\frac{(2\,\xi)^{m+2}}{(m+2)!}\sum_{l=m}^{k}(-1)^{l-m}\,\frac{l!}{m!\,(l-m)!}\,. \quad (1.25)$$

Die explizite Form der Polynome $\Lambda_k(\xi)$ läßt sich in einfacher Weise aus Gl. (1.25) bestimmen. Es ergibt sich, daß

$$\Lambda_0(\xi) = \frac{(2\,\xi)^2}{2!}\,,$$

$$\Lambda_1(\xi) = \frac{(2\,\xi)^3}{3!}\,,$$

$$\Lambda_2(\xi) = \frac{(2\,\xi)^2}{2!} - \frac{(2\,\xi)^3}{3!} + \frac{(2\,\xi)^4}{4!}\,,$$

$$\Lambda_3(\xi) = 2\frac{(2\,\xi)^3}{3!} - 2\frac{(2\,\xi)^4}{4!} + \frac{(2\,\xi)^5}{5!}\,,$$

$$\Lambda_4(\xi) = \frac{(2\,\xi)^2}{2!} - 2\frac{(2\,\xi)^3}{3!} + 4\frac{(2\,\xi)^4}{4!} - 3\frac{(2\,\xi)^5}{5!} + \frac{(2\,\xi)^6}{6!}\,,$$

$$\Lambda_5(\xi) = 3\frac{(2\,\xi)^3}{3!} - 6\frac{(2\,\xi)^4}{4!} + 7\frac{(2\,\xi)^5}{5!} - 4\frac{(2\,\xi)^6}{6!} + \frac{(2\,\xi)^7}{7!}\,.$$

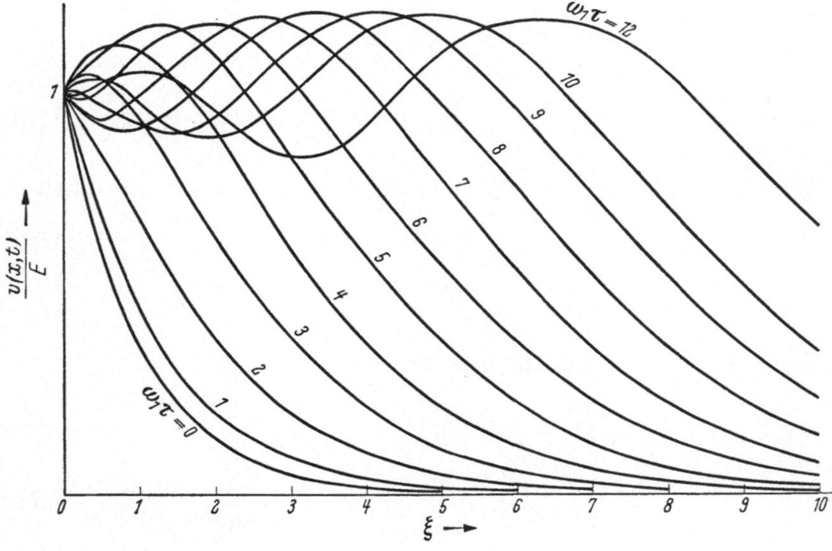

Abb. 126. Spannungsverlauf auf einer Wicklung mit gleichmäßig verteilter Längs- und Querkapazität

Mit Hilfe dieser Polynome haben wir $v(x, t)$ aus Gl. (1.23) bestimmt für die Werte $\xi = 0(1)10$ und $\omega_1 t = 0(1)10(2)12$. Die entsprechenden Kurven findet man in Abb. 126.

§ 2. Ein wirtschaftliches Produktionsproblem

Wir stellen die Frage, wie die Produktion gewisser Erzeugnisse als Funktion der Zeit verlaufen muß, damit, bei bekanntem Ausfall durch Abnutzung, die Gesamtzahl von Gegenständen einem konstanten Wert gleich bleibt. Im Zeitpunkt $t = 0$ gebe es N noch unbenutzte Gegenstände; die Produktion wird nun so eingerichtet, daß diese Anzahl der Gegenstände beibehalten bleibt. Bei diesem Prozesse arbeiten wir mit einer gegebenen Ausfallfunktion $f(t)$, definiert für $0 \leq t < \infty$, wobei $N f(t)$ angibt, wieviel Stück der Menge von N Gegenständen pro Zeiteinheit durch Abnutzung ausfällt, falls für $t > 0$ *nicht* produziert würde. Da für $t \to \infty$ alle Gegenstände verbraucht sind, ist

$$\int\limits_0^\infty f(t)\,dt = 1 \,. \tag{2.1}$$

Die Produktionsfunktion $s(t)$, definiert für $0 \leq t < \infty$, gibt an, wieviel Stück zur Zeit t pro Zeiteinheit produziert werden müssen, damit die Anzahl N erhalten bleibt. Die Anzahl der im Zeitintervall $(\tau, \tau + \varDelta \tau)$ produzierten Gegenstände ist dann $s(\tau)\varDelta\tau$; diese geben zum späteren Zeitpunkt t Anlaß zu einem Ausfall $s(\tau)\,f(t - \tau)\varDelta\tau$. Auch dieser Ausfall soll dazuproduziert werden. Diese Überlegungen führen zu der folgenden Integralgleichung

$$s(t) = N f(t) + \int\limits_0^t s(\tau)\,f(t - \tau)\,d\tau \,. \tag{2.2}$$

Die Integralgleichung (2.2) ist vom VOLTERRAschen Typus (COURANT-HILBERT [1]). Diese Integralgleichung werden wir lösen mit Hilfe der Operatorenrechnung. Sei $s(t) \leftrightarrow S(p)$ und $f(t) \leftrightarrow F(p)$, so gibt Anwendung des Faltungssatzes die folgende Gleichung im p-Bereich

$$S(p) = N F(p) + S(p)F(p) \,, \tag{2.3}$$

woraus wir erhalten

$$S(p) = \frac{N F(p)}{1 - F(p)} \,. \tag{2.4}$$

Für die Ausfallfunktion $f(t)$ wählen wir die Gestalt

$$f(t) = \frac{\alpha}{\Gamma(\beta + 1)}\,(\alpha t)^\beta\,\mathrm{e}^{-\alpha t}\,H(t) \,, \tag{2.5}$$

vgl. Abb. 127. Der Maximalwert von $f(t)$ tritt auf an der Stelle $\alpha t = \beta$ und ist vom Betrage $\alpha\beta^\beta\mathrm{e}^{-\beta}/\Gamma(\beta + 1)$. Es ist leicht nachzuprüfen, daß diese Funktion der Bedingung (2.1) genügt. Dann ist

$$F(p) = \left(\frac{\alpha}{p + \alpha}\right)^{\beta + 1}.\qquad(2.6)$$

Die Funktion $s(t)$ läßt sich nun aus Gl. (2.4) bestimmen durch Einsetzen des Wertes von $F(p)$ aus Gl. (2.6) und Anwendung des HEAVISIDEschen

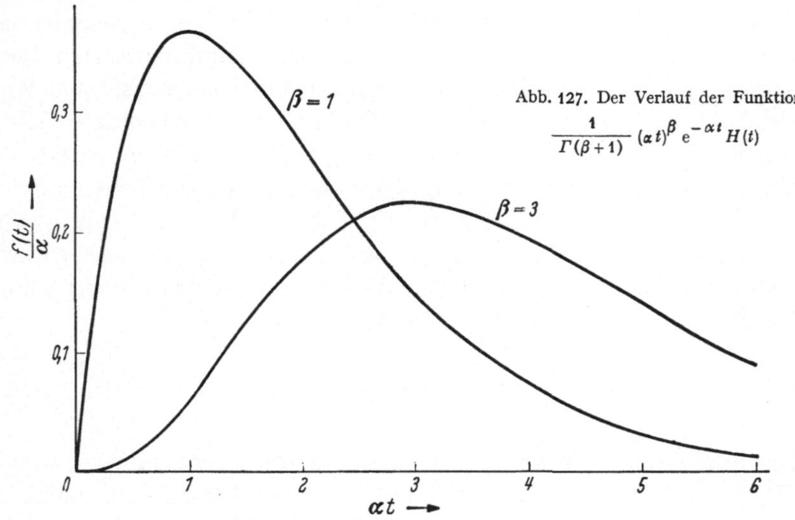

Abb. 127. Der Verlauf der Funktion

$$\frac{1}{\Gamma(\beta + 1)}\,(\alpha t)^{\beta}\,e^{-\alpha t}\,H(t)$$

Entwicklungssatzes. Auf dieses Verfahren verzichten wir jedoch und wenden uns einer anderen Methode zu, welche den Vorteil hat, die Ergebnisse in übersichtlicher Form zu geben. Für $S(p)$ schreiben wir die folgende Entwicklung

$$S(p) = N \sum_{n=1}^{\infty} [F(p)]^{n}.\qquad(2.7)$$

Da aber

$$[F(p)]^{n} = \left(\frac{\alpha}{p + \alpha}\right)^{n\beta + n} \leftrightarrow \frac{\alpha}{\Gamma(n\beta + n)}\,(\alpha t)^{n\beta + n - 1}\,e^{-\alpha t}\,H(t),\qquad(2.8)$$

finden wir unmittelbar

$$s(t) = N\,\alpha\,e^{-\alpha t} \sum_{n=1}^{\infty} \frac{(\alpha t)^{n\beta + n - 1}}{\Gamma(n\beta + n)}\,H(t).\qquad(2.9)$$

Die rechte Seite von Gl. (2.9) ist eine unendliche Summe von Funktionen, die alle die Gestalt von $f(t)$ haben, jedoch mit verschiedenen Werten des Exponenten von αt. Für große Werte dieses Exponenten kann man für die Gammafunktion annähernd die STIRLINGsche Formel benutzen (COURANT-HILBERT [2])

$$\ln \Gamma(z + 1) = \left(z + \frac{1}{2}\right) \ln z - z + \frac{1}{2} \ln(2\pi) + o(1),\qquad(2.10)$$

womit wir für den Maximalwert von $f(t)$ aus Gl. (2.5) erhalten

$$\frac{\alpha\,\beta^{\beta}\,e^{-\beta}}{\Gamma(\beta + 1)} \sim \frac{\alpha}{(2\pi\beta)^{1/2}}.\qquad(2.11)$$

Der hier genannte Maximalwert geht also mit $\beta^{-1/2}$ nach null, wenn $\beta \to \infty$. Die Funktion $s(t)$, welche durch die rechte Seite von Gl. (2.9) gegeben wird, ist also keine monotone Funktion, sondern zeigt Schwankungen, deren Maximalbeträge auftreten an den Stellen $\alpha t = n\beta + n - 1$ und deren Amplituden wie $n^{-1/2}$ nach null gehen für $n \to \infty$.

§ 3. Biegungsschwingungen von elastischen Stäben

Die exakte Berechnung von kleinen Schwingungen, die in einem homogenen, elastischen, zylindrischen Stab auftreten, dessen Querschnitt eine willkürliche Form hat, führt zu großen Schwierigkeiten. Betrachtet man die Schwingungen des elastischen Mediums, die auftreten, falls die Oberfläche des Stabes spannungsfrei ist, so besteht das mathematische Problem aus der Lösung der elastodynamischen Differentialgleichungen unter Berücksichtigung der obengenannten Randbedingungen (Oberfläche spannungsfrei). Für Stäbe macht man einen Unterschied zwischen Longitudinalschwingungen, Torsionsschwingungen und Biegungsschwingungen. Nur für sehr einfache geometrische Formen des Querschnittes, wie den Kreis, sind die Lösungen bekannt (vgl. LOVE [1]). In diesem Paragraphen beschränken wir uns auf Biegungsschwingungen.

Üblicherweise setzen wir voraus, daß bei der Biegung eines langen, dünnen Stabes Querschnitte, die im nicht deformierten Zustand flach waren, auch bei der Deformation flach bleiben. Überdies beschränken wir uns auf kleine Auslenkungen aus der Gleichgewichtslage. Für die Auslenkung $y = y(x, t)$, welche positiv gerechnet wird nach unten (siehe Abb. 128), gilt die Differentialgleichung

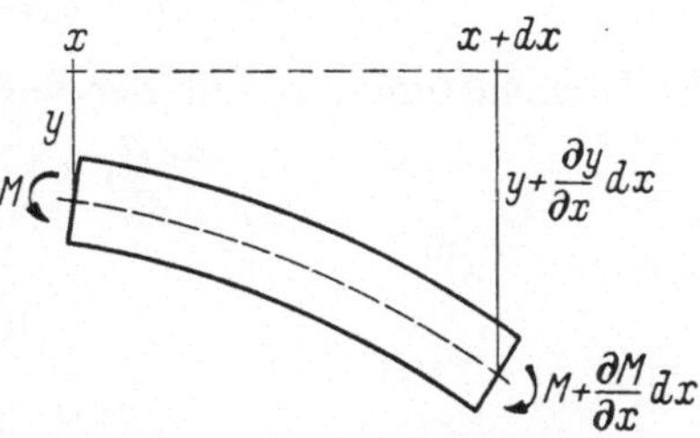

Abb. 128. Die Biegung eines elastischen Stabes

$$E I \frac{\partial^2 y}{\partial x^2} = M, \tag{3.1}$$

wo E der Elastizitätsmodul, I das Trägheitsmoment und M das Drehmoment, x die Koordinate längs des Stabes und t die Zeit ist. Vernachlässigen wir die Drehung einer Scheibe mit der Dicke dx, so gilt die folgende Beziehung zwischen der Schubkraft D und dem Drehmoment M

$$D = -\frac{\partial M}{\partial x}. \tag{3.2}$$

Sei weiterhin ϱ die spezifische Masse des Materials und A die Fläche des Querschnittes, so hat die Scheibe von der Dicke dx eine Masse $\varrho A \, dx$. Für die Schwerpunktsverlagerung in der positiven y-Richtung führt die

NEWTONsche Bewegungsgleichung zu

$$A\,\frac{\partial^2 y}{\partial t^2} = \frac{\partial D}{\partial x} + f(x,\,t)\,,\tag{3.3}$$

wo $f(x,\,t)$ die äußere Belastung pro Längeneinheit des Stabes ist. Unter Benutzung von Gl. (3.2) und Gl. (3.1) erhalten wir für die Auslenkung $y(x,\,t)$ die folgende Differentialgleichung

$$E\,I\,\frac{\partial^4 y}{\partial x^4} + A\,\frac{\partial^2 y}{\partial t^2} = f(x,\,t)\,.\tag{3.4}$$

Mit Hilfe dieser Differentialgleichung bestimmen wir jetzt $y = y(x,\,t)$ eines Stabes der Länge l, welche an dem Ende $x = l$ eingespannt ist und an dem freien Ende $x = 0$ eine äußere Kraft $f(x,\,t) = F\delta(x)\,H(t)$ erfährt. Die Differentialgleichung (3.4) geht dann über in

$$E\,I\,\frac{\partial^4 y}{\partial x^4} + A\,\frac{\partial^2 y}{\partial t^2} = F\,\delta(x)\,H(t)\,.\tag{3.5}$$

Weiterhin setzen wir voraus, daß für $t < 0$ der Stab in Ruhe ist, d. h., daß y und $\partial y/\partial t$ für $t < 0$ identisch verschwinden. An den beiden Enden des Stabes müssen wir noch die Randbedingungen befriedigen. Da für $x = 0$ das Drehmoment M verschwindet, ist zuerst

$$\left[\frac{\partial^2 y\,(x,\,t)}{\partial x^2}\right]_{x=0} = 0\,.\tag{3.6}$$

In Übereinstimmung mit der vorgeschriebenen Kraft ist weiterhin

$$\left[\frac{\partial^3 y\,(x,\,t)}{\partial x^3}\right]_{x=0} = \frac{F}{E\,I}\,H(t)\,.\tag{3.7}$$

Für $x = l$ gilt

$$y(l,\,t) = 0\tag{3.8}$$

und

$$\left[\frac{\partial y\,(x,\,t)}{\partial x}\right]_{x=l} = 0\,.\tag{3.9}$$

Die Funktion $y = y(x,\,t)$ bestimmen wir mit Hilfe der Laplace-Transformation; dazu führen wir die transformierte Funktion

$$Y(x;\,p) = \int_0^\infty e^{-pt} y(x,\,t)\,dt\tag{3.10}$$

ein. Aus Gl. (3.5) sehen wir, daß $Y(x;\,p)$ der folgenden Differentialgleichung genügt

$$\frac{d^4 Y}{d x^4} - m^4\,Y = \frac{F}{E\,I}\,\frac{1}{p}\,\delta(x)\,,\tag{3.11}$$

wo

$$m = m(p) = \left(\frac{\varrho\,A}{E\,I}\right)^{1/4} (j\,p)^{1/2}\,,\tag{3.12}$$

mit

$$j^{1/2} = \frac{1}{\sqrt{2}}\,(1+j)\,.\tag{3.13}$$

Für die Randbedingungen im p-Bereich ergibt sich aus den Gln. (3.6) bis (3.9)

$$\left[\frac{d^2 Y(x; p)}{dx^2}\right]_{x=0} = 0, \tag{3.14}$$

$$\left[\frac{d^3 Y(x; p)}{dx^3}\right]_{x=0} = \frac{F}{p E I}, \tag{3.15}$$

$$Y(l; p) = 0, \tag{3.16}$$

$$\left[\frac{d Y(x; p)}{dx}\right]_{x=l} = 0. \tag{3.17}$$

Die Lösung der homogenen Differentialgleichung

$$\frac{d^4 Y}{dx^4} - m^4 Y = 0, \tag{3.18}$$

welche den vorgeschriebenen Werten von $[Y]_{x=0}$, $[dY/dx]_{x=0}$, $[d^2 Y/dx^2]_{x=0}$ und $[d^3 Y/dx^3]_{x=0}$ entspricht, ist gegeben durch

$$\begin{aligned}
Y(x; p) = \frac{1}{2} [Y]_{x=0} (\cosh m x + \cos m x) + \\
+ \frac{1}{2m} \left[\frac{dY}{dx}\right]_{x=0} (\sinh m x + \sin m x) + \\
+ \frac{1}{2m^2} \left[\frac{d^2 Y}{dx^2}\right]_{x=0} (\cosh m x - \cos m x) + \\
+ \frac{1}{2m^3} \left[\frac{d^3 Y}{dx^3}\right]_{x=0} (\sinh m x - \sin m x) .
\end{aligned} \tag{3.19}$$

Setzen wir

$$\frac{1}{2m^3} (\sinh m x - \sin m x) = \varphi(x; p) \tag{3.20}$$

so ist $Y(x; p)$ in der folgenden Form zu schreiben

$$Y(x; p) = [Y]_{x=0} \frac{d^3 \varphi}{dx^3} + \left[\frac{dY}{dx}\right]_{x=0} \frac{d^2 \varphi}{dx^2} + \left[\frac{d^2 Y}{dx^2}\right]_{x=0} \frac{d\varphi}{dx} + \left[\frac{d^3 Y}{dx^3}\right]_{x=0} \varphi . \tag{3.21}$$

Auf Grund der Bedingungen (3.14) und (3.15) vereinfacht dieser Ausdruck sich zu

$$Y(x; p) = [Y]_{x=0} \frac{d^3 \varphi}{dx^3} + \left[\frac{dY}{dx}\right]_{x=0} \frac{d^2 \varphi}{dx^2} + \frac{F}{p E I} \varphi . \tag{3.22}$$

Die noch unbekannten Größen $[Y]_{x=0}$ und $[dY/dx]_{x=0}$ lassen sich bestimmen aus den Bedingungen (3.16) und (3.17). Wir erhalten nämlich

$$0 = [Y]_{x=0} \left[\frac{d^3 \varphi}{dx^3}\right]_{x=l} + \left[\frac{dY}{dx}\right]_{x=0} \left[\frac{d^2 \varphi}{dx^2}\right]_{x=l} + \frac{F}{p E I} [\varphi]_{x=l} \tag{3.23}$$

und

$$0 = [Y]_{x=0} \left[\frac{d^4 \varphi}{dx^4}\right]_{x=l} + \left[\frac{dY}{dx}\right]_{x=0} \left[\frac{d^3 \varphi}{dx^3}\right]_{x=l} + \frac{F}{p E I} \left[\frac{d\varphi}{dx}\right]_{x=l}. \tag{3.24}$$

Diese Gleichungen führen zu

$$[Y]_{x=0} = \frac{F}{p\,E\,I}\,\frac{1}{m^3}\,\frac{\cosh m\,l\,\sin m\,l - \sinh m\,l\,\cos m\,l}{\cosh m\,l\,\cos m\,l + 1} \qquad (3.25)$$

und

$$\left[\frac{dY}{dx}\right]_{x=0} = -\frac{F}{p\,E\,I}\,\frac{1}{m^2}\,\frac{\sinh m\,l\,\sin m\,l}{\cosh m\,l\,\cos m\,l + 1}\,. \qquad (3.26)$$

Einsetzen dieser Ausdrücke in Gl. (3.22) liefert $Y(x;p)$. Wir beschränken uns auf die Bestimmung der Auslenkung an der Stelle $x=0$; diese folgt durch Transformation der Gl. (3.25). Hierfür benutzen wir den HEAVISI-DESchen Entwicklungssatz. Um zu untersuchen, wie $Y(0;p)$ von p abhängig ist, setzen wir

$$m\,l = \alpha\,(j\,p)^{1/2}, \qquad (3.27)$$

wo

$$\alpha = \left(\frac{\varrho\,A}{E\,I}\right)^{1/4} l\,. \qquad (3.28)$$

Hiermit wird

$$Y(0;p) = \frac{F\,l^3}{E\,I\,\alpha^3}\,\frac{1}{j^{3/2}\,p^{5/2}}\,.$$

$$\cdot\,\frac{\cosh\left(\alpha\,(j\,p)^{1/2}\right)\sin\left(\alpha\,(j\,p)^{1/2}\right) - \sinh\left(\alpha\,(j\,p)^{1/2}\right)\cos\left(\alpha\,(j\,p)^{1/2}\right)}{\cosh\left(\alpha\,(j\,p)^{1/2}\right)\cos\left(\alpha\,(j\,p)^{1/2}\right) + 1}\,.$$

$$(3.29)\,.$$

Durch Reihenentwicklung um $p=0$ der rechten Seite dieser Gleichung ergibt sich, daß $Y(0;p)$ eine eindeutige Funktion der Variablen p ist. Weiterhin findet man aus der genannten Reihenentwicklung, daß $p=0$ ein Pol erster Ordnung ist, mit dem Residuum $F\,l^3/3\,E\,I$. Die übrigen Nullstellen des Nenners sind gegeben durch

$$p_k = \pm j\,\omega_k \qquad (k=1,2,\ldots)\,, \qquad (3.30)$$

mit

$$\omega_k = \frac{z_k^2}{\alpha^2}\,, \qquad (3.31)$$

wo $z=z_k$ $(k=1,2,\ldots)$ die (reellen) Nullstellen der Gleichung

$$\cosh z\,\cos z + 1 = 0 \qquad (3.32)$$

sind. Die entsprechenden Pole im p-Bereich sind alle erster Ordnung. Zur Anwendung des HEAVISIDESchen Entwicklungssatzes beachten wir weiterhin, daß

$$\frac{d}{dp}\left[\cosh\left(\alpha\,(j\,p)^{1/2}\right)\cos\left(\alpha\,(j\,p)^{1/2}\right) + 1\right] =$$

$$= -\frac{\alpha}{2}\left(\frac{j}{p}\right)^{1/2}\left[\cosh\left(\alpha\,(j\,p)^{1/2}\right)\sin\left(\alpha\,(j\,p)^{1/2}\right) - \right. \qquad (3.33)$$

$$\left. - \sinh\left(\alpha\,(j\,p)^{1/2}\right)\cos\left(\alpha\,(j\,p)^{1/2}\right)\right].$$

Transformieren zum t-Bereich gibt dann

$$y(0,t) = \frac{F\,l^3}{3\,E\,I}\left[1 - 12\sum_{k=1}^{\infty}\frac{1}{z_k^4}\cos\left(\omega_k\,t\right)\right]H(t)\,. \qquad (3.34)$$

Hiermit ist die Auslenkung am Ende $x=0$ des Stabes berechnet.

Schrifttum

BLONDEL, A.

[1] Introduction aux applications du calcul symbolique de HEAVISIDE aux problèmes de l'électrotechnique. Rev. gén. Elect. 39 (1936) S. 83—99, 133—146, 179—191 und 219—229.
[2] L'évolution des méthodes de calcul des phénomènes transitoires. Rev. gén. Elect. 41 (1937) S. 227—240, 259—271, 298—311, 327—340, 579—598 und 650.

BOURGIN, D. G. und R. J. DUFFIN

[1] The HEAVISIDE operational calculus. Amer. J. Math. 59 (1937) S. 489—505.

BROMWICH, T. J. I'ANSON

[1] Normal co-ordinates in dynamical systems. Proc. London Math. Soc., Ser. 2, 15 (1916) S. 401—448.

CARSLAW, H. S. und J. C. JAEGER

[1] Operational methods in applied mathematics, 2nd ed., Kap. XIII. Oxford University Press 1947.

CARSON, J. R.

[1] Theory of the transient oscillations of electrical networks and transmission systems. Trans. A.I.E.E. 38 (1919) S. 345—427; auch Proc. A.I.E.E. 1 (1919) S. 407—489.
[2] The HEAVISIDE operational calculus. Bell Syst. Tech. J. 1, nr. 2 (1922) S. 43—55.
[3] Electric circuit theory and the operational calculus. McGraw-Hill Book Cy 1926; auch Bell Syst. Tech. J. 4 (1925) S. 685—761 und Bell Syst. Tech. J. 5 (1926) S. 50—95, 336—384.
[4] The HEAVISIDE operational calculus. Bull. Amer. Math. Soc. 32 (1926) S. 43—68.
[5] Ziffer [3]; S. 62—84.

COURANT, R. und D. HILBERT

[1] Methoden der mathematischen Physik, 2. Aufl., Bd. I. Berlin: Springer 1931, S. 133.
[2] Ziffer [1]; Bd. I, S. 452—453.

DOETSCH, G.

[1] Handbuch der Laplace-Transformation, Bd. I. Basel: Birkhäuser 1950, S. 73.
[2] Ziffer [1]; S. 74.

ERDÉLYI, A.

[1] Asymptotic expansions. Dover Publications 1956.

Giorgi, G.

[1] Il metodo simbolico nello studio delle correnti variabili. Atti dell'Associazione Elettrotecnica Italiana 8 (1904) S. 65—141.
[2] Sul calcolo delle soluzioni funzionali, originate dai problemi di elettrodinamica. Atti dell'Associazione Elettrotecnica Italiana 9 (1905) S. 651—699.
[3] On the functional dependence of physical variables. Proceedings of the international mathematical congress, Toronto 1924, II (1928) S. 31—56.

Hadamard, J.

[1] Lectures on Cauchy's problem in linear partial differential equations, Buch III, Kap. I. Dover Publications 1952, S. 133 ff.

Heaviside, O.

[1] Electrical Papers, Bd. I u. II. MacMillan 1892.
[2] On operators in physical mathematics I. Proc. Roy. Soc. London A 52 (1893) S. 504—529.
[3] On operators in physical mathematics II. Proc. Roy. Soc. London A 54 (1893) S. 105—143.
[4] Electromagnetic Theory, Bd. I. „The Electrician" Printing and Publishing Cy. 1894.
[5] Electromagnetic Theory, Bd. II 1899, Bd. III 1912. „The Electrician" Printing and Publishing Cy.
[6] Electromagnetic Theory, I, II, III (einbändig, mit kritischer und geschichtlicher Einleitung). Dover Publications 1950.
[7] Ziffer [5]; Bd. III, S. 235 ff.

Higgins, T. J.

[1] History of the operational calculus as used in electric circuit analysis. Elect. Engng. 68 (1949) S. 42—45.

Jeffreys, H.

[1] Operational methods in mathematical physics. Cambridge University Press 1927.

Knopp, K.

[1] Theorie und Anwendung der unendlichen Reihen, 4. Aufl. Berlin/Göttingen/Heidelberg: Springer 1947, S. 369.
[2] Ziffer [1]; S. 511.
[3] Ziffer [1]; S. 483.
[4] Funktionentheorie, 7. Aufl., Teil I (Slg. Göschen Bd. 703). Berlin: W. de Gruyter 1949, S. 84 ff.
[5] Ziffer [4]; Teil II, S. 33.

Levy, P.

[1] Le calcul symbolique d'Heaviside. Bull. des Sciences mathém., Ser. 2, 50 (1926) S. 174—192.

Love, A. E. H.

[1] A treatise on the mathematical theory of elasticity, 4th ed. Cambridge University Press 1959, S. 287—292.

March, H. W.

[1] The Heaviside operational calculus. Bull. Amer. math. Soc. 33 (1927) S. 311—318.

Mikusiński, J.

[1] Operatorenrechnung. VEB Deutscher Verlag der Wissenschaften 1957.

Natanson, I. P.

[1] Theorie der Funktionen einer reellen Veränderlichen. Berlin: Akademie-Verlag 1954, S. 108.
[2] Ziffer [1]; S. 109.

Neeteson, P. A.

[1] Bi-stable multivibrator analysis. Electr. Appl. Bull. 14 (1953) S. 121 bis 137.
[2] Analysis of bistable multivibrator operation. Dissertation Delft 1956; auch Philips' Technical Library Vol. X, 1956.
[3] Flywheel synchronization of time-base generators. Electr. Appl. Bull. 12 (1951) S. 154—171 und 179—199.

Pol, Balth. van der

[1] A simple proof and an extension of Heaviside's operational calculus for invariable systems. Phil. Mag., Ser. 7, 7 (1929) S. 1153—1162.
[2] The symbolic calculus (with some applications to radiotelegraphy). Tijdschr. Ned. Radiogenoot. 7 (1935) S. 18—32.
[3] A theorem on electrical networks with an application to filters. Physica 1 (1934) S. 521—530.

Pol, Balth. van der und H. Bremmer

[1] Operational calculus based on the two-sided Laplace integral. Cambridge University Press 1950.

Pol, Balth. van der und K. F. Niessen

[1] Symbolic calculus. Phil. Mag., Ser. 7, 13 (1932) S. 537—577.

Pomey, J.-B.

[1] Formules relatives aux lignes télégraphiques et à la propagation du courant. Annales des Postes, Télégraphes et Téléphones 2 (1911) supplément au no. 1; ibidum 2 (1911) S. 315—316.

Rüdenberg, R.

[1] Electric oscillations and surges in subdivided windings. J. Appl. Phys. 11 (1940) S. 665—680.

Schouten, J. P.

[1] Over de grondslagen van de operatoren-rekening volgens Heaviside. Dissertation Delft 1933.
[2] Ziffer [1]; Kap. VI.
[3] Ziffer [1]; S. 52ff.
[4] A new theorem in operational calculus together with an application of it. Physica 2 (1935) S. 75—80.
[5] Ziffer [1]; Kap. V.
[6] Ziffer [1]; S. 113ff.

Sutton, W. G. L.

[1] The asymptotic expansion of a function whose operational equivalent is known. J. London Math. Soc. 9 (1934) S. 131—137.

TITCHMARSH, E. C.

[1] Introduction to the theory of FOURIER integrals, 2nd ed., Oxford University Press 1948, S. 26.

VOGT, H.

[1] Sur le calcul symbolique et ses applications à l'intégration des équations différentielles de l'électrotechnique. Rev. gén. Elect. 2 (1917) S. 483—492, 563—571.

[2] Applications du calcul symbolique à l'intégration des équations différentielles linéaires simultanées et à la résolution de certains problèmes de mécanique. Rev. gén. Elect. 5 (1919) S. 581—589 und 907—912.

WAGNER, K. W.

[1] Über eine Formel von HEAVISIDE zur Berechnung von Einschaltvorgängen (mit Anwendungsbeispielen). Archiv f. Elektrotechnik 4 (1916) S. 159—193; insbesondere S. 161—162.

WATSON, G. N.

[1] The harmonic functions associated with the parabolic cylinder. Proc. London Math. Soc., Ser. 2, 17 (1918) S. 133.

[2] A treatise on the theory of BESSEL functions, 2nd ed., Cambridge University Press 1952, S. 236.

[3] Ziffer [2]; S. 77.

WIDDER, D. V.

[1] The Laplace transform. Princeton University Press 1946, Kap. V.

WHITTAKER, E. T. und G. N. WATSON

[1] A course of modern analysis, 4th ed., Cambridge University Press 1952, S. 170.

[2] Ziffer [1]; S. 169.

[3] Ziffer [1]; S. 155.

Verzeichnis der wichtigsten Transformationsregeln und Korrespondenzen

Transformationsregeln

t-Bereich	p-Bereich
$f(t) = \dfrac{1}{2\pi j} \displaystyle\int_{c-j\infty}^{c+j\infty} e^{pt}\, F(p)\, dp$	$F(p) = \displaystyle\int_{0}^{\infty} e^{-pt} f(t)\, dt$
$[a\,f(t) + b\,g(t)]\, H(t)$	$a\,F(p) + b\,G(p)$
$f(a\,t)\, H(t)$	$\dfrac{1}{a} F\left(\dfrac{p}{a}\right)$ (a reell und positiv)
$e^{-\alpha t} f(t)\, H(t)$	$F(p + \alpha)$
$f(t - T)\, H(t - T)$	$e^{-pT}\, F(p)$
$\displaystyle\int_{0}^{t} f(t-\tau)\, g(\tau)\, d\tau = \int_{0}^{t} f(\tau)\, g(t-\tau)\, d\tau$	$F(p)\, G(p)$
$\dfrac{df}{dt}\, H(t)$	$p\, F(p) - f(0)$
$\displaystyle\int_{0}^{t} f(\tau)\, d\tau$	$\dfrac{1}{p}\, F(p)$
$-t\,f(t)\, H(t)$	$\dfrac{dF}{dp}$
$\dfrac{1}{t}\, f(t)\, H(t)$	$\displaystyle\int_{p}^{\infty} F(s)\, ds$
$\displaystyle\sum_{k=1}^{N} \dfrac{G(p_k)}{Z'(p_k)}\, e^{p_k t}\, H(t)$	$\dfrac{G(p)}{Z(p)}$ $\left(\dfrac{G(p)}{Z(p)}$ hat nur die Pole erster Ordnung $p = p_k\right)$
$\left[\displaystyle\int_{0}^{t} \dfrac{f(u)}{u}\, du\right] H(t)$	$\dfrac{1}{p}\displaystyle\int_{p}^{\infty} F(q)\, dq$
$\displaystyle\int_{0}^{\infty} \psi(t, s)\, f(s)\, ds$	$F\{\varphi(p)\}$ $\left(\text{wo } e^{-s\varphi(p)} = \displaystyle\int_{0}^{\infty} e^{-pt}\, \psi(t, s)\, dt\right)$
$-\left[\displaystyle\int_{0}^{\infty} \left(\dfrac{s}{t}\right)^{1/2} J_1\big(2(s\,t)^{1/2}\big)\, f(s)\, ds\right] H(t)$	$F\left(\dfrac{1}{p}\right) - F(0)$

Korrespondenzen

$f(t) = \dfrac{1}{2\pi j} \displaystyle\int\limits_{c-j\infty}^{c+j\infty} e^{pt} F(p)\, dp$	$F(p) = \displaystyle\int\limits_{0}^{\infty} e^{-pt} f(t)\, dt$
$H(t)$	$\dfrac{1}{p}$ $(\operatorname{Re} p > 0)$
$\delta(t)$	1
$t^n H(t)$	$\dfrac{n!}{p^{n+1}}$ $(n = 0, 1, 2, \ldots;\ \operatorname{Re} p > 0)$
$\dfrac{t^{\nu-1}}{\Gamma(\nu)} H(t)$	$p^{-\nu}$ $(\operatorname{Re}\nu > 0;\ \operatorname{Re} p > 0)$
$e^{\alpha t} H(t)$	$\dfrac{1}{p-\alpha}$ $(\operatorname{Re} p > \operatorname{Re}\alpha)$
$\sin(\omega t)\, H(t)$	$\dfrac{\omega}{p^2 + \omega^2}$ $(\operatorname{Re} p > 0)$
$\cos(\omega t)\, H(t)$	$\dfrac{p}{p^2 + \omega^2}$ $(\operatorname{Re} p > 0)$
$\sinh(\alpha t)\, H(t)$	$\dfrac{\alpha}{p^2 - \alpha^2}$ $(\operatorname{Re} p > |\operatorname{Re}\alpha|)$
$\cosh(\alpha t)\, H(t)$	$\dfrac{p}{p^2 - \alpha^2}$ $(\operatorname{Re} p > |\operatorname{Re}\alpha|)$
$\ln t\, H(t)$	$-\dfrac{1}{p}(\ln p + C)$ $(\operatorname{Re} p > 0)$*
$(-1)^{n+1} \dfrac{\Gamma(n+1)}{t^{n+1}}\, H(t)$	$p^n \ln p$ $(n \geqq 0)$
$\dfrac{t^\nu}{\Gamma(\nu+1)}[\ln t - \Psi(\nu+1)]\, H(t)$	$-\dfrac{1}{p^{\nu+1}}\ln p$ $(\operatorname{Re} p > 0;\ \operatorname{Re}\nu > -1)$**
$\operatorname{erfc}\!\left(\dfrac{\alpha}{2\, t^{1/2}}\right) H(t) = \left[1 - \operatorname{erf}\!\left(\dfrac{\alpha}{2\, t^{1/2}}\right)\right] H(t)$	$\dfrac{\exp(-\alpha p^{1/2})}{p}$ $(\operatorname{Re} p > 0)$
$\operatorname{Ei}(-t)\, H(t)$	$-\dfrac{1}{p}\ln(p+1)$ $(\operatorname{Re} p > -1)$
$\operatorname{Si}(t)\, H(t)$	$\dfrac{1}{p}\operatorname{arccot} p = \dfrac{1}{2jp}\ln\!\left(\dfrac{p+j}{p-j}\right)$ $(\operatorname{Re} p > 0)$
$\operatorname{Ci}(t)\, H(t)$	$-\dfrac{1}{2p}\ln(p^2+1)$ $(\operatorname{Re} p > 0)$
$J_\nu(t)\, H(t)$	$\dfrac{[-p + (p^2+1)^{1/2}]^\nu}{(p^2+1)^{1/2}}$ $(\operatorname{Re}\nu > -1;\ \operatorname{Re} p > 0)$

Korrespondenzen (Fortsetzung)

$f(t) = \dfrac{1}{2\pi j} \displaystyle\int\limits_{c-j\infty}^{c+j\infty} e^{pt} F(p)\, dp$	$F(p) = \displaystyle\int\limits_0^\infty e^{-pt} f(t)\, dt$
$\dfrac{\nu}{t} J_\nu(t)\, H(t)$	$[-p + (p^2+1)^{1/2}]^\nu \qquad (\mathrm{Re}\,\nu > 0;\ \mathrm{Re}\,p > 0)$
$t^{\nu/2} J_\nu(2\,t^{1/2})\, H(t)$	$\dfrac{e^{-1/p}}{p^{\nu+1}} \qquad (\mathrm{Re}\,\nu > -1;\ \mathrm{Re}\,p > 0)$
$I_\nu(t)\, H(t)$	$\dfrac{[p - (p^2-1)^{1/2}]^\nu}{(p^2-1)^{1/2}} \qquad (\mathrm{Re}\,\nu > -1;\ \mathrm{Re}\,p > 1)$
$\dfrac{\nu}{t} I_\nu(t)\, H(t)$	$[p - (p^2-1)^{1/2}]^\nu \qquad (\mathrm{Re}\,\nu > 0;\ \mathrm{Re}\,p > 1)$
$\left(\dfrac{t-a}{t+a}\right)^{\nu/2} I_\nu\big((t^2 - a^2)^{1/2}\big)\, H(t-a)$	$\dfrac{\{p - (p^2-1)^{1/2}\}^\nu}{(p^2-1)^{1/2}} \exp\big[-a\,(p^2-1)^{1/2}\big] \qquad (\mathrm{Re}\,\nu > -1;\ \mathrm{Re}\,p > 1)$
$I_0\!\left(\sigma\left(t^2 - \dfrac{x^2}{w^2}\right)^{1/2}\right) H\!\left(t - \dfrac{x}{w}\right)$	$\dfrac{\exp\big[-(p^2 - \sigma^2)^{1/2}\, x/w\big]}{(p^2 - \sigma^2)^{1/2}} \qquad (\mathrm{Re}\,p > |\sigma|;\ \sigma \text{ reell})$

* $C = 0{,}5772156649\ldots$ (EULER-MASCHERONIsche Konstante)
** $\Psi(\nu) = \Gamma'(\nu)/\Gamma(\nu)$ (logarithmische Ableitung der Gammafunktion)

Berichtigung

S. 218, Zeile 7 v. u.: statt $(-1)^{\lambda+1}$ lies $(-1)^{n+1}$

Schouten, Operatorenrechnung